全国船舶工业职业教育教学指导委员会推荐教材

U0868466

机器人焊接技术及应用

主编　杨　金　叶东南
主审　戴建树

哈尔滨工程大学出版社
Harbin Engineering University Press

内容简介

随着产业界对高效、高品质焊接需求的不断增长，焊接机器人的应用日益广泛。面对如此快速成长的焊接机器人市场，培养能安全和熟练地使用机器人焊接的人员已刻不容缓。本书正是为满足市场对这类人才的需求而编写的。

本书共6个项目，包含手动操纵焊接机器人、机器人焊接任务创建、初识焊接机器人的作业示教、焊接机器人的轨迹示教、简单焊件的编程与应用、复杂焊件的编程与应用。

本书的编写紧跟时代步伐，侧重理实一体，使学生通过实际任务训练掌握焊接机器人的基本知识和操作技能。本书实训内容和考核标准与焊工职业技能鉴定接轨，符合1+X精神的课证融通式评价体系，实训任务结束后还安排了知识测评，便于学生理论联系实际，更好地掌握焊接知识。

本书适合高职院校焊接技术与工程专业使用，也可供其他相关专业学生作为参考用书。

图书在版编目(CIP)数据

机器人焊接技术及应用/杨金，叶东南主编. —哈尔滨：哈尔滨工程大学出版社，2023.7
ISBN 978-7-5661-3972-6

Ⅰ. ①机… Ⅱ. ①杨… ②叶… Ⅲ. ①焊接机器人－教材 Ⅳ. ①TP242.2

中国国家版本馆CIP数据核字(2023)第124839号

机器人焊接技术及应用
JIQIREN HANJIE JISHU JI YINGYONG

选题策划　史大伟　雷　霞
责任编辑　丁月华
封面设计　李海波

出版发行　哈尔滨工程大学出版社
社　　址　哈尔滨市南岗区南通大街145号
邮政编码　150001
发行电话　0451-82519328
传　　真　0451-82519699
经　　销　新华书店
印　　刷　哈尔滨午阳印刷有限公司
开　　本　787 mm×1 092 mm　1/16
印　　张　15.75
字　　数　414千字
版　　次　2023年7月第1版
印　　次　2023年7月第1次印刷
定　　价　48.00元

http://www.hrbeupress.com
E-mail:heupress@hrbeu.edu.cn

前　　言

目前，中国正处于产业转型升级的关键时期，而工业机器人作为先进制造业中不可替代的重要装备和手段，已经成为衡量一个国家制造水平和科技水平的重要标志。焊接机器人是工业机器人家族中的重要一员，也是技术上发展最成熟、应用最多的一类机器人。随着产业界对高效、高品质焊接需求的不断增长，焊接机器人的应用日益广泛。面对如此快速成长的焊接机器人市场，培养能安全和熟练地使用机器人焊接的人员已刻不容缓。

针对这种需求，本书严格按照行业与职业要求而编写，遵循技术技能人才成长规律，以实操能力培养为重点，以岗位工作过程为导向，以典型工作任务为依托，将机器人技术、焊接技术与自动化技术有机融合，真正体现焊接作业的自动化理念，面向智能制造工程技术人员新职业，为培养高素质高技术技能人才提供服务。

全书编写了 6 个基于工作过程的项目，包含手动操纵焊接机器人、机器人焊接任务创建、初识焊接机器人的作业示教、焊接机器人的轨迹示教、简单焊件的编程与应用、复杂焊件的编程与应用。

本书在内容的组织与安排上有以下特点：

1. 基于工作过程的项目任务，侧重理实一体

本书包括焊接机器人基本操作、在线示教与典型实操任务等核心编程内容，每个项目中设置了基于工作过程的若干个实训任务，给出教学中易于实施的实践练习，使学生通过实际任务训练掌握焊接机器人的基本知识和操作技能。

2. “岗课赛证”融通化教材

实训内容和考核标准与焊工职业技能鉴定接轨，符合 1+X 精神的课证融通式评价体系，并收录了部分机器人焊接比赛项目，做到“岗课赛证”融通。实训任务结束后还安排了知识测评，便于学生理论联系实际，更好地掌握焊接知识。

3. “互联网+”新形态一体化教材

书中有动画和视频等教学资源，实现纸质教材+数字资源的完美结合，体现“互联网+”新形态一体化教材理念。

本书由武汉船舶职业技术学院的杨金和叶东南担任主编，参加编写的有武汉船舶职业技术学院的叶东南（绪论、项目 1）、孙淑侠（项目 2）、邱鹏（项目 3）、杨金（项目 4）、周飞霓和韩喆（项目 5）、武汉唐山机器人系统有限公司李文丰（项目 6）。全书由杨金统稿，由戴建树主审。

编写本书时，编者查阅和参考了众多文献资料，在此向参考文献的作者致以诚挚的谢意。书中不妥之处恳请广大读者批评指正。

编　者

2023 年 3 月

目　　录

绪　论

自工业革命以来,人力劳动已逐渐被机械所取代,这种变革为人类社会创造出了巨大的财富,极大地推动了人类社会的进步。工业机器人的出现是人类利用机械进行社会生产发展过程中的一个里程碑。全球诸多国家近半个世纪的机器人使用实践表明,工业机器人的普及是实现生产自动化、提高生产效率、推动企业和社会生产力发展的有效手段。

1. 工业机器人概述

(1)工业机器人概念

机器人 Robot 一词,是捷克斯洛伐克作家卡尔·恰佩克在 1920 年发表的科幻剧《罗萨姆的万能机器人》中描述的一个具有人的外表、特征和功能的机器的名称,它成了"机器人"的起源,此后一直沿用至今。机器人问世已有几十年,但对机器人的定义仍然是仁者见仁、智者见智,没有一个统一的意见。其原因之一是机器人还在发展,新的机型、新的功能不断涌现;根本原因在于机器人涉及人的概念,是一个难以回答的哲学问题。因此,各国科学家从不同角度出发,给出的定义各有不同,以下为一些具有代表性的关于工业机器人的定义:

①国际标准化组织(ISO)将工业机器人定义为"一种自动的、位置可控的、具有编程能力的多功能机械手,这种机械手具有几个轴,能够借助可编程序操作来处理各种材料、零件、工具和专用装置,以执行各种任务"。

②美国机器人协会将工业机器人定义为"一种用于移动各种材料、零件、工具和专用装置的,用可重复编制的程序动作来执行各种任务的多功能操作机"。

③日本科学家森政弘与合田周平提出,"工业机器人是一种具有移动性、个体性、智能型、通用性、半机械半人性、自动性、奴隶性等七个特征的柔性机器"。

④中国科学家将工业机器人定义为"一种具有高度灵活性的自动化机器,这种机器除了能动作外还应具备一些与人或生物相似的智能,如感知、规划、动作和协同"。

广义地说,工业机器人是一种在计算机控制下的可编程的自动机器,它具有四个基本特征:①具有特定的机械机构,具有类似于人或其他生物的某些器官的功能;②具有通用性,可从事多种工作,可灵活改变动作程序;③具有不同程度的智能,如记忆、感知、推理、决策、学习等;④具有独立性,完整的机器人系统在工作中可以不依赖人的干预。

(2)工业机器人发展概况

①工业机器人的产生。早在 3 000 多年前的西周时代,我国就出现了能歌善舞的木偶,称为"倡者",这可能是世界上最早的"机器人"。三国时期诸葛亮的"木牛流马"传说(图 0-1(a))迄今已有 1 700 多年历史,但对于其制造工艺等均缺乏史料记载。可见,用机器代替人力从事繁重劳动的想法历史久远。而公认的机器人时代开始于 1954 年,在这一年,世界

上有了第一台可编程的自动机械臂。1959 年,美国发明家英格伯格与德沃尔造出了世界上第一台工业机器人(图 0-1(b)),取名为“尤尼梅特(Unimate)”,这个外形类似坦克炮塔的机器人可实现回转、伸缩、俯仰等动作,它可以称为现代机器人的开端。之后,不同功能的机器人也相继出现并且活跃在不同领域。

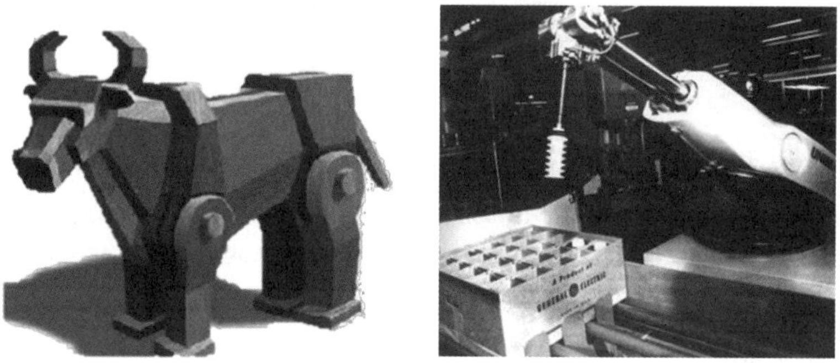

(a)三国时期的“木牛流马”　　(b)世界上第一台工业机器人“尤尼梅特”

图 0-1　早期的工业机器人

②工业机器人的发展　从机器人诞生到 20 世纪 80 年代初,机器人技术经历了一个长期缓慢的发展过程。到了 20 世纪 90 年代,随着计算机技术、微电子技术及网络技术等的快速发展,机器人技术也得到了飞速发展。工业机器人的制造水平、控制速度和控制精度、可靠性等不断提高,而机器人的制造成本和价格却在不断下降。从功能完善程度上看,工业机器人的发展经历了三个阶段,形成了通常所说的三代机器人,如图 0-2 所示。

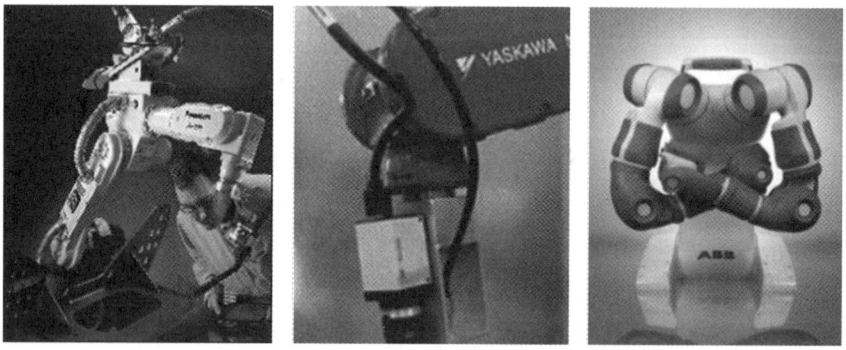

(a)第一代机器人　　(b)第二代机器人　　(c)第三代机器人

图 0-2　发展中的三代工业机器人

第一代——示教再现型机器人(teaching and playback robot)。这类机器人在实现动作之前,必须由人工示教运动轨迹,然后将轨迹程序存储在记忆装置中。当机器人工作时,需要从记忆介质中读取程序,按照预先示教好的轨迹与参数机械地重复动作。这类机器人不具有对外界信息的反馈能力,很难适应环境的变化。目前国际上商品化、实用化的工业机器人基本上都属于这种类型。

第二代——感知型机器人(robot with sensors)。这类机器人配备相应的感觉传感器(如视觉、触觉、力觉传感器等),对外界环境有一定的感知能力,能取得作业环境、作业对象等简单的信息，并由机器人体内的计算机进行分析、处理，控制机器人的动作。机器人工作时，根据感觉器官（传感器）获得的信息灵活调整自己的工作状态，保证在适应环境的情况下完成工作。虽然第二代工业机器人具有一些初级的智能，但还是需要技术人员的协调工作。这类工业机器人目前已得到了少数的应用。

第三代——智能机器人（intelligent robot）。这类机器人以感觉为基础，以人工智能为特征，不仅具有比第二代机器人更加完善的环境感知能力，而且还具有逻辑思维、判断和决策能力，可根据作业要求与环境信息自主地规划操作顺序以完成赋予的任务，更接近人的某些智能行为。目前研制的智能机器人大都只具有部分智能，和真正意义上的智能机器人还差得很远，很多技术问题有待解决，尤其在非结构性环境下机器人的自主作业能力还十分有限，正处于探索阶段。

2. 工业机器人的结构与组成

（1）工业机器人的常用术语

①机器人本体（manipulator），也称为操作机，其结构通常由一系列相互铰接或相对滑动的构件所组成。它通常有几个自由度，用以抓取或移动物体（工具或工件）。

②末端执行器（end effecter），指为使机器人完成任务而专门设计并安装于机器人腕部末端，直接执行工作要求的装置，如焊枪、焊钳、喷枪、夹持器等。

③示教盒（pendant），也称为示教编程器、示教器，用它可对机器人进行编程或使机器人运动，是与控制系统相连的手持单元。

④工具中心点（tool center point，TCP），参照机器人手腕末端坐标系，为一定用途而设定的点。

⑤位姿（Pose），为空间位置和姿态的合称。

⑥自由度（degree of freedom，DOF），物体能够对坐标系进行独立运动的数目，末端执行器的动作不包括在内，通常作为机器人的技术指标，反映机器人动作的灵活性，可用轴的直线移动、摆动或旋转动作的数目来表示。

⑦工作空间（working space），也称为工作范围，指工业机器人执行任务时，其手腕参考点所能掠过的空间。

⑧额定负载（payload），也称为持重，在正常操作条件下，作用于机器人手腕末端，且不会使机器人性能降低的最大载荷。

⑨最大工作速度（maximum speed），在各轴联动的情况下，机器人手腕中心所能达到的最大线速度。

⑩重复定位精度（repetitive positioning accuracy），工业机器人在同一条件下用同一方法操作时，重复 n 次所测得的位置与姿态的一致程度 。

（2）工业机器人的本体结构形式

机器人本体的结构形式多种多样，完全根据任务需要而定，其追求的目标是高精度、高速度、高灵活性、大工作空间和模块化。依机器人运动部件的结构坐标特点不同，工业机器人本体可选用的主要结构形式有直角坐标型、圆柱坐标型、极（球）坐标型和关节型。

①直角坐标型。如图 0-3(a)所示，此类机器人的结构和控制方案与机床类似，其到达空间位置的三个运动（x、y、z）由直线构成，运动方向相互垂直，末端操作由附加的旋转机构

实现。这种机器人的优点是运动学模型简单，各轴线位移分辨率在操作范围内任一点上均恒定，控制精度容易提高；缺点是机构庞大，工作空间小，操作灵活性差。简易和专用的工业机器人常采用这种形式。

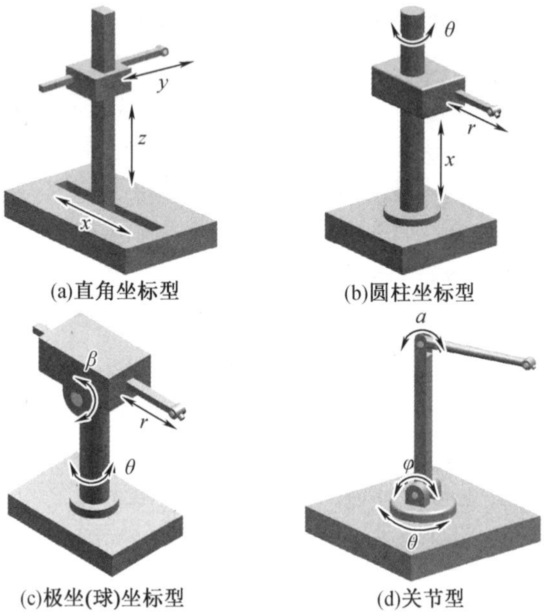

图 0-3　工业机器人本体的结构形式

②圆柱坐标型。如图 0-3(b)所示，这种机器人在基座水平转台上装有立柱，水平臂可沿立柱做上下运动，并可在水平方向伸缩。其优点是末端执行器可获得较高的速度；缺点是末端执行器外伸离立柱轴心越远，线位移分辨精度越低。

③极(球)坐标型。如图 0-3(c)所示，这种机器人的操作机手臂不仅可绕垂直轴旋转，还可绕水平轴做俯仰运动，且能沿手臂轴做伸缩运动。与其他类型机器人相比，这类机器人的结构灵活，伸缩关节的线位移恒定，但其转动关节在末端执行器上的线位移分辨率是一个变量，控制系统复杂。

④关节型。如图 0-3(d)所示，该类机器人的外形结构和动作与人的手臂类似，其结构特点是串联关节系统，通过每个关节的旋转运动，最后综合形成机器人末端的运动及位姿。它的优点是结构紧凑、灵活、占地空间小；缺点是运动学模型复杂、高精度控制难度大。目前工业机器人大多采用关节型结构，其原因在于关节型机器人在相同的几何参数和运动参数条件下具有较大的工作空间，手臂的灵活性最大，可使末端执行器的空间位置和姿态调至任意状态，以满足实际作业需要。为此，后续内容将重点围绕关节型工业机器人展开介绍。

(3)工业机器人的基本组成

如图 0-4 所示，工业机器人主要由三部分组成，即操作机、控制器和示教器。

①操作机。操作机是工业机器人的机械主体，是用来完成各种作业的执行机械，主要由驱动装置、传动单元和执行机构组成。驱动装置的受控运动通过传动单元带动执行机构，从而精确地保证末端执行器所要求的位置、姿态和实现其运动。为了适应不同的用途，

机器人操作机最后一个轴的机械接口通常是一个连接法兰，可接装不同的机械操作装置（习惯上称为末端执行器），如夹紧爪、吸盘、焊枪等。

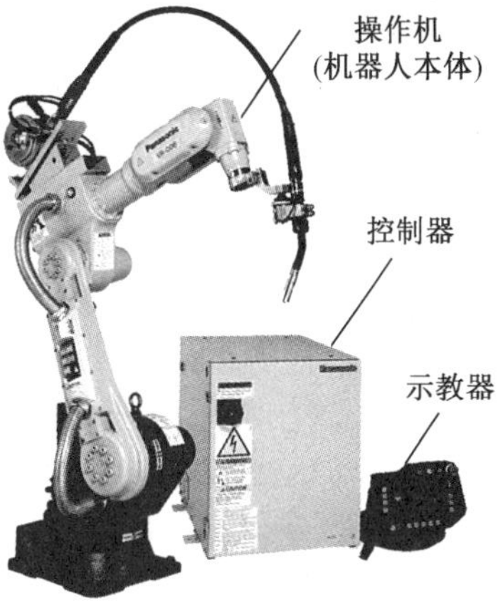

图 0-4　工业机器人的基本组成

②控制器。如果说操作机是工业机器人的“肢体”，那么控制器则是工业机器人的“大脑”和“心脏”，它是决定机器人功能和水平的关键部分，也是机器人系统中更新和发展最快的部分。它通过各种控制电路硬件和软件的结合来操纵机器人，并协调机器人与周边设备的关系，其典型硬件架构如图 0-5 所示。控制器的功能可分为两大部分：人机界面部分和运动控制部分。相应于人机界面的功能有显示、通信、作业条件等，而相应于运动控制的功能是运动演算、伺服控制、输入输出控制（相当于可编程逻辑控制器（PLC）功能）、外部轴控制、传感器控制等。

③示教器。示教器是人与机器人的交互接口，可由操作者手持移动，使操作者能够方便地接近工作环境进行示教编程。它的主要工作部分是操作键与显示屏。实际操作时，示教器控制电路的主要功能是对操作键进行扫描并将按键信息送至控制器，同时将控制器产生的各种信息在显示屏上进行显示。因此，示教器实质上是一个专用的智能终端。

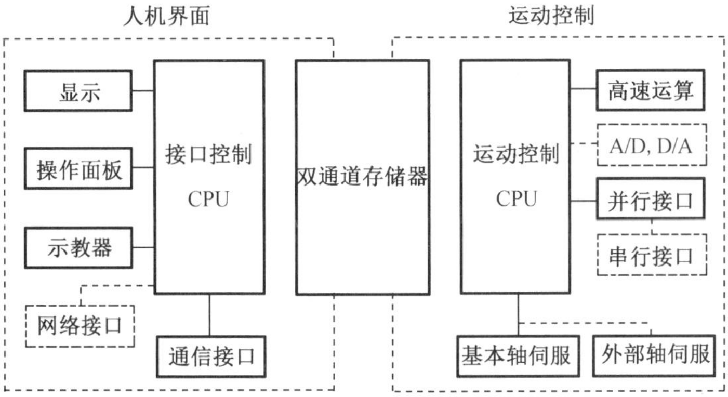

图 0-5　工业机器人控制器结构简图

3. 工业机器人的分类及应用

关于机器人如何分类，国际上没有制定统一的标准，有的按负载质量分，有的按控制方式分，有的按自由度分，有的按结构分，有的按应用领域分。工业机器人（通用及专用）一般是指在机械制造业中代替人完成具有大批量、高质量要求工作的机器人，如汽车制造、摩托车制造、舰船制造、某些家电产品（电视机、电冰箱、洗衣机等）及化工等行业自动化生产线中的焊接、切割、喷涂、装配、涂胶及物流系统的搬运、包装、码垛等作业的机器人。这类机器人具有三个或更多可编程的轴。按不同的划分方式可将工业机器人分为不同的类型，下面仅按作业任务对应用较多的搬运、装配、喷涂及焊接机器人进行介绍。

(1)搬运机器人

搬运机器人是可以进行自动化搬运作业的工业机器人。最早的搬运机器人出现在1960年的美国,首次用于搬运作业的即Unimate和Versatran两种机器人。搬运作业是指用一种工具握持工件,从一个加工位置移到另一个加工位置。可给搬运机器人安装不同的末端执行器,以完成各种不同形状和状态的工件搬运工作。图0-6所示为机器人用“吸盘”去“吸”薄板类工件的作业动作。一般来说,生产上对搬运机器人的位置定位精度要求不是很高。目前世界上使用的搬运机器人逾10万台,被广泛应用于机床上下料、冲压机自动化生产线、自动装配流水线、码垛搬运、集装箱等的自动搬运,大大减轻了人类繁重的体力劳动。部分发达国家已制定出人工搬运的最大限度,超过限度的必须由搬运机器人来完成。

(2)装配机器人

装配机器人是可以完成一种产品或设备的某一特定装配任务的工业机器人。从表面上看,装配机器人的动作实质与搬运机器人没有区别,都是“抓握”某类工作物品或零件,然后移动到恰当位置,再把工件物品或零件准确安放到产品或设备的某个部位上,但对装配机器人的基本要求是定位精度要高,如图0-7所示。常用的装配机器人主要有PUMA机器人(programmable universal manipulator for assembly,可编程通用装配操作手)和SCARA机器人(selective compliance assembly robot arm,选择顺应性装配机器手臂)两种类型。与一般工业机器人相比,装配机器人具有精度高、柔顺性好、工作范围小、能与其他系统配套使用等特点,主要用于各种电器制造(包括家用电器,如电视机、录音机、洗衣机、电冰箱、吸尘器等)、小型电动机、汽车及其部件、计算机、玩具、机电产品及其组件的装配等方面。

图0-6 搬运机器人

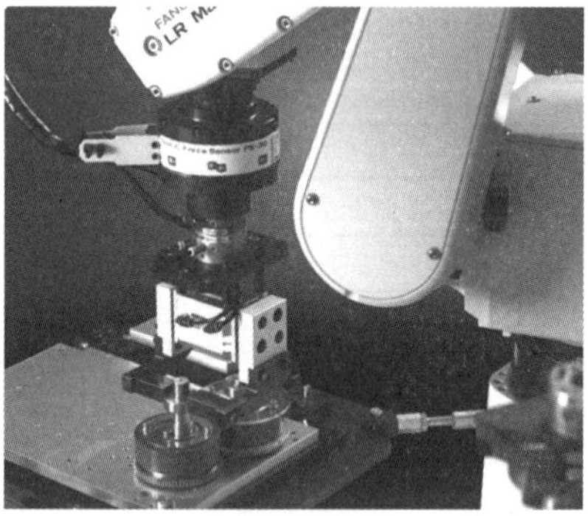

图0-7 装配机器人

(3)喷涂机器人

喷涂机器人也称为喷漆机器人,是可进行自动喷漆或喷涂其他涂料的工业机器人。其多采用五轴或六轴关节式结构,手臂有较大的运动空间,并可做复杂的轨迹运动;其腕部一般有2~3个自由度,可灵活运动。较先进的喷涂机器人腕部采用柔性手腕,既可向各个方向弯曲,又可转动,其动作类似于人的手腕,能方便地通过较小的孔伸入工件内部,喷涂其内表面。喷涂机器人一般采用液压驱动,具有动作速度快、防爆性能好等特点,被广泛用于汽车、仪表、电器、陶瓷等工艺生产部门,如图0-8所示。

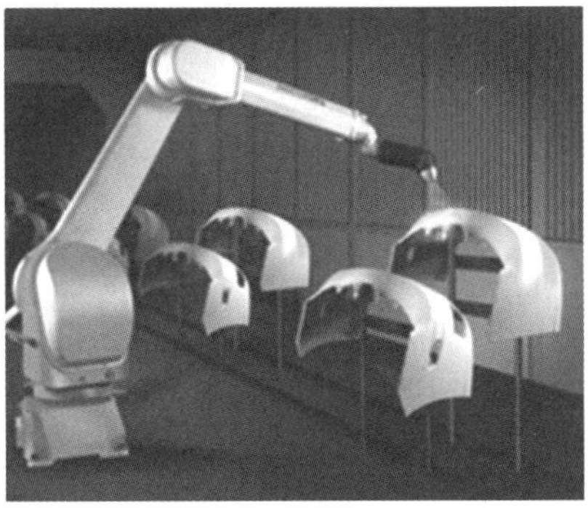

图 0-8 喷涂机器人

(4)焊接机器人

焊接机器人是具有 3 个或 3 个以上可自由编程的轴,并能将焊接工具按要求送到预定空间位置,按要求轨迹及速度移动焊接工具的工业机器人。实际上,工业机器人在焊接领域的应用最早是从汽车装配生产线上的电阻点焊开始的,如图 0-9 所示。这是因为电阻点焊的过程相对比较简单,控制方便,且不需要焊缝轨迹跟踪,对机器人的精度和重复精度的控制要求比较低。后来,伴随着电弧传感器的开发及其在机器人焊接中的应用,使机器人电弧焊的焊缝轨迹跟踪和控制问题在一定程度上得到较好的解决。机器人焊接在汽车制造中的应用也从原来比较单一的汽车装配点焊很快发展为汽车零部件和装配过程中的电弧焊。此外,机器人电弧焊还被用于涉及电弧焊的其他制造业,如造船、机车车辆、锅炉、重型机械等领域,如图 0-10 所示。

图 0-9 点焊机器人

图 0-10 电弧焊机器人

综上所述,发展工业机器人的主要目的是在不违背“机器人三原则”(由科幻作家阿西莫夫于 1940 年提出:一是机器人不应伤害人类;二是机器人应遵守人类的命令,与第一条相抵触者除外;三是机器人应能保护自己,与第一、第二条相抵触者除外)的前提下,用机器人协助或替代人类从事某种作业,把人从大量的、烦琐的、重复的、危险的劳动中解放出来,使机器人能够从事一些不适合人类甚至超越人类能力的劳动,实现生产的自动化和柔性化,避免工伤事故和提高生产效率。

知识测评

一、填空题

1. 从功能完善程度上看，工业机器人的发展经历了三个阶段，形成了通常所说的三代机器人，分别是________机器人、________机器人和________机器人。

2. ________是物体能够对坐标系进行独立运动的数目，通常作为机器人的技术指标，反映机器人动作的灵活性。

3. 工业机器人主要由________、________和________组成。

二、选择题

1. 工业机器人的基本特征是　　(　　)

①具有特定的机械机构；②具有一定的通用性；③具有不同程度的智能；④具有工作的独立性

A. ①②

B. ①②③

C. ①②④

D. ①②③④

2. 操作机是工业机器人的机械主体，用于完成各种作业任务，主要组成部分包括　(　　)

①驱动装置；②传动单元；③控制器；④示教器；⑤执行机构

A. ①②

B. ①②⑤

C. ①②④

D. ①②③④

3. 人们常用哪些技术指标来衡量一台工业机器人的性能？　　(　　)

①自由度；②工作范围；③负载；④最大工作速度；⑤重复定位精度

A. ①②③④⑤

B. ①②⑤

C. ①②④

D. ①②③④

三、判断题

1. 机器人位姿是机器人空间位置和姿态的合称。　　(　　)

2. 直角坐标型机器人具有结构紧凑、灵活、占地空间小等优点，是目前工业机器人本体大多采用的结构形式。　　(　　)

3. 工业机器人的驱动器布置大都采用一个关节一个驱动器，且多采用伺服电机驱动。 (　　)

4. 工业机器人的臂部传动多采用谐波减速器，腕部则采用 RV 减速器。 (　　)

5. 机器人控制器是人与机器人的交互接口。 (　　)

6. 按作业任务通常可将工业机器人划分为焊接机器人、搬运机器人、装配机器人、码垛机器人和喷涂机器人等。 (　　)

项目1

手动操纵焊接机器人

对焊接机器人而言，操作者可以通过示教器来控制机器人各关节(轴)的动作，也可以通过运行已有示教程序来实现机器人的自动运转。不过，目前机器人自动运行的程序多数是通过手动操纵机器人来创建和编辑的。因此，手动操纵机器人是工业机器人示教编程的基础，是完成机器人作业"示教—再现"的前提。那么手动操纵工业机器人进行运动究竟需要掌握哪些知识呢？

本项目首先将从用户的角度出发，尽量以图代解、简明扼要地阐述有关焊接机器人系统的基本组成、技术参数及运动控制等基础性问题，为手动操作焊接机器人做好技术准备。然后通过手动移动机器人的方式，实现焊接机器人的精确定点运动和连续移动，主要目的在于强化学生对机器人运动轴及其在常见坐标系下(关节、直角、工具、用户坐标系等)运动特点的理解，使学生掌握手动操纵焊接机器人的方法。

学习目标

认知目标

1. 熟悉机器人的常见技术指标和示教器的按键及使用功能。
2. 掌握机器人的机构组成及各部分的功能。
3. 掌握机器人运动轴与坐标系。
4. 掌握手动移动机器人的流程和方法。

能力目标

1. 能够正确识别焊接机器人的基本组成。
2. 能够正确判别焊接机器人的点位运动和连续路径运动。
3. 能够熟练进行机器人坐标系和运动轴的选择。

素养目标

1. 培养爱国主义情怀，了解"卡脖子"问题。
2. 提升专业学习兴趣，增强对专业知识的学习动力。

导入案例

国产机器人缺乏竞争力　关键技术是瓶颈

机器人市场潜力巨大,随着人力成本的上升和高级技工的缺乏,越来越多的企业开始注重设备更新,增加自动化的工业机器人。“如果机器能做的事就让机器去做,人类应该从事富有创造性的活动。”50 多年前,自动化技术的先驱者欧姆龙公司提出了这一口号。如今,这一梦想已经快要成为现实,但这对中国这样一个人口大国来说,其效应可能是多方面的。

众所周知,中国机器人产业由于先天因素,在单体与核心零部件方面仍然落后于日、美、韩等发达国家。虽然中国机器人产业经过 30 年的发展,形成了较为完善的产业基础,但与发达国家相比,仍存在较大差距,产业基础依然薄弱,关键零部件严重依赖进口。

整个机器人产业链主要分为上游核心零部件(主要是机器人三大核心零部件——伺服电动机、减速器和控制系统,相当于机器人的“大脑”)、中游机器人本体(机器人的“身体”)和下游系统集成商(国内 95%的企业都集中在这个环节上)三个层面。

减速器用来将电动机的高速运转降低至机器人适用的速度,占到机器人成本的 30%以上。全球 75%的市场被日本两家企业占据,纳博特斯克(Nabtesco)生产的 RV 减速器约占 60%,哈默纳科(Harmonica)生产的谐波减速器约占 15%。目前,国内还没有规模化且性能可靠的精密减速器生产企业,苏州绿的谐波传动科技股份有限公司生产的谐波减速器接近国外水平。精密减速器成为制约降低国产工业机器人成本的第一因素。

相对于减速器,伺服电动机和控制系统市场未形成主要厂商垄断现象,而且几大国际厂商在中国也建立了分厂,供应充足,产品价格相对合理。伺服电动机的主流供应商有日系的松下、安川和欧美的倍福、伦茨等,中国的深圳市汇川技术股份有限公司、广州数控设备有限公司等也占据一定的市场份额。控制系统的主流供应商包括美国的 DelaTau 和 Gail、英国的 TRIO 和中国的固高科技(深圳)有限公司等。

资料来源:OFweek 工控网,http://gongkong. ofweek. com

任务1.1 焊接机器人的机械结构和运动控制认知

工业机器人是一种模拟人手臂、手腕和手功能的机电一体化装置,可对物体运动的位置、速度和加速度进行精确控制,从而完成生产的作业要求。如图1-1所示,当前工业中应用最多的第一代工业机器人主要由操作机、控制器和示教器(组成)。第二代及第三代工业机器人还包括感知系统和分析决策系统,它们分别由传感器及软件实现。

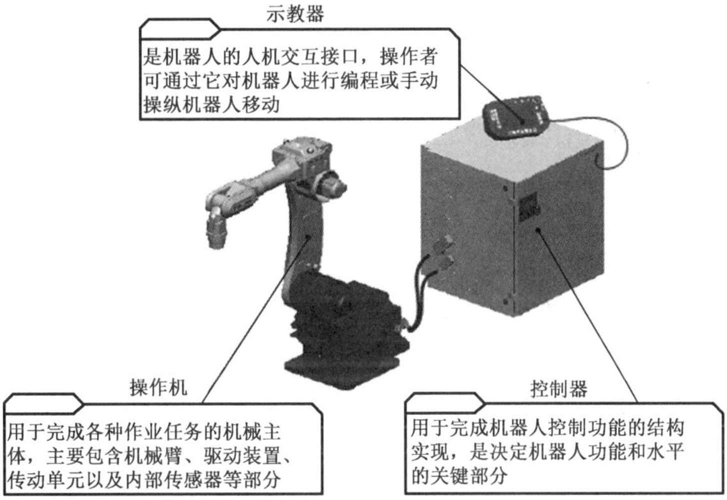

图1-1 工业机器人的基本组成

1.1.1 工业机器人的系统组成

工业机器人主要由三部分组成,即操作机、控制器和示教器。

1. 操作机

操作机(或称机器人本体)是机器人的机械主体,是用来完成各种作业的执行机构。它主要由机械臂、驱动装置、传动单元及内部传感器等部分组成。由于机器人需要实现快速而频繁的起停、精确的到位和运动,因此必须采用位置传感器、速度传感器等检测元件实现位置、速度和加速度闭环控制。图1-2为6自由度关节型工业机器人操作机的基本构造。为适应不同的用途,机器人操作机最后一个轴的机械接口通常为一连接法兰,可接装不同的机械操作装置(习惯上称末端执行器),如夹紧爪、吸盘、焊枪等(图1-3)。

末端执行器是安装在机器人手腕上用来进行某种操作或作业的附加装置。机器人末端执行器的种类很多,以适应机器人的不同作业及操作要求。末端执行器可分为搬运用、加工用和测量用等。搬运用末端执行器是指各种夹持装置,用来抓取或吸附被搬运的物体;加工用末端执行器是带有喷枪、焊枪、砂轮、铣刀等加工工具的机器人附加装置,用来进行相应的加工作业;测量用末端执行器是装有测量头或传感器的附加装置,用来进行测量及检验作业。

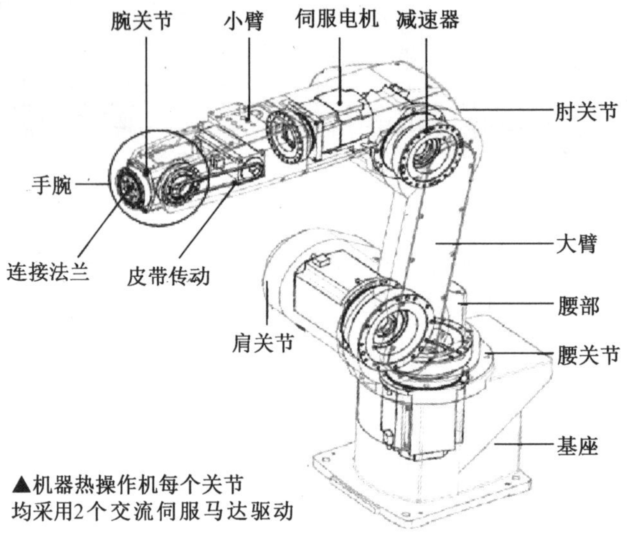

图 1-2　6 自由度关节型工业机器人操作机的基本构造

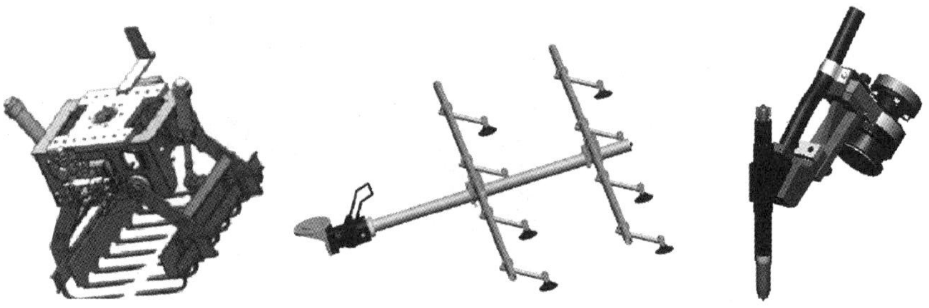

(a)抓紧夹　(b)吸盘　(c)焊枪

图 1-3　工业机器人操作机末端执行器

(1)机械臂

关节型机器人的机械臂是由关节连在一起的许多机械连杆的集合体。它本质上是一个拟人手臂的空间开链式机构,一端固定在基座上,另一端可自由运动。关节通常是移动关节和旋转关节。移动关节允许连杆做直线移动,旋转关节仅允许连杆之间发生旋转运动。由关节-连杆结构所构成的机械臂大体可分为基座、腰部、手臂(大臂和小臂)和手腕 4 个部分,由 4 个独立旋转"关节"(腰关节、肩关节、肘关节和腕关节)串联而成,如图 1-2 所示。它们可在各个方向运动,这些运动就是机器人在"做工"。

①基座。基座是机器人的基础部分,起支撑作用。整个执行机构和驱动装置都安装在基座上。固定式机器人,基座直接连接在地面基础上;移动式机器人,基座则安装在移动机构上,可分为有轨和无轨两种。

②腰部。腰部是机器人手臂的支撑部分。根据执行机构坐标系的不同,腰部可以在基座上转动,也可以和基座制成一体。有时腰部也可以通过导杆或导槽在基座上移动,从而增大工作空间。

③手臂。手臂是连接机身和手腕的部分,由操作机的动力关节和连接杆件等构成。它是执行机构中的主要运动部件,也称主轴,主要用于改变手腕和末端执行器的空间位置,满足机器人的作业空间,并将各种载荷传递到基座。

④手腕。手腕是连接末端执行器和手臂的部分，将作业载荷传递到手臂，其也称次轴，主要用于改变末端执行器的空间姿态。

(2)驱动装置

驱动装置是驱使机器人机械臂运动的机构。按照控制系统发出的指令信号，借助于动力元件使机器人产生动作，相当于人的肌肉、筋络。机器人常用的驱动方式主要有液压驱动、气压驱动和电气驱动三种基本类型，如表 1-1 所示。目前，除个别运动精度不高、负载重或有防爆要求的机器人采用液压、气压驱动外，工业机器人大多采用电气驱动，而其中交流伺服电动机应用最广，且驱动器布置大都采用一个关节一个驱动器。

表 1-1　三种驱动方式特点比较

驱动方式	输出力	控制性能	维修使用	结构体积	使用范围	制造成本
液压驱动	压力高，可获得大的输出力	油液不可压缩，压力、流量均容易控制，可无级调速，反应灵敏，可实现连续轨迹控制	维修方便，液体对温度变化敏感，油液泄漏易着火	在输出力相同的情况下，体积比气压驱动方式小	中、小型及重型机器人	液压元件成本较高，油路比较复杂
气压驱动	气体压力低，输出力较小，如需输出力大时，其结构尺寸过大	可高速运行，冲击较严重，精确定位困难。气体压缩性大，阻尼效果差，低速不易控制，不易与 CPU 连接	维修简单，能在高温、粉尘多等恶劣环境中使用，泄漏无影响	体积较大	中、小型机器人	结构简单，介质来源方便，成本低
电气驱动	输出力较小或较大	容易与 CPU 连接，控制性能好，响应快，可精确定位，但控制系统复杂	维修使用较复杂	需要减速装置，体积较小	高性能、运动轨迹要求严格的机器人	成本较高

(3)传动单元

驱动装置的受控运动必须通过传动单元带动机械臂产生，以精确地保证末端执行器所要求的位置、姿态和实现其运动。目前机器人广泛采用的机械传动单元是减速器，与通用减速器相比，机器人关节减速器要求具有传动链短、体积小、功率大、质量小和易于控制等特点。应用在关节型机器人上的减速器主要有两类：RV 减速器和谐波减速器。精密减速器使机器人伺服电动机在一个合适的速度下运转，并精确地将转速降到机器人各部位需要的速度，在提高机械本体刚性的同时输出更大的转矩。一般将 RV 减速器放置在基座、腰部、大臂等重负载位置(主要用于20 kg以上的机器人关节);而将谐波减速器放置在小臂、腕部或手部等轻负载位置(主要用于20 kg以下的机器人关节)。此外,机器人还采用齿轮传动、链条(带)传动、直线运动单元等,如图1-4所示。

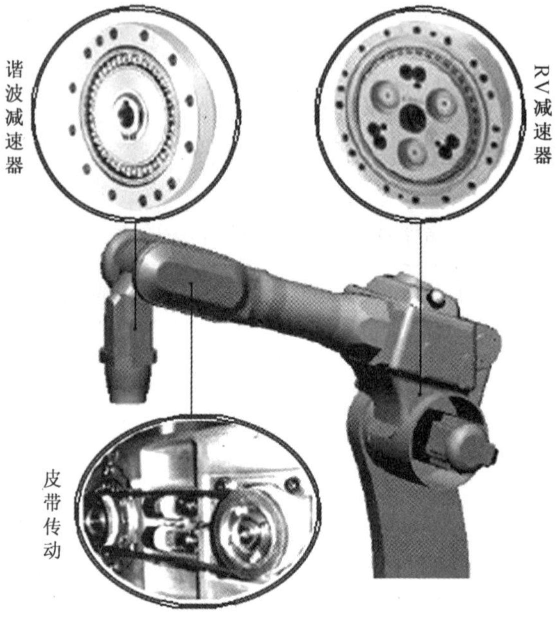

图1-4 机器人关节传动单元

①谐波减速器。同行星齿轮传动一样,谐波齿轮传动(简称谐波传动)通常由3个基本构件组成,包括一个有内齿的刚轮,一个工作时可产生径向弹性变形并带有外齿的柔轮和一个装在柔轮内部、呈椭圆形、外圈带有柔性滚动轴承的波发生器,如图1-5所示。在这3个基本构件中可任意固定一个,其余一个为主动件,一个为从动件(如刚轮固定不变,波发生器为主动件,柔轮为从动件)。

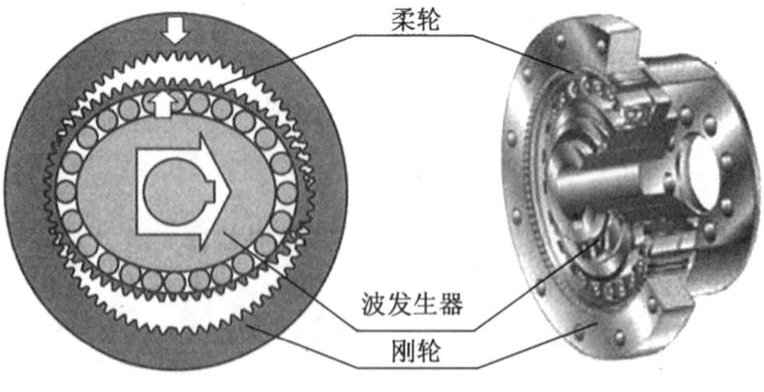

图1-5 谐波减速器原理图

当波发生器装入柔轮后,迫使柔轮的剖面由原先的圆形变成椭圆形,其长轴两端附近的齿与刚轮的齿完全啮合,而短轴两端附近的齿则与刚轮完全脱开,周长上其他区段的齿处于啮合和脱离的过渡状态。当波发生器沿某一方向连续转动时,柔轮的变形不断改变,使柔轮与刚轮的啮合状态也不断改变,啮入、啮合、啮出、脱开、再啮……周而复始地进行,柔轮的外齿数少于刚轮的内齿数,从而实现柔轮相对刚轮沿波发生器相反方向的缓慢旋转。

②RV 减速器。与谐波传动相比,RV 传动具有较高的疲劳强度和刚度,以及较长的寿命,而且回差精度稳定,不像谐波传动,随着使用时间的增长,运动精度就会显著降低,故高精度机器人传动多采用 RV 减速器,且有逐渐取代谐波减速器的趋势。图 1-6 所示为 RV 减速器结构示意图,其主要由太阳轮(中心轮)、行星轮、转臂(曲柄轴)、摆线轮(RV 齿轮)、针齿等零部件组成。

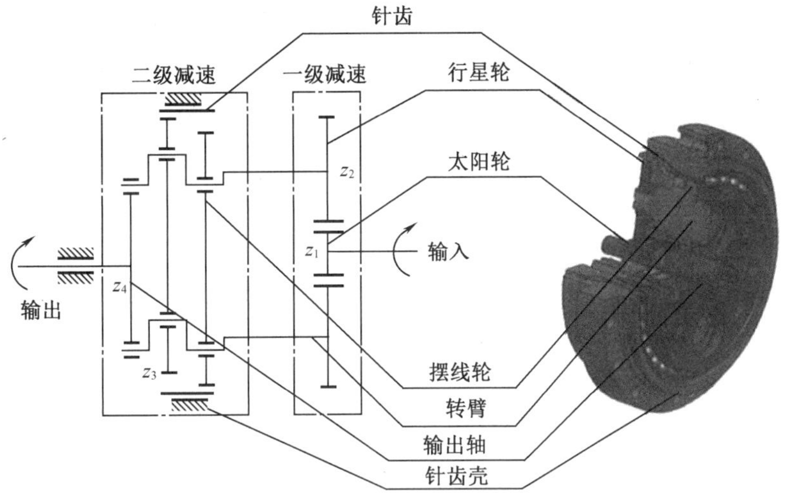

图 1-6　RV 减速器结构示意图

RV 传动装置由第一级渐开线圆柱齿轮行星减速机构和第二级摆线针轮行星减速机构两部分组成,是一封闭差动轮系。执行电动机的旋转运动由齿轮轴或太阳轮传递给两个渐开线行星轮,进行第一级减速;行星轮的旋转通过曲柄轴带动相距 180°的摆线轮,从而生成摆线轮的公转。同时,摆线轮在公转过程中会受到固定于针齿壳上的针齿的作用力而形成与摆线轮公转方向相反的力矩,进而造成摆线轮的自转运动,完成第二级减速。运动的输出通过两个曲柄轴使摆线轮与刚性盘构成平行四边形的等角速度输出机构,将摆线轮的转动等速传递给刚性盘及输出盘。

2. 控制器

如果说操作机是机器人的"肢体",那么控制器则是机器人的"大脑"和"心脏"。机器人控制器是根据指令以及传感信息控制机器人完成一定动作或作业任务的装置,是决定机器人功能和性能的主要因素,也是机器人系统中更新和发展最快的部分。它通过各种控制电路中硬件和软件的结合来操纵机器人,并协调机器人与周边设备的关系,其基本功能如下:

①示教功能,包括在线示教和离线示教两种方式。

②记忆功能,存储作业顺序、运动路径和方式及与生产工艺有关的信息等。

③位置伺服功能,实现机器人多轴联动、运动控制、速度和加速度控制、动态补偿等。

④坐标设定功能,可在关节、直角、工具等常见坐标系之间进行切换。

⑤与外围设备联系功能,包括输入输出接口、通信接口、网络接口等。

⑥传感器接口,实现位置检测、视觉、触觉、力觉等。

⑦故障诊断安全保护功能,实现运行时的状态监视、故障状态下的安全保护和自诊断。

控制器是完成机器人控制功能的结构。依据控制系统的开放程度,机器人控制器可分为三类,即封闭型、开放型和混合型。目前应用中的机器人控制系统,基本上都是封闭型系统(如日系机器人)或混合型系统(如欧系机器人)。按计算机结构、控制方式和控制算法的不同,机器人控制器又可分为集中式控制和分布式控制两种方式。

(1)集中式控制

集中式控制器利用一台微型计算机实现系统的全部控制功能,早期机器人(如 Hero-I、Robot-I 等)常采用这种结构,如图 1-7 所示。集中式控制器的优点是硬件成本较低,便于信息的采集和分析,易于实现系统的最优控制,整体性与协调性较好,基于个人计算机(PC)的系统硬件扩展较为方便。但其缺点也显而易见:系统控制缺乏灵活性,控制危险容易集中,一旦出现故障,其影响面广,后果严重;由于工业机器人的实时性要求很高,当系统进行大量数据计算时,会降低系统实时性,系统对多任务的响应能力也会与系统的实时性相冲突;此外,系统连线复杂,会降低系统的可靠性。

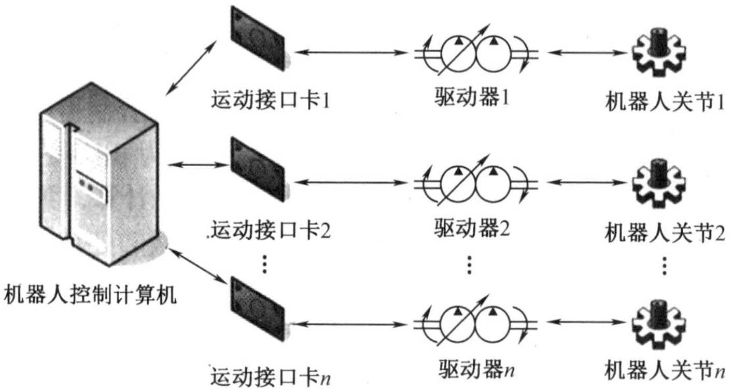

(a)使用单独接口卡驱动每个机器人关节

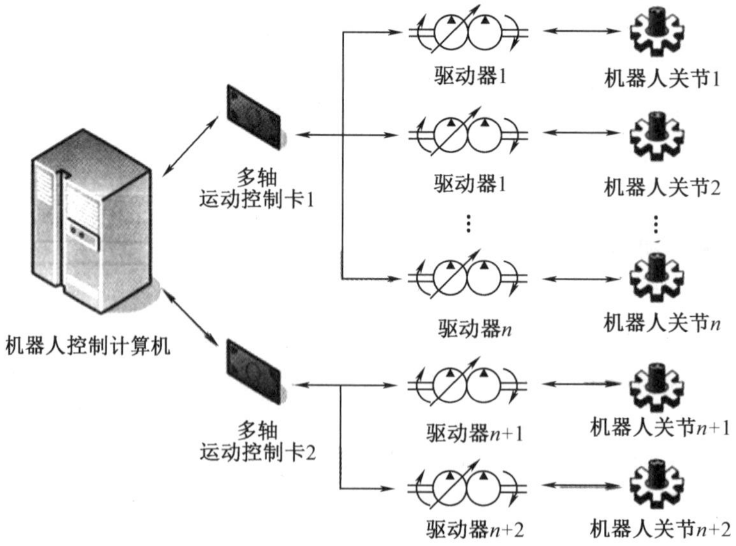

(b)使用多轴运动控制卡驱动多个机器人关节

图 1-7 集中式机器人控制器结构框图

（2）分布式控制

分布式控制器主要思想是“分散控制，集中管理”，即系统对其总体目标和任务可以进行综合协调及分配，并通过子系统的协调工作来完成控制任务，整个系统在功能、逻辑和物理等方面都是分散的。子系统是由控制器和不同被控对象或设备构成的，各个子系统之间通过网络等进行相互通信。分布式控制结构提供了一个开放、实时、精确的机器人控制系统。分布式系统中常采用两级控制方式，由上位机和下位机组成，如图1-8所示。上位机负责整个系统管理以及运动学计算、轨迹规划等，下位机由多CPU组成，每个CPU控制一个关节运动。上、下位机通过通信总线（如RS-232、RS-485、以太网等）相互协调工作。分布式控制系统的优点在于系统灵活性好，控制系统的危险性降低，采用多处理器的分散控制，有利于系统功能的并行执行，提高系统的处理效率，缩短响应时间。

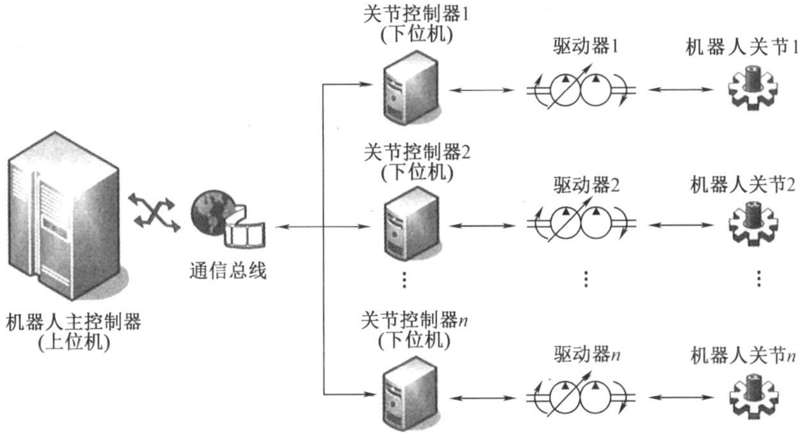

图1-8　分布式机器人控制器结构框图

3. 示教器

示教器（teach pendant，TP）也称示教编程器或示教盒，主要由液晶屏幕和操作按键组成，可由操作者手持移动。它是机器人的人机交互接口，机器人的所有操作基本上都是通过示教器来完成的，如点动机器人，编写、测试和运行机器人程序，设定、查阅机器人状态设置和位置等，如图1-9所示。

实际操作时，当用户按下示教器上的按键时，示教器通过线缆向主控计算机发出相应的指令代码（S0）；此时，主控计算机上负责串口通信的通信子模块接收指令代码（S1）；然后由指令代码解释模块分析判断该指令代码，并进一步向相关模块发送与指令代码相应的消息（S2），以驱动有关模块完成该指令代码要求的具体功能（S3）；同时，为让操作用户时刻掌握机器人的运动位置和各种状态信息，主控计算机的相关模块同时将状态信息（S4）经串口发送给示教器（S5），在液晶显示屏上显示，从而与用户沟通，完成数据的交换功能。因此，示教器实质上就是一个专用的智能终端。

示教-再现型机器人的所有操作基本上是通过示教器来完成的，所以掌握各个按键的功能和操作方法是使用示教器操作机器人的首要前提。

（1）按键配置及功能

示教器上配有用于机器人示教编程所需的操作按键，Panasonic GⅢ示教器按键的布局如图1-10和图1-11所示。各按键名称及功能说明如表1-2所示。

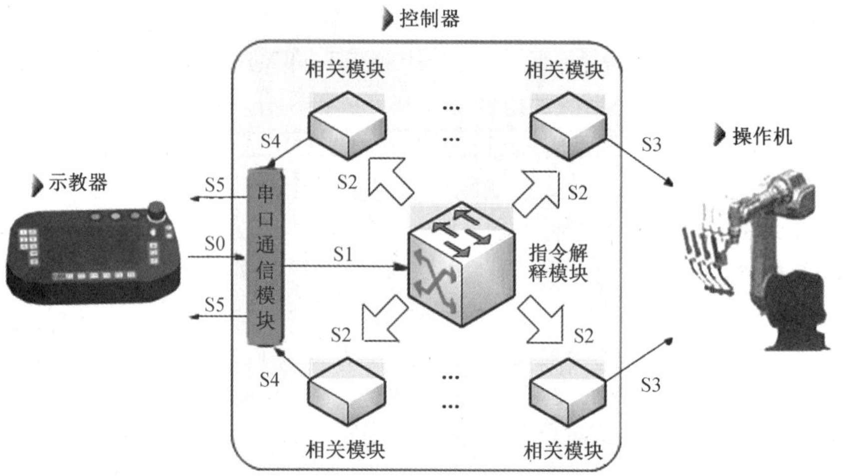

图 1-9　示教时的数据流关系

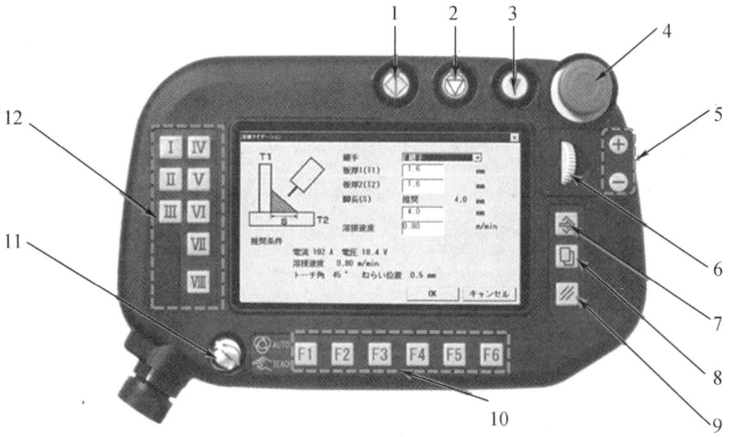

1—启动按钮;2—暂停按钮;3—伺服【ON 按钮】;4—紧急停止按钮;5—+/-键;
6—拨动按钮;7—登录键;8—窗口切换键;9—取消键;10—用户功能键;
11—模式切换键;12—动作功能键。

图 1-10　Panasonic GⅢ示教器正面按键配置

示教器
展示(动画)

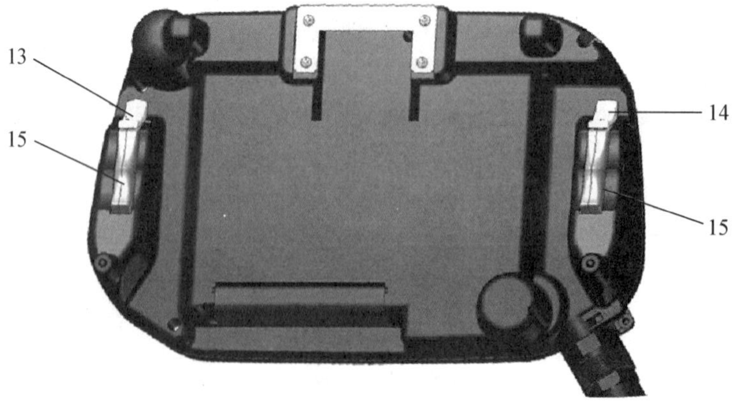

13—右切换键;14—左切换键;15—安全开关(三段位)。

图 1-11　Panasonic GⅢ示教器背面按键配置

表 1-2 示教器按键名称及功能说明

序号	按键名称	按键功能
1	启动按钮	在 AUTO 模式下,用于启动或重启机器人操作
2	暂停按钮	在伺服闭合状态下暂停机器人操作
3	伺服【ON 按钮】	接通伺服电源
4	紧急【停止按钮】	通过切断伺服电源立刻停止机器人和外部轴操作;一旦按下开关即保持紧急停止状态,顺时针方向旋转可解除紧急停止状态
5	+/-键	可代替【拨动按钮】连续移动机器人手臂
6	拨动按钮	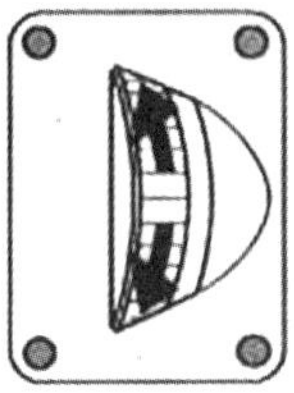 (上下微动) 移动机器人手臂或外部轴 向上微动:在(+)方向中 向下微动:在(-)方向中 移动荧屏上的光标改变数据或选择一个选项
		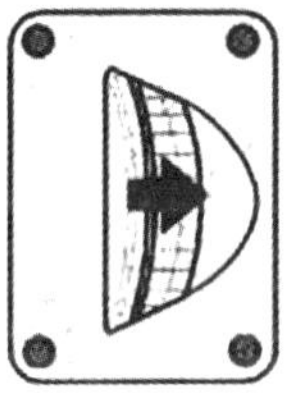 (侧击) 指定选择的项目并保存
		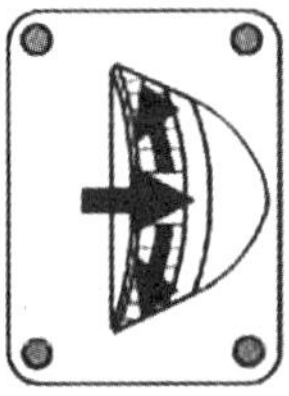 (拖动) 保持机器人手臂的当前操作 按下后的拨动按钮旋转量决定变化量 停止轻微旋转然后释放 运动的方向与“向上/向下微动”相同
7	登录键	用于保存或指定一个选择,示教时用于保存示教点
8	窗口切换键	示教器液晶屏能同时显示多个窗口,可使用该按键在多个窗口间进行切换选择,并可在激活窗口的菜单图标条与编辑窗口之间切换
9	取消键	用于取消当前操作,返回上一界面
10	用户功能键	每个按键可用于完成【用户功能键】上方图标所指定的功能, 操作者可定制每个按键的功能
11	模式切换键	在 TEACH 模式和 AUTO 模式间进行切换 将该按钮置于 TEACH 位置,即可用示教器操纵机器人;机器人自动运行操作时,将该按钮置于 AUTO 位置
12	动作功能键	用以选择或执行【动作功能键】右侧图标所显示的动作、功能

表 1-2(续)

序号	按键名称	按键功能
13	右切换键	用以缩短功能选择及转换数值输入列,对移动量进行“高、中、低”切换 在示教过程中,配合【左切换键】可完成机器人坐标系的切换:关节→直角→工具→圆柱→用户
14	左切换键	用以切换坐标系的轴及转换数值输入列,轴的切换默认排序为基本轴→腕部轴→外部轴(选配)
15	安全开关(三段位)	用以确保操作者的安全,当两个开关同时被释放或同时被用力按下时,切断伺服电源;轻按一个或两个开关打开伺服电源

(2)在屏幕上工作

①画面显示。示教器提供了一系列图标来定义屏幕上的各种功能,这样可以使操作变得容易,如图 1-12 所示。Panasonic GⅢ示教器的整个显示屏可分为七个显示区:菜单图标栏、信息提示窗、程序编辑区、用户功能图标区、动作功能图标区、标题栏和状态栏。Panasonic GⅢ示教器菜单图标栏一级菜单常用图标定义及其功能如表 1-3 所示。

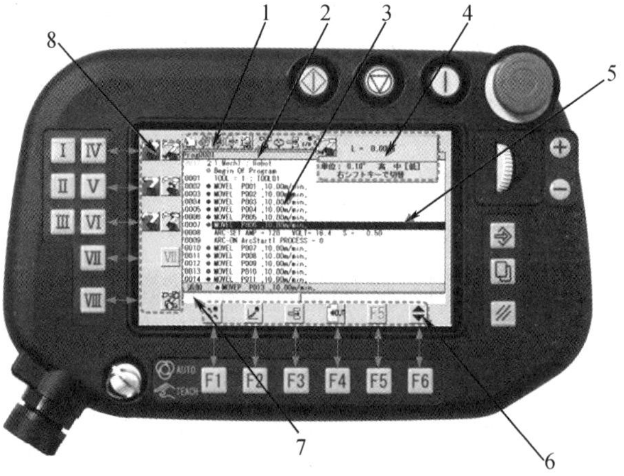

1—光标;2—菜单图标栏;3—标题栏;4—程序编辑区;5—信息提示窗;
6—用户功能图表区;7—状态栏;8—动作功能图标区。

图 1-12 Panasonic GⅢ示教器屏幕画面

表 1-3 Panasonic GⅢ示教器菜单图标栏一级菜单常用图标定义及功能

图标	定义	功能
	文件	用于程序文件的新建、保存、发送、删除等操作
	编辑	用于对程序命令进行剪切、复制、粘贴、查找、替换等操作
	视图	用于显示各种状态信息,如位置坐标、状态输入/输出、焊接参数等
	命令追加	用于设定机器人、控制柜、示教器、弧焊电源等设备参数
	设定	用于设定机器人、控制柜、示教器、弧焊电源等设备参数

②移动光标。光标的位置由红色粗线轮廓表示或反白显示，如图 1-13 所示。可使用【拨动按钮】向上或向下轻微移动光标。

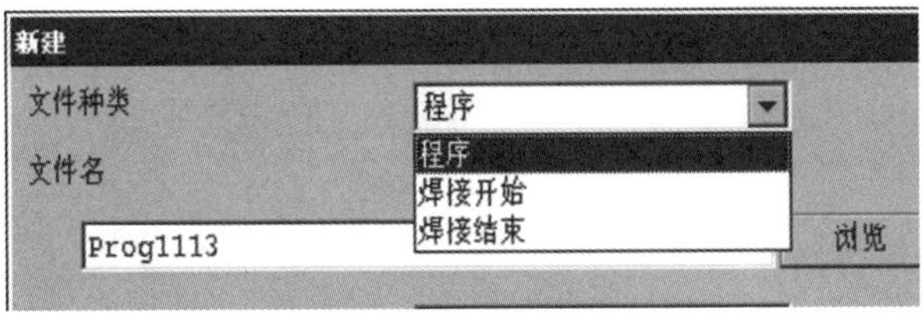

图 1-13　使用【拨动按钮】移动光标

◆侧击【拨动按钮】可显示子菜单项目或下拉列表，如图 1-13 所示。另外，该操作还可切换到保存或更新数据窗口。

◆在保存或更新数据窗口中，上/下微动【拨动按钮】移动光标，然后侧击它来定义数据或移到下一个画面。

③选择菜单。使用【拨动按钮】选择某一菜单或子菜单选项，具体过程如图 1-14 所示。

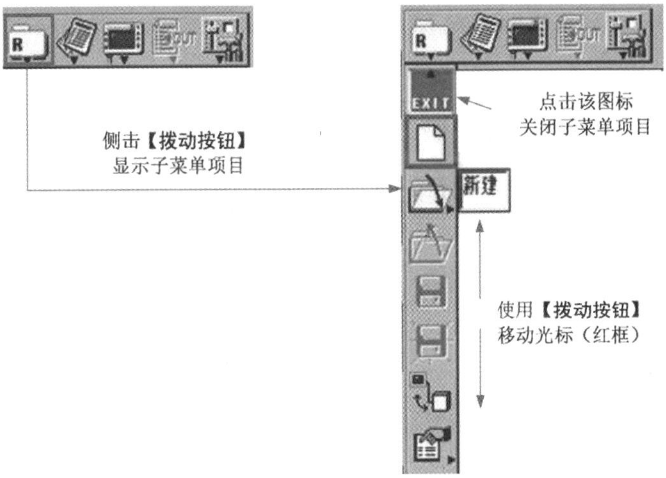

图 1-14　选择菜单流程

如果不清楚图标的功能，光标停留在图标上即可显示图标名称。

④输入数值。在数字输入画面中移动光标至准备输入数字的项目上，侧击【拨动按钮】显示数字输入画面，如图 1-15 所示。

◆使用【左右切换键】移动光标，切换数字输入列。

◆使用【拨动按钮】修改数值。

◆按【登录键】关闭窗口并保存所修改的数值。

◆按【取消键】不保存所修改的数值，直接关闭窗口。

◆移动光标至【OK 按钮】或【YES 按钮】并侧击【拨动按钮】等同于直接按下。

◆移动光标至【取消按钮】或【NO 按钮】并侧击【拨动按钮】等同于直接按下。

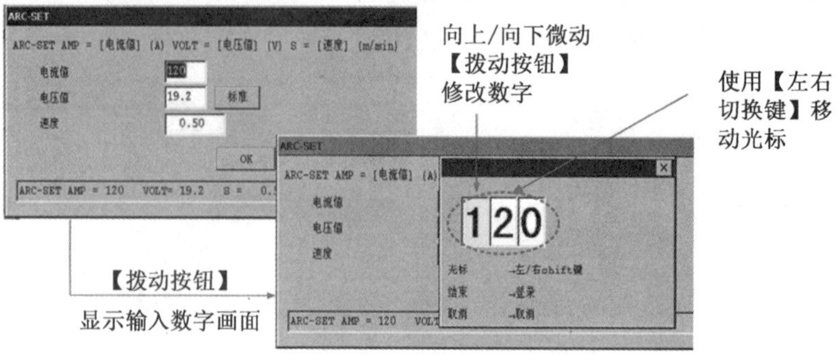

图 1-15　输入数值流程

⑤输入字母。在字母输入画面中移动光标至准备输入字母的项目上，侧击【拨动按钮】显示字母输入画面。字母输入图标（软键盘）显示在【动作功能键】的右边，包括大写字母、小写字母、数字和符号，如图 1-16 所示。

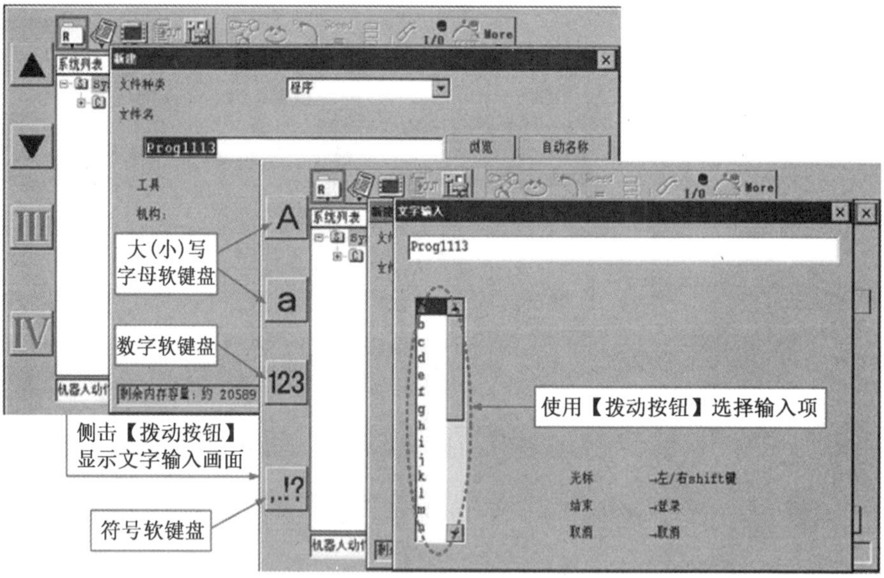

图 1-16　输入字母流程

◆按【动作功能键】切换软键盘，如要选择“小写字母软键盘”，单击 a 图标对应的功能键即可。

◆上/下微动【拨动按钮】选择输入项。

◆按关闭窗口并保存输入内容。

◆按不保存输入内容，直接关闭窗口。

（3）获取帮助

操作者在使用示教器对机器人进行示教编程的过程中，难免会遇到一些警告或发生一些错误，此时可通过单击显示屏右上角的【帮助】图标获得在线帮助信息。

①移动光标至图标上，侧击【拨动按钮】显示帮助窗口，如图 1-17 所示。

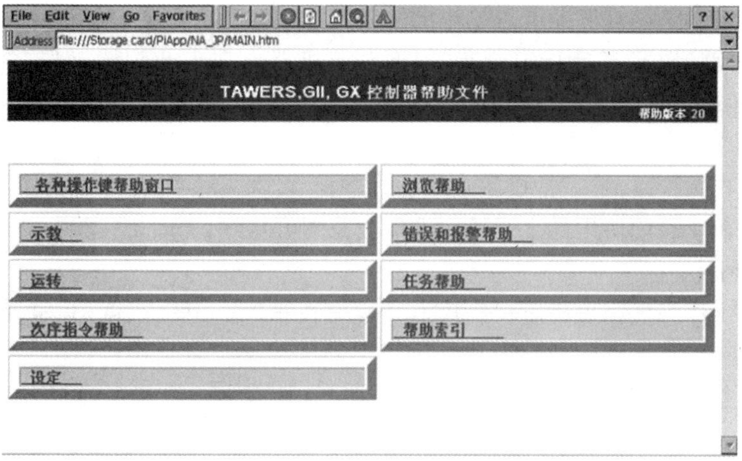

图 1-17 Panasonic GⅢ机器人在线帮助系统界面

②按【窗口切换键】关闭帮助窗口,返回前一个操作窗口。

(4)模式选择

Panasonic GⅢ机器人示教器提供了两种动作模式供操作者选择:示教模式(TEACH)和自动模式(AUTO)。

①示教模式(TEACH)

在示教模式下,操作者可完成以下操作:

◆编辑、示教(跟踪)作业程序。

◆修改已登录的作业程序。

◆各种特性文件(如起弧、收弧文件)和参数的设定。

②自动模式(AUTO)

在自动模式下,操作者可进行的操作如下:

◆示教程序的再现。

◆各种条件文件的设定、修改或删除。

出于安全方面的考虑,当进行模式切换时,示教模式优先。在示教模式下,从外部设备输入的信号无效,用于自动运行的【启动按钮】也无效。

1.1.2 机器人的运动控制

1. 机器人的技术指标

机器人的技术指标反映了机器人的适用范围和工作性能,是选择、使用机器人必须考虑的问题。尽管各机器人厂商所提供的技术指标不完全一样,机器人的结构、用途以及用户的要求也不尽相同,但其主要技术指标一般均为自由度、额定负载、工作精度、工作空间和最大工作速度等。

(1)自由度

自由度是指物体能够对坐标系进行独立运动的数目,末端执行器的动作不包括在内。自由度通常作为工业机器人的技术指标,反映机器人动作的灵活性,可用轴的直线移动、摆动或旋转动作的数目来表示。采用空间开链连杆机构的机器人,因每个关节运动副仅有一个自由度,所以机器人的自由度数就等于它的关节数。由于具有6个旋转关节的铰接开链式机器人从运动学上已被证明能以最小的结构尺寸获取最大的工作空间，并且能以较高的位置精度和最优的路径到达指定位置，因而关节机器人在工业领域得到广泛的应用。目前，焊接作业机器人多为6自由度或7自由度。

(2)额定负载

额定负载也称持重，是正常操作条件下，作用于机器人手腕末端，且不会使机器人性能降低的最大载荷。目前使用的工业机器人负载范围可从0.5 kg直至800 kg。

(3)工作精度

机器人的工作精度主要指定位精度和重复定位精度。定位精度（也称绝对精度）是指机器人末端执行器实际到达位置与目标位置之间的差异。重复定位精度（简称重复精度）是指机器人重复定位其末端执行器于同一目标位置的能力。机器人具有绝对精度低、重复精度高的特点。一般而言，机器人的绝对精度要比重复精度低一到两个数量级，造成这种情况的主要原因是机器人控制系统根据机器人的运动学模型来确定机器人末端执行器的位置，然而这个理论上的模型和实际机器人的物理模型存在一定的误差，产生误差的因素主要有机器人本身的制造误差、工件加工误差以及机器人与工件的定位误差等。目前，工业机器人的重复精度可达±0.01～±0.50 mm。

(4)工作空间

工作空间也称工作范围、工作行程，是指工业机器人在执行任务时，其手腕参考点所能掠过的空间。由于工作范围的形状和大小反映了机器人工作能力的大小，因而它对于机器人的应用十分重要。工作范围不仅与机器人各连杆的尺寸有关，还与机器人的总体结构有关。为能真实反映机器人的特征参数，厂家所给出的工作范围一般指不安装末端执行器时可以到达的区域。应特别注意的是，在装上末端执行器后，需要同时保证工具姿态，实际的可达空间会比厂家给出的要小一层，需要认真地用比例作图法或模型法核算一下，以判断是否满足实际需要。目前，单体工业机器人本体的工作半径可达3.5 m左右。

(5)最大工作速度

最大工作速度是指在各轴联动情况下，机器人手腕中心所能达到的最大线速度。这在生产中是影响生产效率的重要指标。因生产厂家不同而标注不同，一般都会在技术参数中加以说明。很明显，最大工作速度越高，生产效率也就越高；然而，工作速度越高，对机器人最大加速度的要求也就越高。

除上述五项技术指标外，还应注意机器人控制方式、驱动方式、安装方式、存储容量、插补功能、语言转换、自诊断及自保护、安全保障功能等。

2. 机器人运动学问题

了解了工业机器人的基本组成，那么机器人是怎样运动的，又是如何工作的呢？要弄清这些问题，就需要对机器人的运动控制有一定层次的了解。

如前所述，可以将工业机器人操作机看作是一个开链式多连杆机构，始端连杆就是机器人的基座，末端连杆与工具相连，相邻连杆之间用一个关节（轴）连接在一起，如图1-18所示。对于一个6自由度工业机器人，它由6个连杆和6个关节（轴）组成。编号时，基座称为连杆0，不包含在这6个连杆内，连杆1与基座由关节1相连，连杆2通过关节2与连杆1相连，依次类推。

在操作机器人时，其末端执行器必须处于合适的空间位置和姿态（以下简称位姿），而这些位姿是由机器人若干关节的运动所合成的。可见，要了解工业机器人的运动控制，首先必须知道机器人各关节变量空间和末端执行器位姿之间的关系,因此建立了机器人运动学模型。一台机器人操作机几何结构一旦确定,其运动学模型也即确定下来,这是机器人运动控制的基础。简而言之,在机器人运动学中存在两类基本问题:

(1)正向运动学问题

对给定的机器人操作机,已知各关节角矢量,求末端执行器相对于参考坐标系的位姿,称之为正向运动学问题(又称运动学正解或 Where 问题),如图 1-19(a)所示。机器人示教时,机器人控制器即逐点进行运动学正解运算。

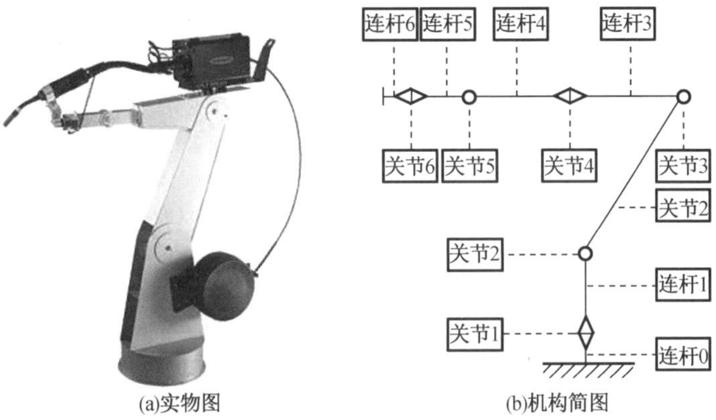

图 1-18 工业机器人操作机

(2)逆向运动学问题

对给定的机器人操作机,已知末端执行器在参考坐标系中的初始位姿和目标(期望)位姿,求各关节角矢量,称之为逆向运动学问题(又称运动学逆解或 How 问题),如图 1-19(b)所示。机器人再现时,机器人控制器即逐点进行运动学逆解运算,并将角矢量分解到操作机各关节。

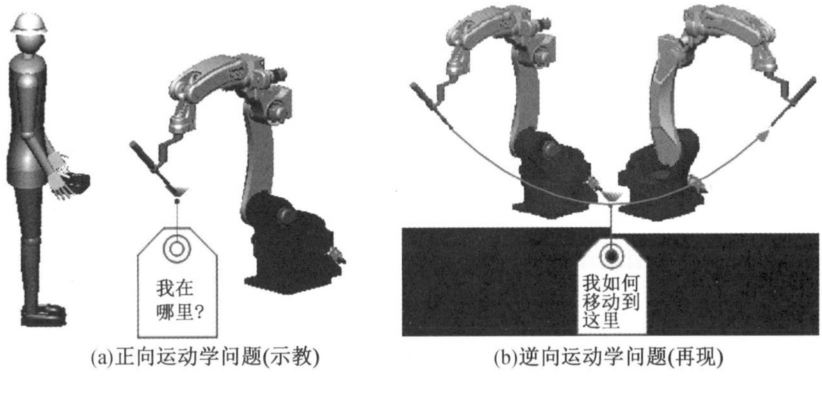

图 1-19 机器人运动学问题

3. 机器人的点位运动和连续路径运动

实际上,工业机器人的很多作业实质是控制机器人末端执行器的位姿,以实现点位运动或连续路径运动。

(1)点位(point to point,PTP)运动

点位运动只关心机器人末端执行器运动的起点和目标点位姿,而不关心这两点之间的运动轨迹。点位运动比较简单,比较容易实现。例如,在图 1-20 中,倘若要求机器人末端执行器由 A 点 PTP 运动到 B 点,那么机器人可沿①~③中的任一路径运动。该运动方式可完成无障碍条件下的点焊作业操作。

(2)连续路径(continuous path,CP)运动

连续路径运动不仅关心机器人末端执行器达到目标点的精度,而且必须保证机器人能沿所期望的轨迹在一定精度范围内重复运动。例如,在图 1-20 中,倘若要求机器人末端执行器由 A 点直线运动到 B 点,那么机器人仅可沿路径②移动。该控制方式可完成机器人弧焊作业操作。

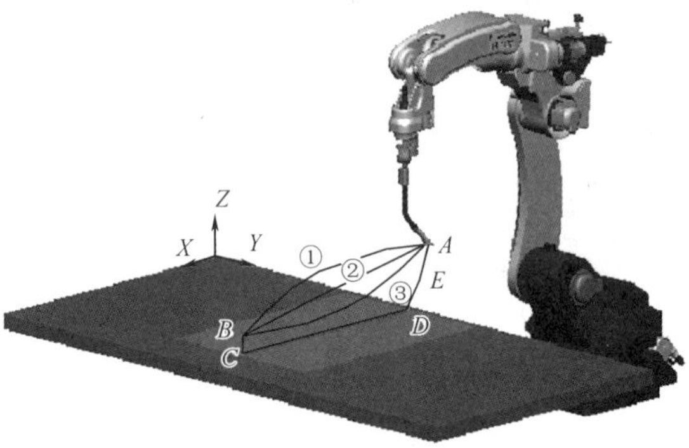

图 1-20　机器人 PTP 运动和 CP 运动

机器人连续路径运动的实现是以点位运动为基础,通过在相邻两点之间采用满足精度要求的直线或圆弧轨迹插补运算即可实现轨迹的连续化。机器人再现时,主控制器(上位机)从存储器中逐点取出各示教点空间位姿坐标值,通过对其进行直线或圆弧插补运算,生成相应的路径规划,然后把各插补点的位姿坐标值通过运动学逆解运算转换成关节角度值,分送机器人各关节或关节控制器(下位机),如图 1-21 所示。由于绝大多数工业机器人是关节式运动形式,很难直接检测机器人末端的运动,只能对各关节进行控制,属于半闭环系统。

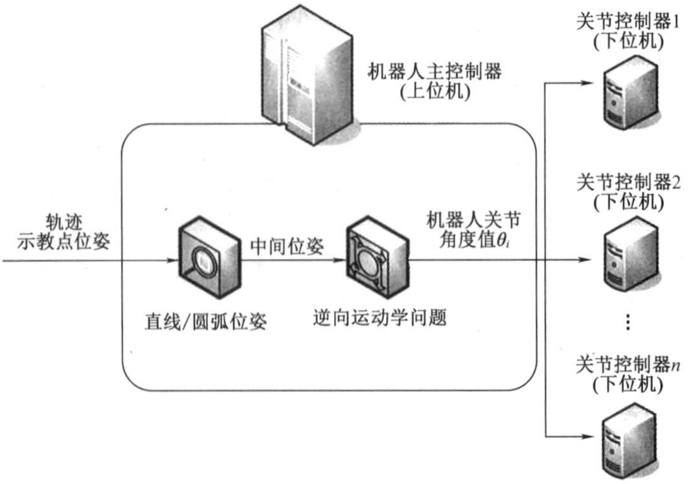

图 1-21　机器人的连续路径运动

4. 机器人的位置控制

机器人控制方式有不同的分类，如按被控对象不同可分为位置控制、速度控制、加速度控制、力控制、力矩控制、力和位置混合控制等，而实现机器人的位置控制是工业机器人的基本控制任务。由于机器人是由多轴（关节）组成的，因此每轴的运动都将影响机器人末端执行器的位姿。如何协调各轴的运动，使机器人末端执行器完成作业要求的轨迹，是需要解决的问题。关节控制器（下位机）是执行计算机，负责伺服电动机的闭环控制及实现所有关节的动作协调。它在接收主控制器（上位机）送来的各关节下一步期望达到的位姿后，又做一次均匀细分，以使运动轨迹更为平滑。然后将各关节下一步期望值逐点送给驱动电动机，同时检测光电码盘信号，直至准确到位，如图 1-22 所示。

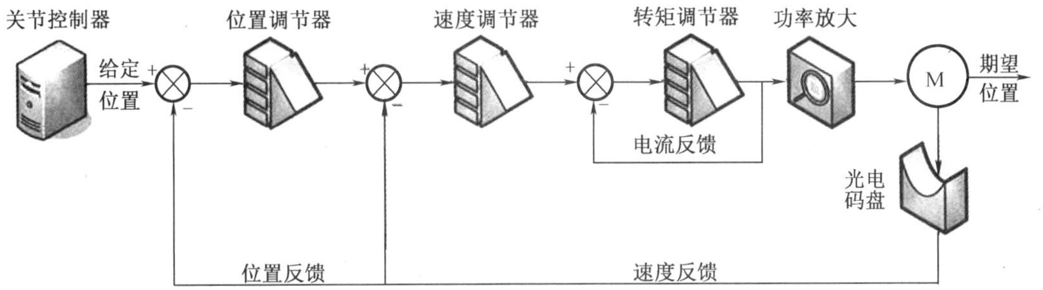

图 1-22　工业机器人的位置控制

1.1.3　焊接机器人的分类及系统控制

众所周知，焊接加工一方面要求焊工具有熟练的操作技能、丰富的实践经验和稳定的焊接水平；另一方面焊接又是一项劳动条件差、烟尘多、热辐射大、危险性高的工作。工业机器人的出现使人们自然而然地想到用它代替人进行焊接工作，这样不仅可以减轻焊工的劳动强度，同时也可以保证焊接质量和提高生产效率，这也是若干年以来人们千方百计追求的目标。据不完全统计，全世界在役的工业机器人有近一半应用于各种形式的焊接加工领域。

随着先进制造技术的发展，焊接产品制造的自动化、柔性化与智能化已成为必然趋势。而在焊接生产中，采用机器人焊接则是焊接自动化技术现代化的主要标志。本节将对焊接机器人的分类、特点、基本系统组成进行简要介绍，旨在加深大家对焊接机器人及其作业示教的认知。

1. 焊接机器人的分类及特点

焊接机器人作为当前广泛使用的先进自动化焊接设备，具有通用性强、工作稳定的优点，并且操作简便、功能丰富，越来越受到人们的重视。使用机器人完成一项焊接任务时，只需要操作者对它进行一次示教，机器人即可精确地再现示教的每一步操作。如果让机器人去做另一项工作，无须改变任何硬件，只要对它再做一次示教即可。归纳起来，焊接机器人的主要优点如下：

（1）稳定和提高焊接质量，保证焊缝的均匀性。

（2）提高劳动生产率，一天可 24 h 连续生产。

（3）改善工人劳动条件，可在有害环境下工作。

(4)降低对工人操作技术的要求。

(5)缩短产品改型换代的准备周期,减少相应的设备投资。

(6)可实现小批量产品的焊接自动化。

(7)能在空间站建设、核电站维修、深水焊接等极限条件下完成人工难以进行的焊接作业。

(8)为焊接柔性生产线提供技术基础。

焊接机器人其实就是在焊接生产领域代替焊工从事焊接任务的工业机器人。在这些焊接机器人中,有的是为某种焊接方式专门设计的,而大多数的焊接机器人其实就是通用的工业机器人装上某种焊接工具构成的。世界各国生产的焊接用机器人基本上都属于关节型机器人,绝大部分有 6 个轴。其中,1,2,3 轴可将末端工具(即焊接工具,如焊枪、焊钳等)送到不同的空间位置,而 4,5,6 轴可解决末端工具姿态的不同要求。目前焊接机器人应用中比较普遍的主要有 3 种:点焊机器人、弧焊机器人和激光焊接机器人,如图 1-23 所示。

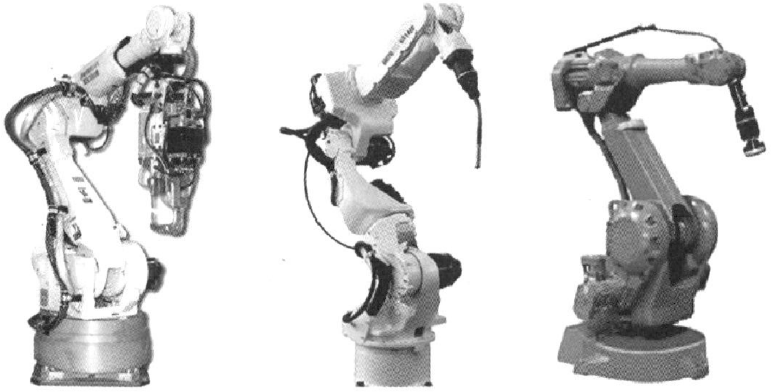

(a)点焊机器人　(b)弧焊机器人　(c)激光焊接机器人

图 1-23　焊接机器人分类

①点焊机器人。点焊机器人是用于点焊自动作业的工业机器人,其末端持握的作业工具是焊钳。实际上,工业机器人在焊接领域应用最早的是从汽车装配生产线上的电阻点焊开始的,如图 1-24 所示。点焊过程比较简单,只需点位控制,至于焊钳在点与点之间的移动轨迹则没有严格要求,对机器人的精度和重复精度的控制要求比较低。

图 1-24　汽车车身的机器人点焊作业

一般来说,装配一台汽车车体需完成 3 000~5 000 个焊点,而其中约 60%的焊点是由机器人完成的。最初，点焊机器人只用于增强焊作业，即在已拼接好的工件上增加焊点。后来，为了保证拼接精度，又让机器人完成定位焊作业，如图 1-25 所示。如今，点焊机器人已经成为汽车生产行业的支柱。如此，点焊机器人逐渐被要求有更全面的作业性能——点焊机器人不仅要有足够的负载能力，而且在点与点之间移位时速度要快，动作要平稳，定位要准确，以减少移位的时间，提高工作效率。具体要求如下：

◆安装面积小，工作空间大。

◆可快速完成小节距的多点定位（如每 0.3～0.4 s 移动 30～50 mm 节距后定位）。

◆定位精度高（±0.25 mm），以确保焊接质量。

◆持重大（50～150 kg），以方便携带内装变压器的焊钳。

◆内存容量大，示教简单，节省工时。

◆点焊速度与生产线速度相匹配，且安全可靠性好。

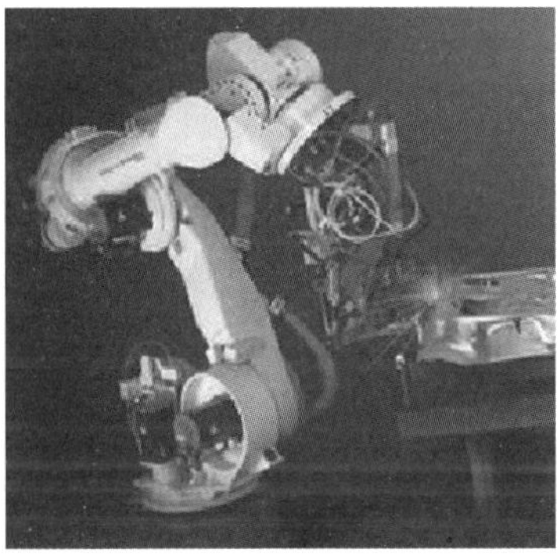

(a)车框架增强焊

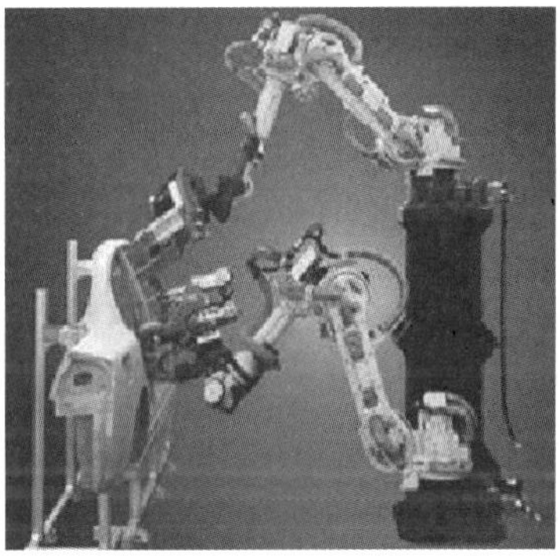

(b)车框架定位焊

图 1-25　汽车车门的机器人点焊作业

②弧焊机器人。弧焊机器人是用于弧焊（主要有熔化极气体保护焊和非熔化极气体保护焊，图 1-26）自动作业的工业机器人，其末端持握的工具是弧焊作业用的各种焊枪。事实上，弧焊过程比点焊过程要复杂得多，被焊工件由于局部加热熔化和冷却而产生变形，故焊缝轨迹会发生变化。

(a)熔化极气体保护焊机器人

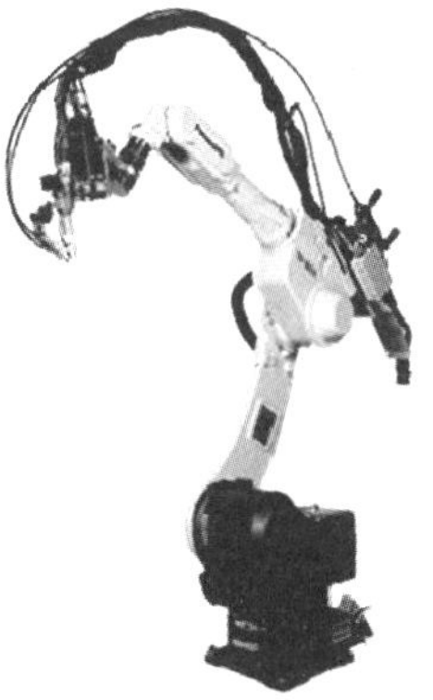

(b)非熔化极气体保护焊机器人

图 1-26　弧焊机器人

手工焊时,有经验的焊工可以根据眼睛所观察到的实际焊缝位置适时调整焊枪位置、姿态和行走速度,以适应焊缝轨迹的变化。然而,机器人要适应这种变化,必须首先像人一样要"看"到这种变化,然后采取相应的措施调整焊枪位置和姿态,以实现对焊缝的实时跟踪。由于弧焊过程伴有强烈弧光、烟尘、熔滴过渡不稳定从而引起焊丝短路、大电流强磁场等复杂环境因素,机器人要检测和识别焊缝所需要的特征信号并不像其他加工制造过程那么容易,因此焊接机器人并不是一开始就用于电弧焊作业。焊接传感器的开发及其在焊接机器人中的应用,使机器人弧焊作业的焊缝跟踪与控制问题得到有效解决。焊接机器人在汽车制造中的应用也相继从原来比较单一的汽车装配点焊很快地发展为汽车零部件及其装配过程中的电弧焊,如图 1-27 所示。由于弧焊工艺早已在诸多行业中得到普及,因此使得弧焊机器人在通用机械、金属结构等行业中得到广泛应用,如图 1-28 所示,在数量上大有超过点焊机器人之势。

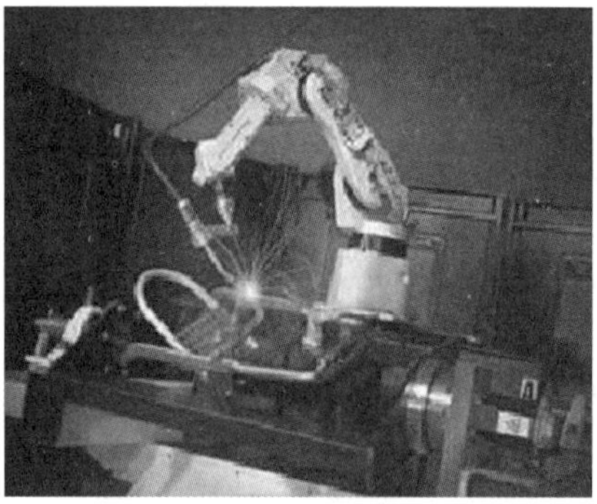

(a)焊座椅支架

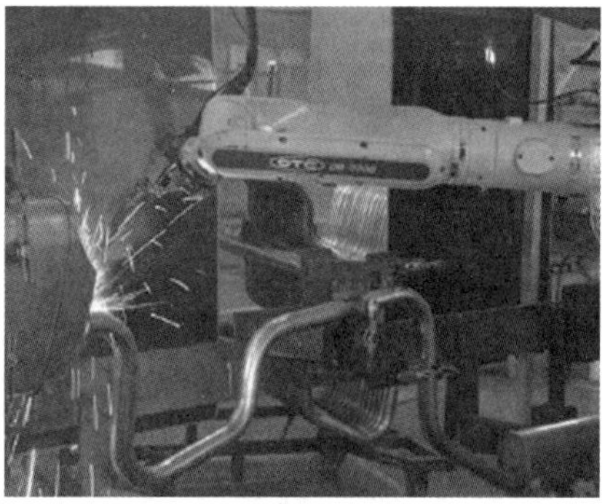

(b)焊消音器

图 1-27　汽车零部件的机器人弧焊作业

图 1-28　工程机械的机器人弧焊作业

为适应弧焊作业,对弧焊机器人的性能有着特殊的要求。在弧焊作业过程中,焊枪应跟踪工件的焊道运动,并不断填充金属形成焊缝。因此,运动过程中速度的稳定性和轨迹精度是两项重要指标。一般情况下,焊接速度为 5~50 mm/s,轨迹精度为 0.2~0.5 mm。由于焊枪的姿态对焊缝质量也有一定的影响,因此希望在跟踪焊道的同时,焊枪姿态的可调范围尽量大。其他一些基本性能要求如下:

◆能够通过示教器设定焊接条件(电流、电压、速度等)。

◆具有摆动功能。

◆具有坡口填充功能。

◆可进行焊接异常功能检测。

◆具有焊接传感器(焊接起始点检测、焊缝跟踪)的接口功能。

③激光焊接机器人。激光焊接机器人是用于激光焊自动作业的工业机器人,通过高精度工业机器人来实现更加柔性的激光加工作业,其末端持握的工具是激光加工头。现代金属加工对焊接强度和外观效果等质量的要求越来越高,传统的焊接手段由于极大的热输入,不可避免地会带来工件扭曲变形等问题。为弥补工件变形,需要大量的后续加工手段,从而导致费用上升。

而采用全自动的激光焊接技术,具有最小的热输入量,产生极小的热影响区,在显著提高焊接产品品质的同时,降低了后续工作的时间。另外,焊接速度快和焊缝深宽比大,能够极大地提高焊接效率和稳定性。

近年来激光技术飞速发展,涌现出可与机器人柔性耦合的、采用光纤传输的高功率工业型激光器,促进了机器人技术与激光技术的结合,而汽车产业的发展需求带动了激光加工机器人产业的形成与发展。从 20 世纪 90 年代开始,德国、美国、日本等发达国家投入大量的人力物力研发激光加工机器人。进入 2000 年,德国的 KUKA、瑞典的 ABB、日本的 FANUC 等机器人公司相继研制出激光焊接、切割机器人的系列产品,如图 1-29 所示。目前在国内外汽车产业中,激光焊接、激光切割机器人已成为最先进的工业机器人,获得了广泛应用(图 1-30)。

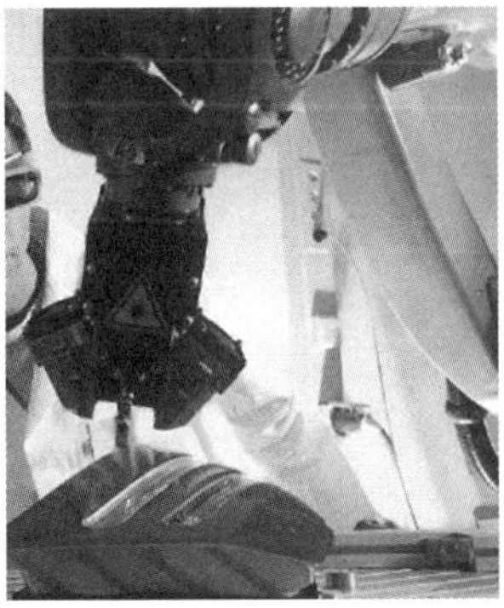

(a)激光焊接机器人

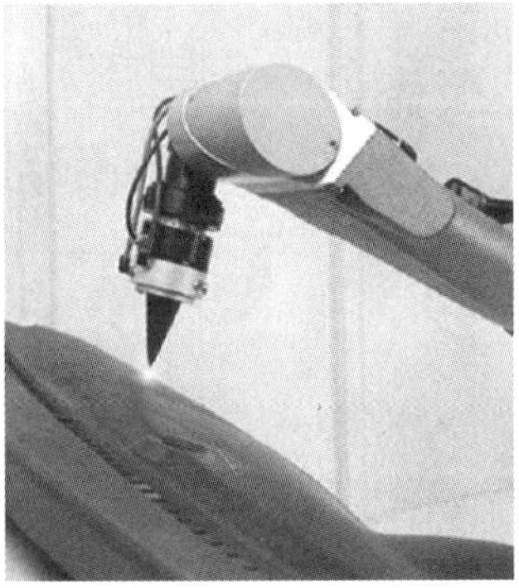

(b)激光切割机器人

图 1-29　激光加工机器人

图 1-30　汽车车身的激光焊接作业

德国大众汽车、美国通用汽车、日本丰田汽车等汽车装配生产线上，已大量采用激光焊接机器人代替传统的电阻点焊设备，不仅提高了产品质量和档次，而且减小了汽车车身质量，节约了大量材料，使企业获得了很高的经济效益，提高了企业市场竞争能力。在中国，一汽大众、上海大众等汽车有限公司也引进了激光焊接机器人生产线。

激光焊接成为一种成熟、无接触的焊接方式已经多年，极高的能量密度使得高速加工和低热量输入成为可能。与机器人电弧焊相比，机器人激光焊的焊缝跟踪精度要求更高。根据一般要求，机器人电弧焊的焊缝跟踪精度必须控制在电极或焊丝直径的 1/2 以内，在具有填充丝的条件下，焊缝跟踪精度可适当放宽。但对激光焊接而言，焊接时激光照射在工件表面的光斑直径通常小于 0.6 mm，远小于焊丝直径（通常大于 1.0 mm），并且激光焊接时通常不加填充焊丝，因此，激光焊接中若光斑位置稍有偏差，便会造成偏焊、漏焊。图 1-31 所示为上海大众汽车有限公司某型轿车车顶的机器人激光焊接，除了在工装夹具上采取措施防止焊接变形外，还在机器人激光焊枪前安装了德国 SCOUT 公司的高精度激光传感器用于焊缝轨迹的跟踪。其他一些基本性能要求如下：

◆高精度轨迹（≤0.1 mm）。

◆持重大（30~50 kg），以便携带激光加工头。

◆可与激光器进行高速通信。

◆机械臂刚性好，工作范围大。

◆具备良好的振动抑制和控制修正功能。

图 1-31　汽车车顶的机器人激光焊接

2. 焊接机器人的系统组成

了解了焊接机器人的种类及特点，那么是不是可以理解为焊接机器人只是在通用工业机器人上装备一把焊接工具呢？其实不然，焊接机器人是包括各种焊接附属装置及周边设备在内的柔性焊接系统，而不只是一台以规划的速度和姿态携带焊接工具移动的单机。

（1）点焊机器人

点焊机器人主要由操作机、控制系统和点焊焊接系统三部分组成，如图 1-32 所示。操作者可通过示教器和操作面板进行点焊机器人运动位置和动作程序的示教，设定运动速度、点焊参数等。点焊机器人按照示教程序规定的动作、顺序和参数进行点焊作业，其过程是完全自动化的。

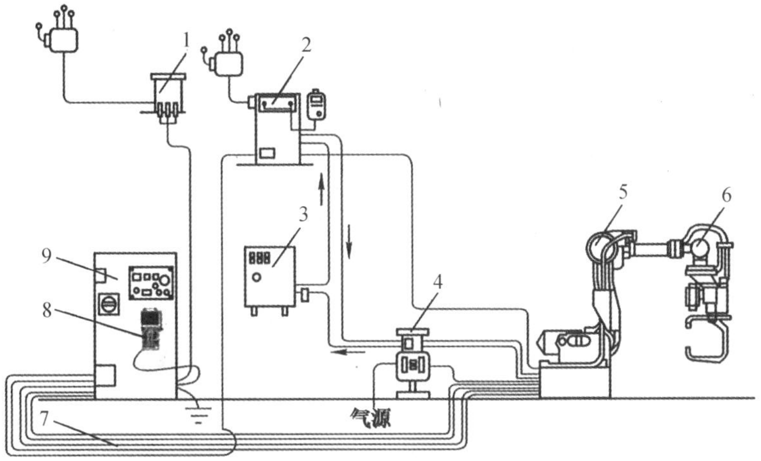

1—机器人变压器;2—焊接控制器;3—水冷机;4—气/水管路组合体;5—操作机;
6—焊钳;7—供电及控制电缆;8—示教器;9—控制柜。

图1-32　点焊机器人系统组成

为适应灵活的动作要求,点焊机器人本体通常选用关节型工业机器人,一般具有6个自由度。其驱动方式主要有液压驱动和电气驱动两种。其中,电气驱动具有保养维修简便、能耗低、速度高、精度高、安全性好等优点,因此应用较为广泛。

点焊机器人控制系统由本体控制和焊接控制两部分组成。本体控制部分主要是实现机器人本体的运动控制;焊接控制部分则负责对点焊控制器进行控制,发出焊接开始指令,自动控制和调整焊接参数(如电流、压力、时间),控制焊钳的大小行程及夹紧/松开动作。

点焊焊接系统主要由点焊控制器(时控器)、焊钳(含阻焊变压器)及水、电、气等辅助部分组成。点焊控制器是由微处理器及部分外围接口芯片组成的控制系统,它可根据预定的焊接监控程序完成焊接参数输入、焊接程序控制及焊接系统的故障自诊断,并实现与机器人控制柜、示教器的通信联系。点焊机器人焊钳种类繁多,从外形结构上有C形和X形两种,如图1-33所示。C形焊钳用于点焊垂直及近于垂直倾斜位置的焊点;X形焊钳则主要用于点焊水平及近于水平倾斜位置的焊点。

(a)C形焊钳

(b)X形焊钳

图1-33　点焊机器人焊钳(外形结构)

按电极臂加压驱动方式,点焊机器人焊钳又分为气动焊钳和伺服焊钳两种。

①气动焊钳。气动焊钳是目前点焊机器人比较常用的,如图1-34(a)所示。它利用气

缸来加压,一般具有 2~3 个行程,能够使电极完成大开、小开和闭合 3 个动作,电极压力一旦调定后是不能随意变化的。

②伺服焊钳。采用伺服电动机驱动完成焊钳的张开和闭合,因此其张开度可以根据实际需要任意选定并预置,而且电极间的压紧力也可以无级调节,如图 1-34(b)所示。

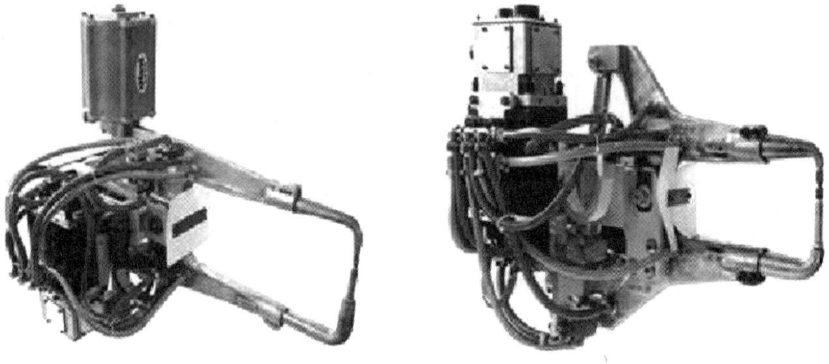

(a)气动焊钳　　(b)伺服焊钳

图 1-34　点焊机器人焊钳(电极臂加压驱动方式)

与气动焊钳相比,伺服焊钳具有如下优点:

①提高工件的表面质量。伺服焊钳由于采用的是伺服电动机,在接触到工件前,电极的动作可由高速准确调整至低速。这样就可以形成电极对工件的软接触,减轻电极冲击所造成的压痕,从而也减少了后续工件表面修磨处理量,提高了工件的表面质量。而且,利用伺服控制技术可以对焊接参数进行数字化控制管理,可以提供最合适的焊接参数数据,确保焊接质量。

②提高生产效率。伺服焊钳的加压、放开动作由机器人自动控制,每个焊点的焊接周期可大幅度降低。机器人在点与点之间的移动过程中,焊钳就开始闭合,在焊完一点后,焊钳一边张开,机器人一边移动,不必等机器人到位后焊钳才闭合或焊钳完全张开后机器人再移动。与气动焊钳相比,伺服焊钳的动作路径可以控制到最短,缩短生产节拍,在最短的焊接循环时间里建立一致性的电极间压力。由于在焊接循环中省去了预压时间,该焊钳比气动加压快 5 倍,提高了生产率。

③改善工作环境。焊钳闭合加压时,不仅压力大小可以调节,而且在闭合时两电极为轻轻闭合,电极对工件是软连接,无冲击,减少了撞击变形,平稳接触工件无噪声,更不会在使用气动加压焊钳时出现排气噪声。因此,该焊钳清洁、安静,改善了操作环境。

依据阻焊变压器与焊钳的结构关系,点焊机器人焊钳可分为分离式、内藏式和一体式三种:

①分离式焊钳。分离式焊钳的阻焊变压器与钳体相分离,钳体安装在机器人机械臂上,而阻焊变压器悬挂在机器人上方,可在轨道上沿机器人手腕移动的方向移动,两者之间用二次电缆相连,如图 1-35(a)所示。分离式焊钳的优点是减小了机器人的负载,运动速度高,价格低。其缺点是需要大容量的阻焊变压器,电力损耗较大,能源利用率低;此外,粗大的二次电缆在焊钳上引起的拉伸力和扭转力作用于机器人机械臂上,限制了点焊工作区间与焊接位置的选择。

②内藏式焊钳。这种结构是将阻焊变压器安放到机器人机械臂内,使其尽可能地接近

钳体,变压器的二次电缆可以在内部移动,如图 1-35(b)所示。当采用这种形式的焊钳时,必须同机器人本体统一设计,如 Cartesian 机器人就采用这种结构形式。另外,极(球)坐标型点焊机器人也可以采取这种结构。其优点是二次电缆较短,变压器的容量可以减小,但是会使机器人本体的设计变得复杂。

③一体式焊钳。所谓一体式就是将阻焊变压器和钳体安装在一起,然后共同固定在机器人机械臂末端法兰盘上,如图 1-35(c)所示,其主要优点是省掉了粗大的二次电缆及悬挂变压器的工作架,直接将焊接变压器的输出端连到焊钳的上下电极臂上,另一个优点是节省能量。例如,输出电流 12 000 A,分离式焊钳需 75 kV · A 的变压器,而一体式焊钳只需 25 kV · A。

一体式焊钳的缺点是焊钳质量显著增大,体积也变大,要求机器人本体的承载能力大于 60 kg。此外,焊钳质量在机器人活动手腕上产生惯性力易引起过载,这就要求在设计时,尽量减小焊钳重心与机器人机械臂轴心线间的距离。

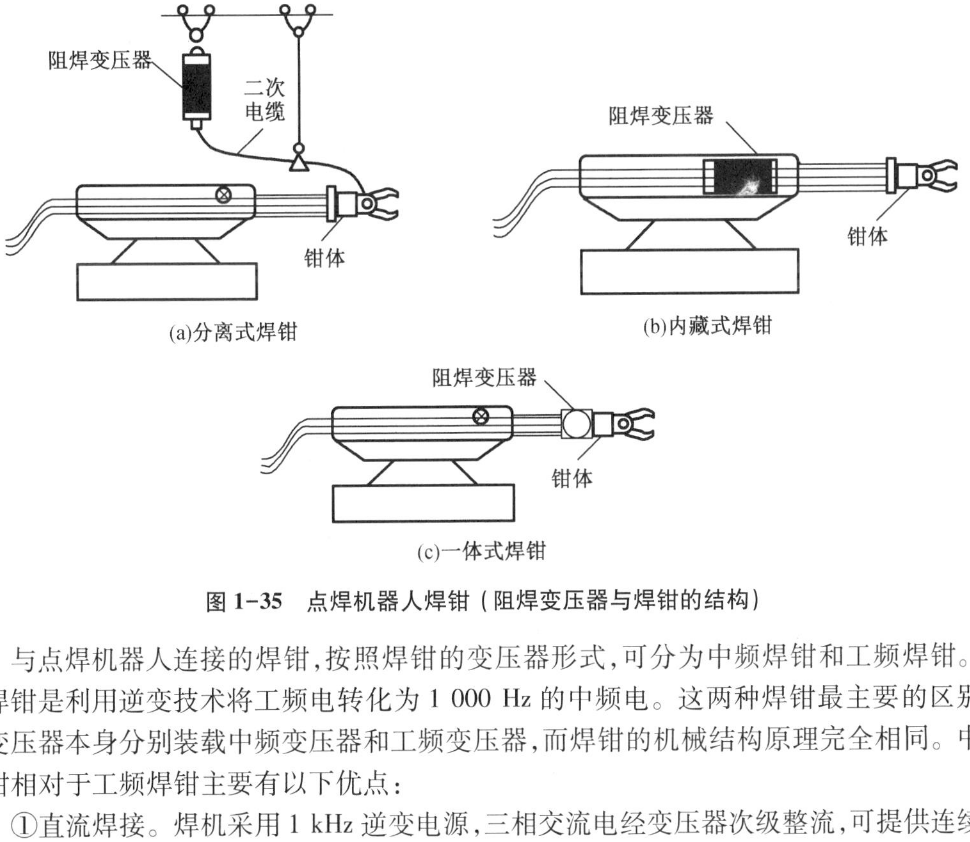

图 1-35 点焊机器人焊钳(阻焊变压器与焊钳的结构)

与点焊机器人连接的焊钳,按照焊钳的变压器形式,可分为中频焊钳和工频焊钳。中频焊钳是利用逆变技术将工频电转化为 1 000 Hz 的中频电。这两种焊钳最主要的区别就是变压器本身分别装载中频变压器和工频变压器,而焊钳的机械结构原理完全相同。中频焊钳相对于工频焊钳主要有以下优点:

①直流焊接。焊机采用 1 kHz 逆变电源,三相交流电经变压器次级整流,可提供连续的直流焊接电流,从而提高热效率,消除电流尖峰,增宽焊接电流工艺范围,消除输出极的电感消耗,无“集肤”效应,因此大大提高了焊接质量。

②焊接变压器小型化。焊接变压器的铁芯截面积与输入交流频率成反比,故中频输入可减小变压器铁芯截面积,也就减小了变压器的体积和质量。中频整流焊接变压器的质量为单相交流式的 1/5~1/3,而焊钳质量减小 1/3~1/2。这一点对机器人焊钳来讲非常重要,可使机器人本体的负载能力减小,在降低成本的同时可以获得更快的运动速度。

③提高电流控制的响应速度,实现工频电阻焊机无法实现的焊接工艺。以 1 kHz 逆变

电源为例，焊钳可实现本周波控制（其电流控制响应速度为1 ms，工频焊机的响应速度最快为20 ms），从而有利于提高焊接质量，并可以方便地实现焊接电流控制。

④三相平衡负载，降低了电网成本；功率因数高，节能效果好。

综上所述，点焊机器人焊钳主要以驱动和控制两者组合的形式来区分，可以采用工频气动式、工频伺服式、中频气动式、中频伺服式。这几种形式应该说各有特点，每种都有其特定的用户，从技术优势和发展趋势来看，中频伺服机器人焊钳应为未来的主流，它集中了中频直流点焊和伺服驱动的优势，是其他形式无法比拟的。国内方面上述4种形式焊钳都有使用，其中工频气动机器人焊钳因成本低、技术相对成熟，应用最多，中频气动机器人焊钳的应用也比较广泛，特别是在焊钳结构较大或超大时，基本采用此种形式。

（2）弧焊机器人

弧焊机器人的组成与点焊机器人基本相同，主要由操作机、控制系统、弧焊系统和安全设备几部分组成，如图1-36所示。

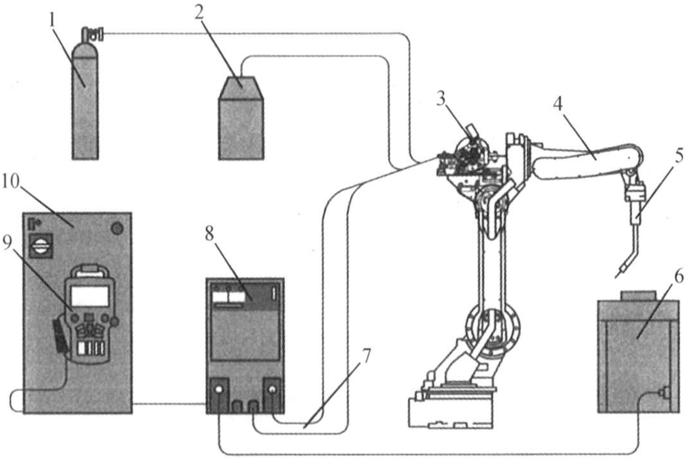

1—气瓶；2—焊丝桶；3—送丝机；4—操作机；5—焊枪；6—工作台；
7—供电及控制电缆；8—弧焊电源；9—示教器；10—机器人控制柜。

图1-36　弧焊机器人系统组成

弧焊机器人操作机的结构与点焊机器人基本相似，主要区别在于末端执行器——焊枪。图1-37所示为弧焊机器人气体保护焊用的各种典型焊枪。从理论上讲，虽然5自由度机器人就可以用于电弧焊，但是对复杂形状的焊缝，5自由度机器人难以胜任。因此，除非焊缝比较简单，否则应尽量选用6自由度机器人，以保证焊枪的任意空间位置和姿态。

弧焊机器人控制系统在控制原理、功能及组成上和通用工业机器人基本相同。目前最流行的是采用分级控制的系统结构，一般分为两级：上级具有存储单元，可实现重复编程、存储多种操作程序，负责程序管理、坐标变换、轨迹生成等；下级由若干处理器组成，每一处理器负责一个关节的动作控制及状态检测，实时性好，易于实现高速、高精度控制。此外，弧焊机器人周边设备的控制，如工件定位夹紧、变位调控，设有单独的控制装置，可以单独编程，同时又可以和机器人控制装置进行信息交换，由机器人控制系统实现全部作业的协调控制。

(a)电缆外置式机器人焊枪 (b)电缆内藏式机器人焊枪 (c)机器人氩弧焊焊枪

图 1-37 弧焊机器人用焊枪

弧焊系统是完成弧焊作业的核心装备，主要由弧焊电源、送丝机、焊枪和气瓶等组成。弧焊机器人多采用气体保护焊（CO_2、熔化极惰性气体（MIG）、熔化极活性气体（MAG）和非熔化极惰性气体（TIG）），通常使用的晶闸管式、逆变式、波形控制式、脉冲或非脉冲式等焊接电源都可以装到机器人上进行电弧焊。由于机器人控制柜采用数字控制，而焊接电源多为模拟控制，所以需要在焊接电源与控制柜之间加一个接口。近年来，国外机器人生产厂都有自己特定的配套焊接设备（如 FANUC 弧焊机器人采用美国林肯焊接电源，图 1-38），这些焊接设备内已插入相应的接口板，所以在有些弧焊机器人系统中并没有附加接口板。应该指出，在弧焊机器人工作周期中电弧时间所占的比例较大，因此在选择焊接电源时，一般应按持续率 100%来确定电源的容量。另外，送丝机可以装在机器人的上臂上，也可以放在机器人之外，前者焊枪到送丝机之间的软管较短，有利于保持送丝的稳定性；而后者软管较长，当机器人把焊枪送到某些位置，使软管处于多弯曲状态时，会严重影响送丝的质量。因此，送丝机的安装方式一定要考虑保证送丝稳定性这一点。

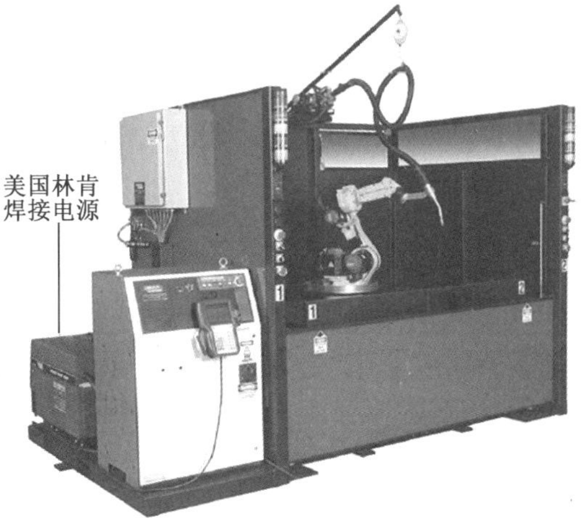

图 1-38 FANUC 弧焊机器人采用美国林肯焊接电源

安全设备是弧焊机器人系统安全运行的重要保障，主要包括驱动系统过热自断电保护、动作超限位自断电保护、超速自断电保护、机器人系统工作空间干涉自断电保护和人工急停断电保护等，它们起到防止机器人伤人和保护周边设备的作用。在机器人的末端焊枪上还装有各类触觉或接近传感器，可以使机器人在过分接近工件或发生碰撞时停止工作（相当于暂停或急停开关）。当发生碰撞时，一定要检验焊枪是否被碰歪，否则工具中心点的变化会导致焊接的路径发生较大的变化，从而焊出废品。

（3）激光焊接机器人

机器人是高度柔性的加工系统，这就要求激光器必须具有高度柔性，所以目前激光焊接机器人都选用可通过光纤传输激光的激光器（如固体激光器、半导体激光器、光纤激光器等）。在机器人手臂的夹持下，运动轨迹由机器人的运动决定，因此能匹配完全的自由轨迹加工，完成平面曲线、空间的多组直线、异形曲线等特殊轨迹的激光焊接。如图1-39所示，智能化激光焊接机器人主要由以下几部分组成：

（1）大功率可通过光纤传输激光的激光器。

（2）光纤耦合和传输系统。

（3）激光光束变换光学系统。

（4）6自由度机器人本体。

（5）机器人数字控制系统（控制器、示教器）。

（6）激光加工头。

（7）材料进给系统（高压气体、送丝机、送粉器）。

（8）焊缝跟踪系统（包括视觉传感器、图像处理单元、伺服控制单元、运动执行机构及专用电缆等）。

（9）焊接质量检测系统（包括视觉传感器、图像处理单元、缺陷识别系统及专用电缆等）。

（10）激光加工工作台。

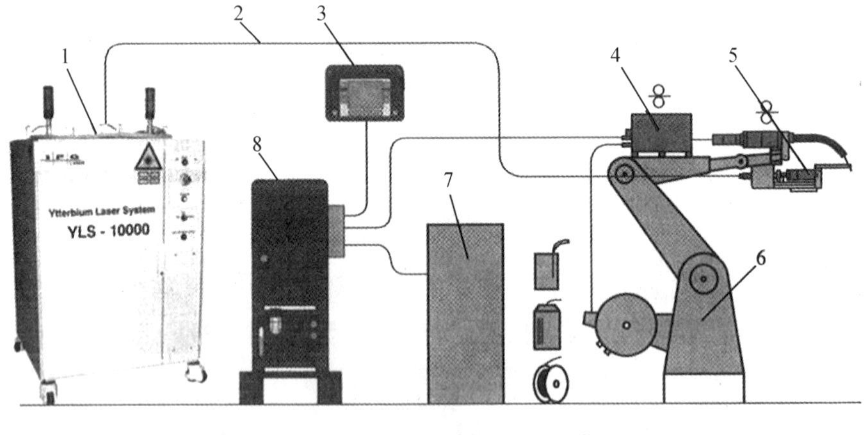

1—激光器；2—光导系统；3—遥控盒；4—送丝机；5—激光加工头；6—操作机；7—机器人控制柜；8—焊接电源。

图1-39 激光焊接机器人系统组成

从大功率激光器发出的激光，经光纤耦合传输到激光光束变换光学系统，再经过整形聚焦后进入激光加工头。根据用途不同（切割、焊接、熔覆）选择不同的激光加工头（图1-40），并配有不同的材料进给系统（高压气体、送丝机、送粉器）。激光加工头装于6自由度机器人本体手臂末端，其运动轨迹参数和激光加工参数由机器人数字控制系统提供。先由激光加工操作人员在机器人示教器上进行在线示教或在计算机上进行离线编程。再由材料进给系统将材料（高压气体、金属丝、金属粉末）与激光同步输入到激光加工头，高功率激光与进给材料同步作用完成加工任务。在加工过程中，机器视觉系统对加工区进行检测，检测信号反馈至机器人控制系统，从而实现加工过程的实时控制，具体的控制系统架构如图 1-41 所示。

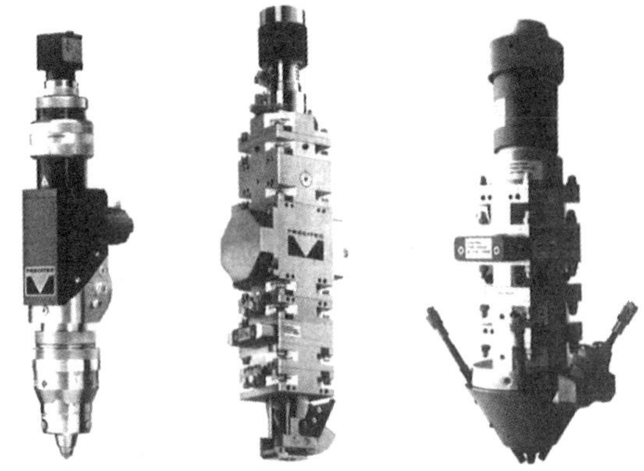

(a)激光切割　(b)激光焊接　(c)激光熔覆

图 1-40　激光加工头

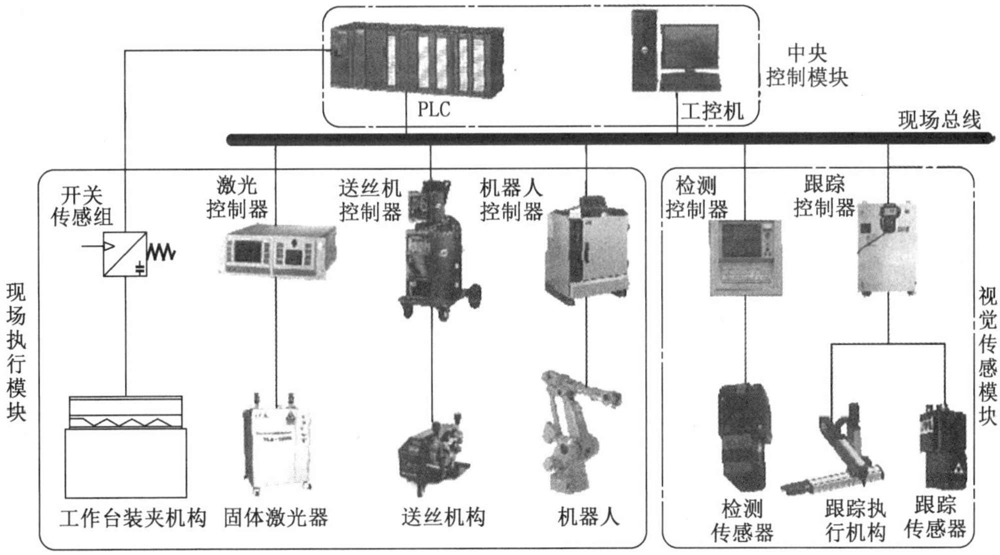

图 1-41　激光焊接机器人控制系统架构

综上所述，焊接机器人主要包括机器人和焊接设备两部分。机器人由机器人本体和控制柜（硬件及软件）组成。而焊接装备，以弧焊及点焊为例，则由焊接电源（包括其控制系统）、送丝机（弧焊）、焊枪（焊钳）等部分组成。对于智能机器人还应有传感系统，如激光或摄像传感器及其控制装置等。

任务1.2 焊接机器人的运动轴与坐标系认知

对于焊接机器人而言，操作者可以通过示教器来控制机器人各个关节（轴）的动作，也可以通过运行已有示教程序实现机器人的自动运转。手动移动机器人是操纵机器人的基础，是完成机器人作业“示教—再现”的前提，其原因在于机器人自动运行的程序一般是通过手动操纵机器人来创建和修改的。

焊接机器人的运动实质是根据不同的作业轨迹要求，实现在各种坐标系下的运动。本项目将以 Panasonic 机器人为例，通过手动操纵方式，实现机器人精确定点运动和连续移动，为下一步实现机器人焊接作业做准备，旨在让学生掌握手动操纵焊接机器人的方法，并加深对机器人常用坐标系及各运动轴在不同坐标系下的运动的理解。

1.2.1 机器人运动轴及其在各坐标系下的运动

焊接机器人大多由典型六关节通用工业机器人装上焊钳或各种焊枪而构成。顾名思义，六关节机器人本体有六个可活动的关节（轴）。例如，Panasonic 机器人六轴分别定义为 RT 轴、UA 轴、FA 轴、RW 轴、BW 轴和 TW 轴；MOTOMAN 机器人六轴分别定义为 S 轴、L 轴、U 轴、R 轴、B 轴和 T 轴；而 ABB 机器人六轴分别定义为轴 1、轴 2、轴 3、轴 4、轴 5 和轴 6。

如图 1-42 所示，其中 RT、UA、FA 三轴（S、L、U 三轴或轴 1、轴 2、轴 3）称为基本轴或主轴，用以保证达到工作空间的任意位置；RW、BW、TW 三轴（R、B、T 三轴或轴 4、轴 5、轴 6）称为腕部轴或次轴，用以实现末端执行器的任意空间姿态。

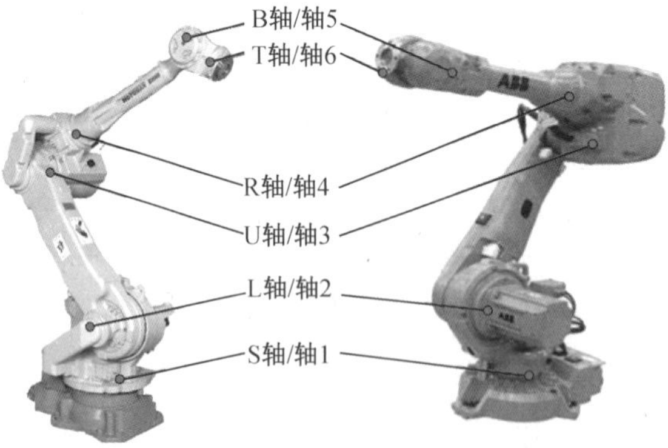

(a)MOTOMAN机器人　　(b)ABB机器人

图 1-42 著名机器人本体运动轴的定义

机器人本体运动轴的定义（动画）

对机器人进行示教操作时，其运动方式是在不同的坐标系下进行的。在大部分商用焊接机器人系统中，可以使用以下 5 种坐标系：关节坐标系、直角坐标系、工具坐标系、圆柱坐标系和用户坐标系。

1. 关节坐标系

机器人在关节坐标系下运动，就是机器人各个关节（轴）进行单独运动。对于大范围运动，且不要求机器人工具中心点（TCP）姿态的，则选择关节坐标系。各轴具体的动作情况如表 1-4 所示。

表 1-4　Panasonic 机器人在关节坐标系下的各轴动作

轴名称		轴图标	动作说明	动作图示
基本轴	RT 轴		本体左右回转	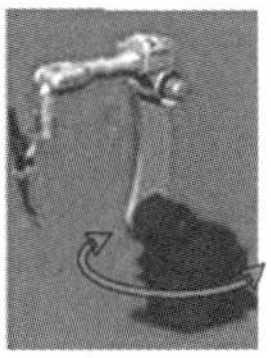
	UA 轴		大臂上下运动	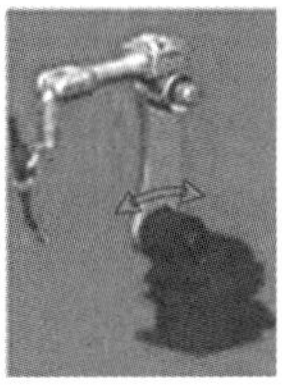
	FA 轴		小臂前后运动	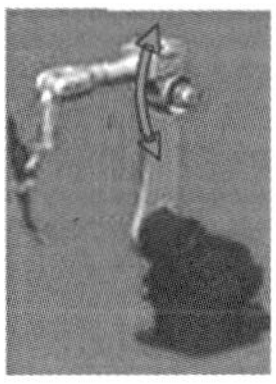
腕部轴	RW 轴		手腕回旋运动	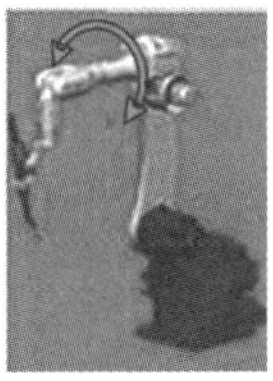
	BW 轴		手腕弯曲运动	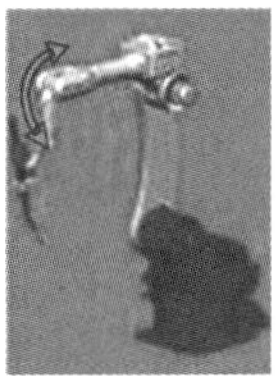
	TW 轴		手腕扭曲运动	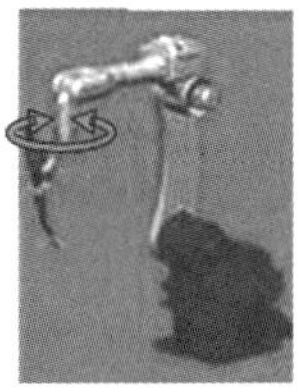

2. 直角坐标系

直角坐标系是机器人示教与编程时经常使用的坐标系之一，这主要源于大家对它比较熟悉。直角坐标系的原点定义在机器人的安装面与第一转动轴的交点处，*X* 轴向前，*Z* 轴向上，*Y* 轴按右手规则确定。在直角坐标系中，不管机器人处于什么位置，机器人 TCP 均可沿设定的 *X* 轴、*Y* 轴及 *Z* 轴平行移动。各轴具体的动作情况如表 1-5 所示。

表 1-5　Panasonic 机器人在直角坐标系下的各轴动作

轴名称		轴图标	动作说明	动作图示
基本轴	*X* 轴		沿 *X* 轴平行移动	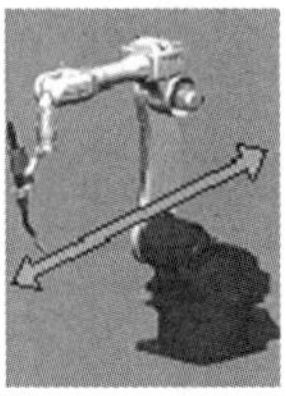
	Y 轴		沿 *Y* 轴平行移动	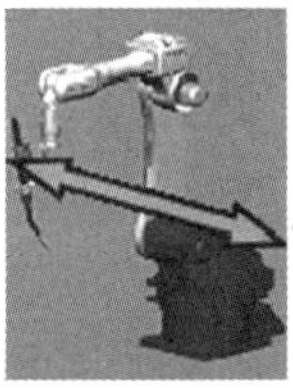
	Z 轴		沿 *Z* 轴平行移动	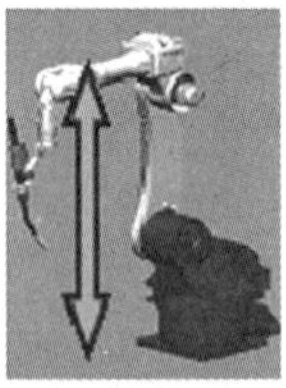
腕部轴	U 轴		绕 *Z* 轴旋转	
	V 轴		绕 *Y* 轴旋转	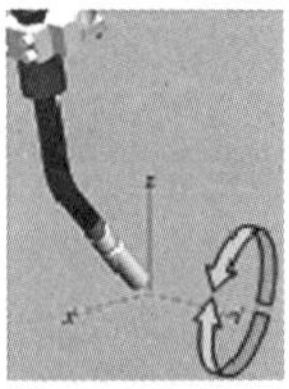
	W 轴		绕 TCP 所指方向旋转	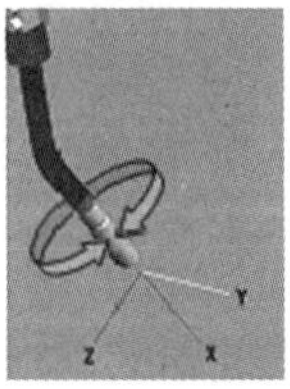

3. 工具坐标系

工具坐标系的原点定义为机器人 TCP，并且假定工具的有效方向为 *X* 轴，*Y* 轴和 *Z* 轴由右手规则产生。因此，工具坐标的方向随腕部的移动而发生变化，与机器人的位置、姿势无关。在工具坐标系中，机器人末端轨迹沿工具坐标的 *X* 轴、*Y* 轴和 *Z* 轴方向运动，进行相对于工件不改变工具姿势的平行移动操作时最为适宜。各轴具体的动作情况如表 1-6 所示。

表 1-6　Panasonic 机器人在工具坐标系下的各轴动作

轴名称		轴图标	动作说明	动作图示
基本轴	*X* 轴		沿 *X* 轴平行移动	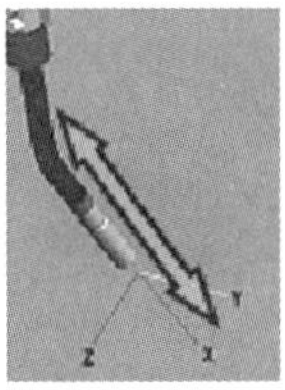
	Y 轴		沿 *Y* 轴平行移动	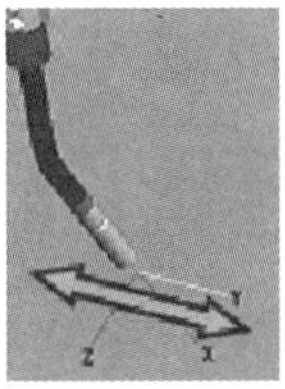
	Z 轴		沿 *Z* 轴平行移动	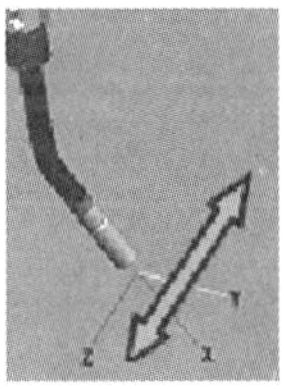
腕部轴	R_X 轴		绕 *X* 轴旋转	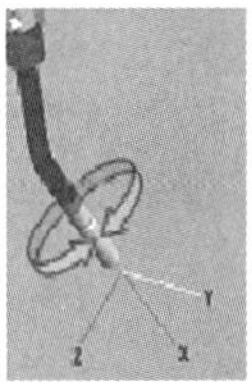
	R_Y 轴		绕 *Y* 轴旋转	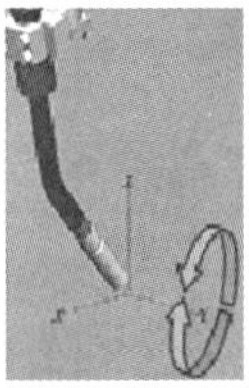
	R_Z 轴		绕 *Z* 轴旋转	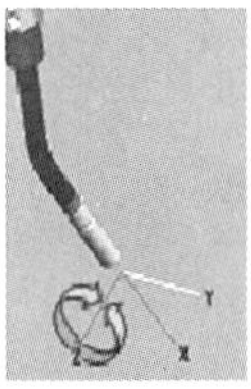

4. 圆柱坐标系

圆柱坐标系的原点与直角坐标系的原点相同，θ 轴方向为本体 RT 轴的转动方向，r 轴沿 UA 轴臂和 FA 轴臂轴线的投影方向运动，Z 轴运动方向与直角坐标系完全相同。圆柱坐标系的操作与直角坐标系类似。设定为圆柱坐标系时，机器人 TCP 点以本体轴 RT 轴为中心做回旋运动，或与 Z 轴成直角平行移动。各轴具体的动作情况如表 1-7 所示。

表 1-7　Panasonic 机器人在圆柱坐标系下的各轴动作

轴名称		轴图标	动作说明	动作图示
基本轴	θ 轴		本体绕 RT 轴回旋	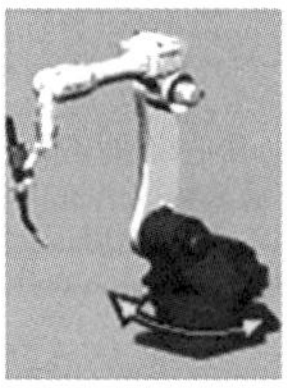
	r 轴		垂直于 Z 轴移动	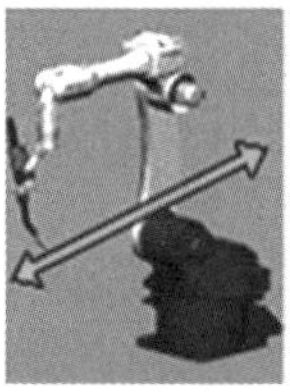
	Z 轴		沿 Z 轴平行移动	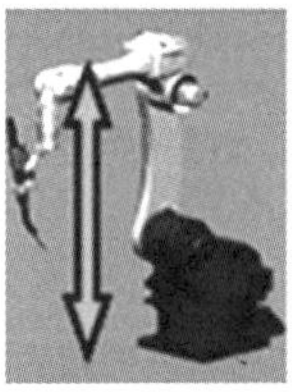
腕部轴	R_X 轴		绕 X 轴旋转	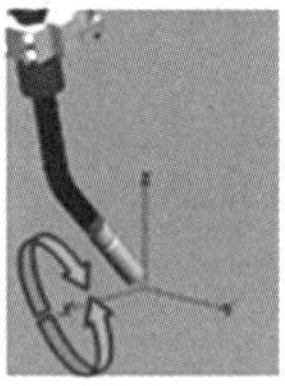
	R_Y 轴		绕 Y 轴旋转	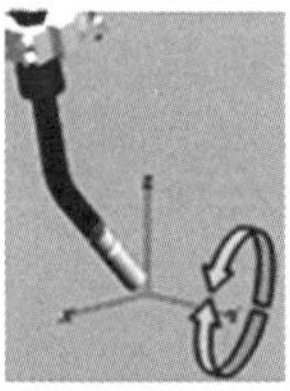
	R_Z 轴		绕 Z 轴旋转	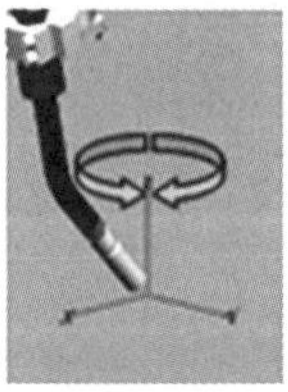

5. 用户坐标系

用户坐标系是用户根据工作的需要自行定义的坐标系，用户可根据需要定义多个坐标系。在用户坐标系下，机器人末端轨迹沿用户自定义的坐标轴方向运动。当机器人配备多个工作台时，使用用户坐标系能使示教操作更为简单。各轴具体的动作情况如表 1-8 所示。

表 1-8　Panasonic 机器人在用户坐标系下的各轴动作

轴名称		轴图标	动作说明	动作图示
基本轴	*X* 轴		沿 *X* 轴平行移动	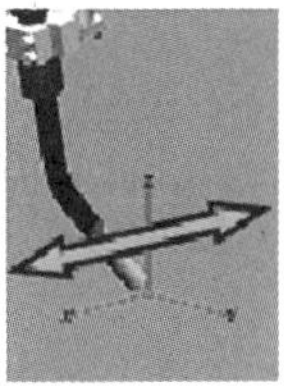
	Y 轴		沿 *Y* 轴平行移动	
	Z 轴		沿 *Z* 轴平行移动	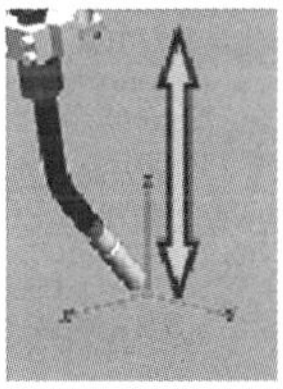
腕部轴	R_X 轴		绕 *X* 轴旋转	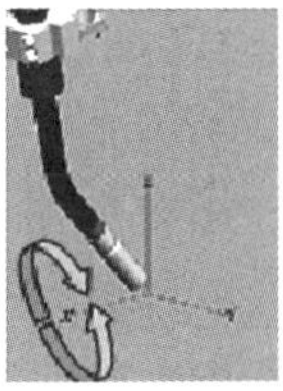
	R_Y 轴		绕 *Y* 轴旋转	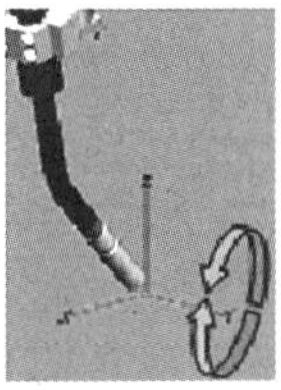
	R_Z 轴		绕 *Z* 轴旋转	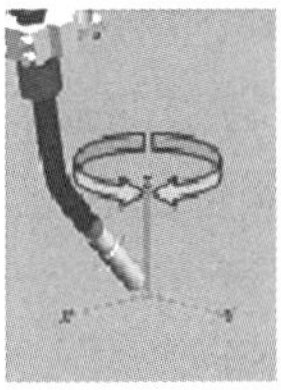

机器人的5种坐标系功能等同，在某一坐标系下完成的动作同样可在另外4种坐标系下实现。

机器人在关节坐标系下的动作是单轴运动，而在其他坐标系下一般为多轴联动。

在关节坐标系以外的其他坐标系中，均可只改变工具姿态而不改TCP位置，这称为控制点不变动作，如图1-43所示。

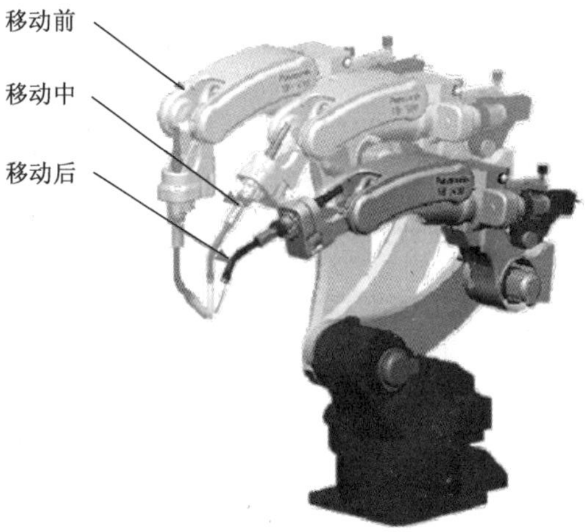

图1-43　机器人控制点不变动作

1.2.2　机器人坐标系和运动轴的选取

通过选择不同的动作坐标系，可以更改机器人手臂的移动方向。

1. 坐标系操作中的常见图标

为了操作方便，表1-9列出了Panasonic机器人坐标系操作中的常用图标及功能。

表1-9　Panasonic机器人坐标系操作中的常用图标及功能

图标	定义	功能	图标	定义	功能
	对象机构	用于示教模式下选择机器人或外部轴		坐标系	用于示教模式下选择机器人运动坐标系
	速度	用于示教模式下选择手动操作机器人的移动速度		机器人动作OFF	绿灯灭，用于示教模式下编辑用户程序
	机器人动作ON	绿灯亮，用于示教模式下操作机器人运动		关节	用于示教模式下关节坐标系的选取
	直角	用于示教模式下直角坐标系的选取		工具	用于示教模式下工具坐标系的选取
	圆柱	用于示教模式下圆柱坐标系的选取		用户	用于示教模式下用户坐标系的选取

表 1-9(续)

图标	定义	功能	图标	定义	功能
	速度(低)	用于示教模式下选择机器人点动操作时运转速度为低速		速度(中)	用于示教模式下选择机器人点动操作时运转速度为中速
	速度(高)	用于示教模式下选择机器人点动操作时运转速度为高速			

2. 选择机器人坐标系和运动轴

正确有效地选择机器人运动坐标系及坐标系下的相应运动轴,是实现手动操纵机器人的基本前提。选择机器人坐标系和运动轴的基本步骤如下。

(1)确认【模式切换开关】对准“TEACH”。

(2)轻握【安全开关】,按【伺服 ON 按钮】接通伺服电源。

(3)按【动作功能键Ⅶ】,打开机器人动作图标(绿灯亮)。

(4)按【左切换键】进行坐标系切换:关节(默认)→直角→工具→圆柱→用户。动作功能键图标区将显示所选坐标系下的基本轴(左)和腕部轴(右)。

(5)根据动作需要按住某一运动轴图标对应的【动作功能键】,选择相应运动轴。

1.2.3　点动和连续移动机器人

Panasonic 机器人采用示教器手动移动有两种方式,即点动机器人和连续移动机器人。通过使用【动作功能键】和【拨动按钮】/【+/-键】的组合来完成操作。

在示教模式下,机器人各轴只在按住相应【动作功能键】时才能运动。当同时按下两个以上【动作功能键】时,机器人按合成动作运动。

1. 点动机器人

点动机器人采用上/下微动【拨动按钮】的方式来移动机器人手臂。一边按住【动作功能键】(选中某一运动轴),一边上/下微动【拨动按钮】,每转一格机器人移动一段距离(进给位移量),如图 1-44 所示。在窗口右上方区域显示所选运动轴和 TCP 的移动量,释放【动作功能键】时回复到零位。同时显示使用【拨动按钮】操作机器人的点动进给量,分高、中、低三个档。在机器人点动操作中,循环按下【右切换键】,可在三者之间切换。点动机器人主要用在离目标位置较近的场合。

2. 连续移动机器人

连续移动机器人有两种方法,一是拖动【拨动按钮】,二是按【+/-键】。一边按住【动作功能键】(选中某一运动轴),一边持续拖动【拨动按钮】或按下【+/-键】,即可连续移动机器人手臂,如图 1-45 所示。两者的区别在于使用【拨动按钮】时,根据其转动量,机器人移动速度可发生变化。连续移动机器人主要用在离目标位置较远的场合。

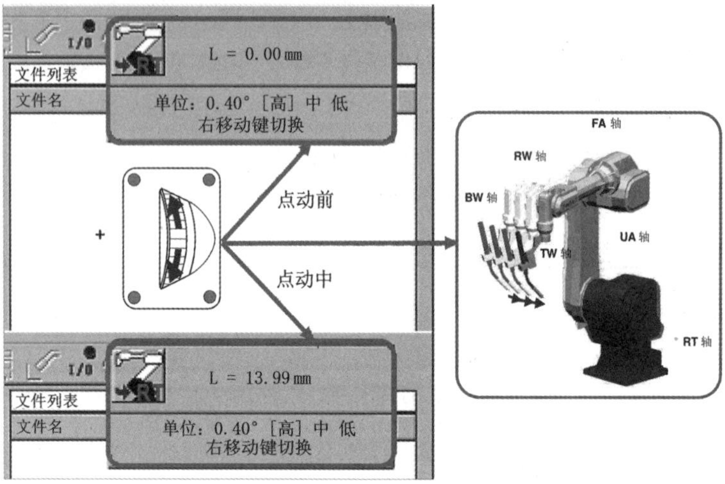

图 1-44　选中 RT 轴点动机器人

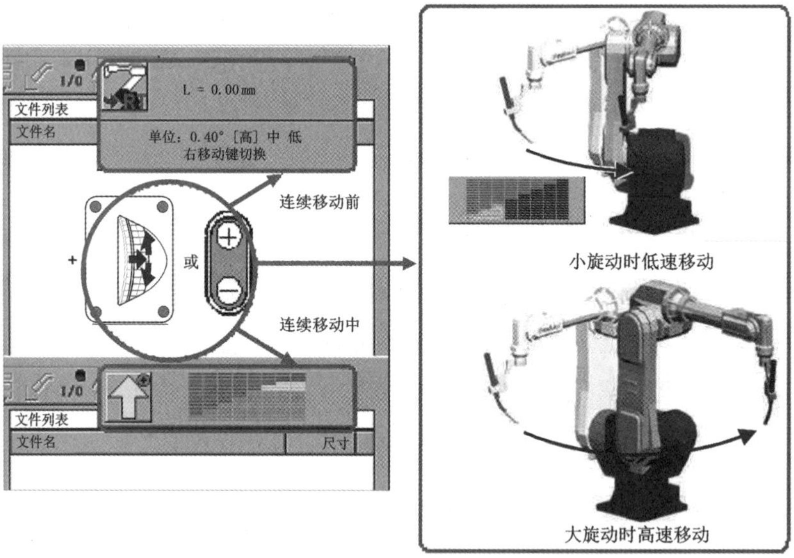

图 1-45　选中 RT 轴连续移动机器人

(1)向上微动/拖动【拨动按钮】或按【+键】移动机器人，将沿坐标系主轴的正方向平行移动或绕坐标系主轴逆时针旋转；反之，沿坐标系主轴的反方向平行移动或绕坐标系主轴顺时针旋转。

(2)Panasonic 机器人点动进给量设定方法：【设定】⇒【机器人】⇒【微动】⇒在弹出窗口内修改参数即可。

(3)Panasonic 机器人连续移动速度设定方法：【扩展功能】⇒【示教设定】⇒在弹出窗口内输入速度参数即可。

任务实施

项目任务书 1

任务名称	点动和连续移动机器人		
小组成员			
指导教师		计划用时	
实施时间		实施地点	
任务内容与目标			
使用示教器手动移动机器人,在关节、直角和工具等不同坐标系下实现精确定点和连续移动动作			
考核项目	机器人运动轴的定义		
	机器人坐标系及其适用场合		
	机器人坐标系的选择		
	机器人的精确定点运动		
	连续移动机器人		
任务准备			
主要设备	辅助工具	学习资料	
Panasonic 弧焊机器人	焊接护具	焊接机器人操作指导书	
YD-350GR3 数字弧焊电源	常用工具	机器人安全操作规程	
备注			

项目任务完成报告 1

完成时间: 年 月 日

任务名称	新建和加载程序		
小组成员			
具体分工			
计划用时		实际用时	
备注			

1. 简述选择机器人运动轴的基本步骤。

2. 如何实现机器人的精确定点运动和连续移动?

知 识 测 评

一、填空题

1. 现在广泛应用的焊接机器人绝大多数属于第一代工业机器人，它的基本工作原理是________操作者手把手教机器人做某些动作，机器人的控制系统以________的形式将其记忆下来的过程称为________；机器人按照示教时记录下来的程序展现这些动作的过程称为________。

2. 工业机器人的位置控制主要有________和________两种。当机器人进行________位置控制时，末端执行器要保证运动的起点和目标点位姿，而且必须保证机器人能沿所期望的轨迹在一定精度范围内跟踪运动。

3. 点焊机器人的位置控制方式多为________控制，即仅保证机器人末端执行器运动的起点和目标点位姿，而这两点之间的运动轨迹是不确定的。

4. Panasonic 机器人示教器上拨动按钮的操作方式有________、________和________3 种。

5. Panasonic 机器人示教时可使用的 5 种坐标系有________坐标系、________坐标系、________坐标系、________坐标系、________坐标系。

6. Panasonic 机器人的________、________和________三轴为关节坐标系的基本轴，可以实现不要求机器人 TCP 姿态的大范围运动。

7. 当机器人到达离目标作业位置较近位置时，可用________操作模式完成精确定位，同时可以按住________键配合使用________键改变点动运转速度。

8. 连续移动机器人可通过一边按住________（选中某一运动轴），一边持续拖动________或按下________键实现。

二、选择题

1. 焊接机器人示教点的属性通常包括 （　　）

①位置坐标；②移动速度；③插补方式；④空走/焊接点

A. ①②　　B. ①②③

C. ①②④　　D. ①②③④

2. 焊接机器人常见的插补方式有 （　　）

①PTP；②直线插补；③圆弧插补；④直线摆动；⑤圆弧摆动

A. ①②③④⑤　　B. ①②⑤

C. ①②④　　D. ①②③④

三、判断题

1. 焊接机器人的示教可采用在线和离线两种方式。 （　　）

2. 机器人示教点的移动速度指的是从当前示教点移动到下一示教点的速度。　(　　)

3. 机器人示教点的插补方式指的是从前一示教点移动到当前示教点的动作类型。
(　　)

4. 机器人焊接示教时，仅焊接开始点为焊接点。　(　　)

5. 机器人跟踪的主要目的是确认示教生成的动作以及末端工具指向位置是否已登录。
(　　)

6. 机器人示教与编程时经常使用直角坐标系来进行基本移动。　(　　)

7. Panasonic 机器人 5 种坐标系均可只改变工具姿态而不改变工具尖端点(TCP)位置。
(　　)

8. 进行相对于工件不改变工具姿态的平行移动机器人时(如焊枪规避)，常采用工具坐标系。　(　　)

四、简答题

请选取以下图标中的一个或几个按照一定的组合完成所指定的操作。

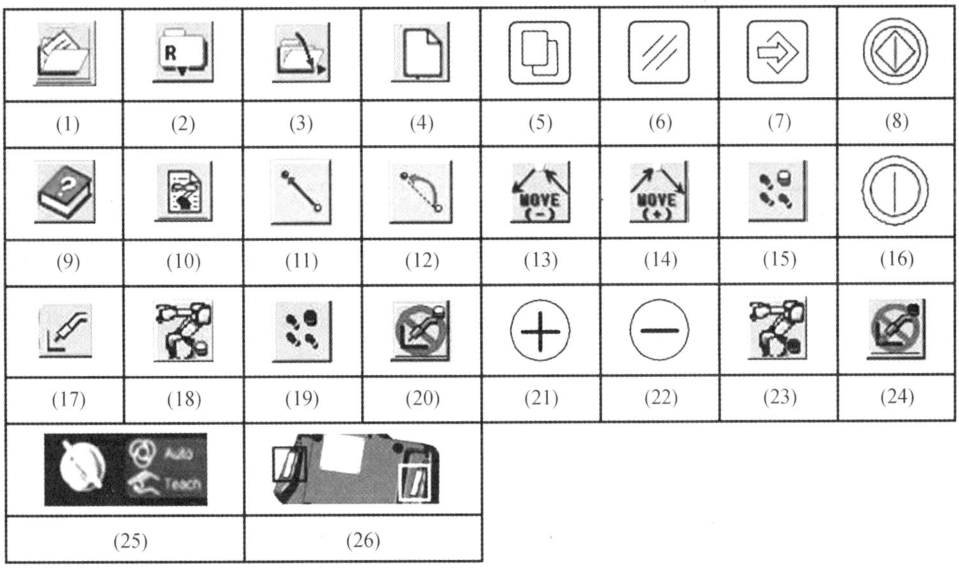

①新建一个文件名为系统默认名称的程序：________________

②打开刚刚新建的程序：________________

③登录原点并设定其属性为空走点、MOVEP：________________

④在示教模式下接通伺服电源：________________

⑤在菜单栏与程序编辑区间切换活动光标：________________

⑥查看在线帮助信息：________________

⑦伺服电源接通的状态下从光标当前所在程序行 Begin of Program 进行正向跟踪操作：
____

⑧在再现模式下锁定电弧：________________

项目2

机器人焊接任务创建

目前机器人编程语言还不是通用型语言,各机器人生产商都有自己的机器人语言,这给用户使用带来了较大不便。好在各机器人所具有的功能基本相同,因此只要熟练掌握了一种机器人的示教方法,其他机器人就很容易上手。本项目通过在线示教编程方式,实现机器人焊接任务创建,旨在加深学生对机器人示教—再现工作原理的理解,让学生初步掌握焊接机器人示教编程的内容和流程。

学习目标

知识目标

1. 熟悉焊接机器人的安全操作规程。
2. 掌握机器人示教的主要内容。

能力目标

1. 能够正确打开与关闭机器人伺服电源。
2. 能够新建和加载机器人程序。

素养目标

1. 培养求知创新的学习态度。
2. 培养安全操作意识,形成爱岗敬业、精益求精的工匠精神。

导入案例

Universal Robots 公司推出革命性的新型工业机器人

到目前为止,许多企业因为传统的工业机器人体型庞大、价格昂贵、噪声大及在实施过程中缺乏灵活性,而不得不放弃无数自动化任务和进程的实施计划。Universal Robots (UR)公司正在对工业机器人市场进行革新。

发明一台轻型、经济、容易安装及可编程的机器人的创意诞生于2003年。那时丹麦的机器人研究人员Kristian Kassow正在对食品行业机器人的要求进行分析。同时,Esben Ostergaard和Kasper Stsy正在为他们的博士项目工作做有关机器人的市场调研。他们三人意识到整个机器人市场充满重型、昂贵、复杂的由工程师为工程师设计制造的机器人产品。基于他们的经验,在投资者Syddansk Innovation的帮助下,他们在2005年创立了UR公司,希望能开发出适用于各个行业、各种类型企业的机器人。2008年,UR公司开发完成了新一代的机器人UR5。

UR5机器人自重很轻(仅18.4 kg),可以方便地在生产场地移动,且无须烦琐的安装与设置就可以迅速融入生产线中,与员工交互合作。编程过程可通过教学编程模式实现,用户可以扶住UR5机械臂,手动引导机械臂,按所需的路径及移动模式运行机械臂一次,UR5机器人就能自动记住移动路径和模式。机器人通过一套独特的、友好的图形用户界面操作,在触摸屏幕上,有一系列范围广泛的功能供用户选择。任何重复性的生产过程,都能够使用它并从中受益。

资料来源:Universal Robots官网,http://www.universal-robots.com

任务2.1 焊接机器人新建和加载程序

程序是把机器人的作业内容用机器人语言加以描述的示教。在示教操作中,产生的示教数据(如轨迹数据、作业条件、作业顺序等)和机器人指令都将保存在作业程序中。当机器人自动运行时,将执行程序以再现所记忆的动作。为了完成机器人的平板堆焊,在操作机器人前需新建一个程序,以保存示教数据和运动指令。

Panasonic 工业机器人的基本类型为 TM 系列,其中根据焊枪电缆安装式样不同又分为焊枪电缆外置型(external type,焊枪电缆围绕在机器人手臂外的常规样式,相当于以往的 TA 系列)、焊枪电缆内藏型(through-arm type,焊枪电缆内藏于机器人手臂内,减少了焊枪电缆的干涉,相当于以往的 TB 系列)和焊枪电缆分离型(separate type,焊枪电缆内的动力电缆与送丝管分离,既提升了焊接的稳定性,也减少了对周围的干涉)三种,如图 2-1 所示。

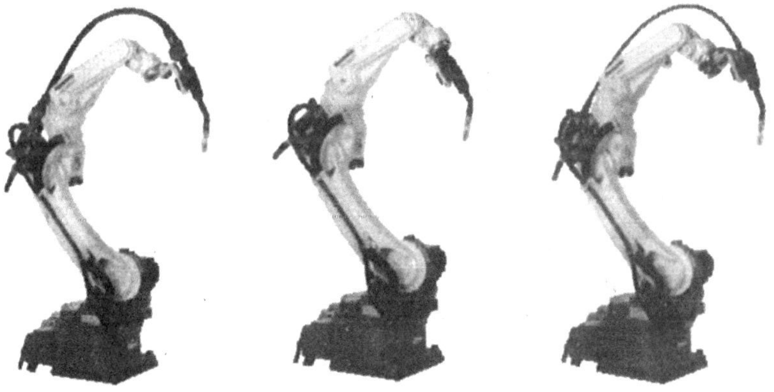

(a)焊枪电缆外置型TM1400E (b)焊枪电缆内藏型TM1400T (c)焊枪电缆分离型TM1400S

图 2-1 Panasonic TM 系列机器人本体

该型机器人本体部分具有 RT(回转)、UA(抬臂)、FA(前伸)、RW(手腕旋转)、BW(手腕弯曲)和 TW(手腕扭转)6 个独立旋转关节(图 2-2),每个关节均由带数字旋转编码器的伺服电动机驱动,这样可以随时检测每轴的运动位置,其精度高且灵巧。根据手臂伸展及持重,其共有 TM1400、TM1800、TL1800 和 TL2000 四种类型。图 2-2 所示为普通型 TM1400 和加长手臂型 TL1800 机器人。

目前松下公司销售的机器人控制器型号共有三种:GⅢ、FGⅢ和 WGⅢ。GⅢ是工业通用机器人的控制器型号,通常 TM1400、TM1800 指的就是 TM1400GⅢ、TM1800GⅢ。FGⅢ和 WGⅢ为内置焊接电源的控制器,其中 FGⅢ为电源融合型控制器,使用 FGⅢ控制器的机器人称为 FG 机器人,而 WGⅢ为智慧融合型控制器,使用 WGⅢ控制器的机器人称为 TAWERS 机器人。图 2-3 所示为 Panasonic 机器人控制器。

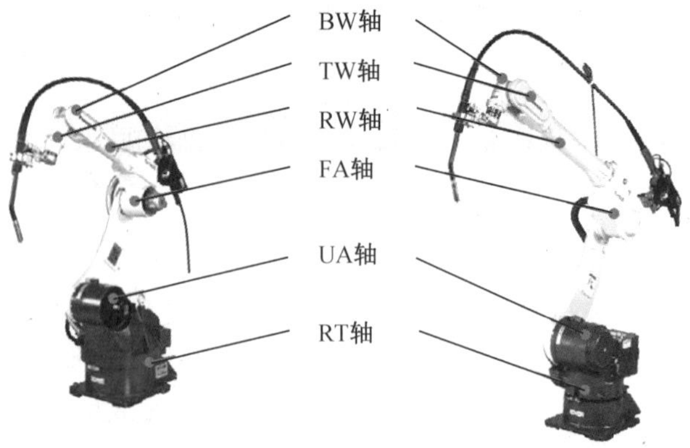

(a)TM K100　　(b)TL 1800

图 2-2　Panasonic TM/TL 系列机器人本体

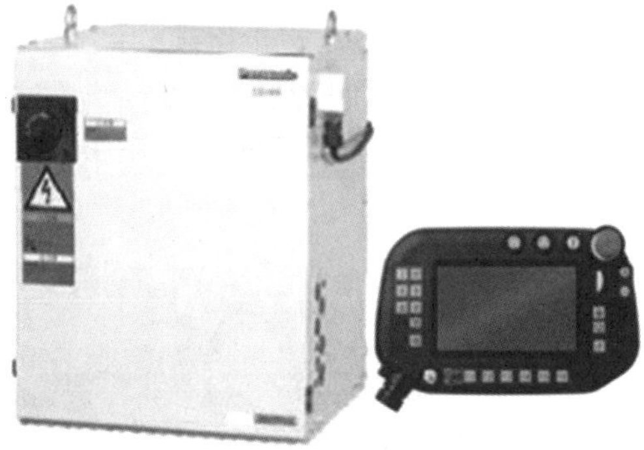

图 2-3　Panasonic 机器人控制器

松下公司焊接机器人当前使用的主流焊接电源是其在行业内率先开发的全数字焊接电源。它采用高速 CPU 实现细致的波形控制，并采用带编码器的送丝装置实现稳定送丝，以及高品质、高效焊接。TM 系列机器人可以同全数字 CO_2/MAG、脉冲 MIG/MAG、TIG 等各种焊接电源(图 2-4)配合，实现碳钢、不锈钢和铝的薄/中/厚板的焊接。

(a)全数字 CO_2/MAG焊接电源　　(b)MIG/MAG焊接电源　　(c)TIG焊接电源

图 2-4　各种焊接电源

2.1.1　焊接机器人伺服电源的打开与关闭

在确认机器人工作范围内无其他人员后,方可按以下流程打开机器人各轴的伺服电源。

(1)闭合一次电源设备的开关。

(2)闭合二次电源设备(变压器)的开关。

(3)打开焊接电源及附属设备的电源(电源内藏型除外)。

(4)打开机器人控制器的电源。系统数据开始向示教器传送,传送完毕后即进入可操作状态。

(5)登录系统,输入用户 ID 与口令(自动登录方式除外),如图 2-5 所示。

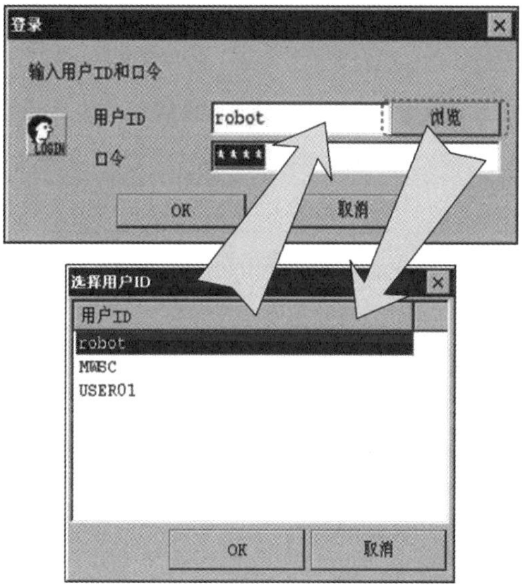

图 2-5　Panasonic 机器人系统初始界面

(6)机器人系统被打开,其初始界面如图 2-6 所示。

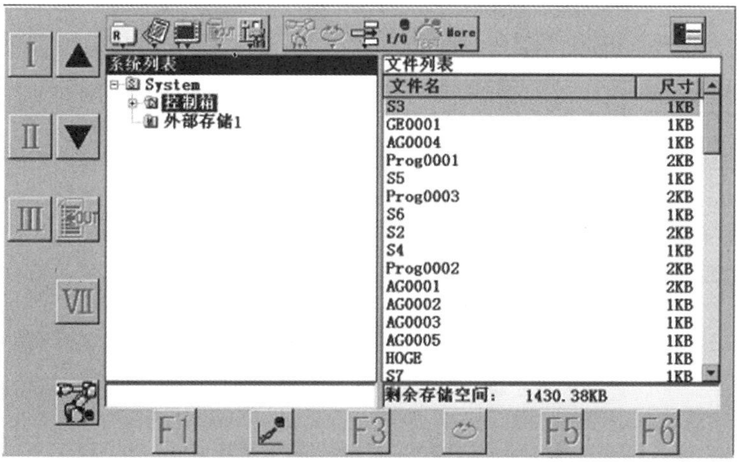

图 2-6　Panasonic GⅢ 机器人系统初始界面

(7)选择示教模式时，轻握【安全开关】至Ⓘ【伺服 ON 按钮】指示灯闪烁。此时按下Ⓘ，指示灯亮，伺服电源接通。

(8)选择自动模式时，直接按下Ⓘ，指示灯亮，伺服电源接通。

机器人系统的关闭顺序与打开顺序完全相反。

关闭控制器电源后，应等待 3 s 以上时间再重新打开控制器电源。

关闭机器人系统前，应确保关掉气瓶并释放气体调节器压力。

Panasonic 机器人系统自动登录设定方法：【设定】⇒【管理工具】⇒【用户管理】⇒【自动登录】》在弹出窗口内将自动登录选择为“有效”。

为了保护机器人数据，使其不受损坏，可根据实际情况设定不同的用户级别，对用户进行分级管理，如表 2-1 所示。

表 2-1　机器人用户管理

用户级别	对象	可进行的操作
操作工	机器人操作工	运行
程序员	机器人示教工	运行+示教
系统管理员	机器人系统管理负责人	运行+示教+设定

2.1.2　焊接机器人新建和加载程序

1. 新建程序

尝试新建一个以“Test”为文件名的程序。

(1)将示教器【模式切换开关】对准“TEACH”，设定为示教模式。

(2)移动光标至菜单图标【文件】，侧击【拨动按钮】，在弹出的子菜单项目上单击【新建】，弹出“新建”窗口，如图 2-7 所示。在“新建”界面中可指定文件种类、文件名、工具、机构等。文件种类选“程序”，用文字输入操作输入文件名“Test”，其他选项保持默认。

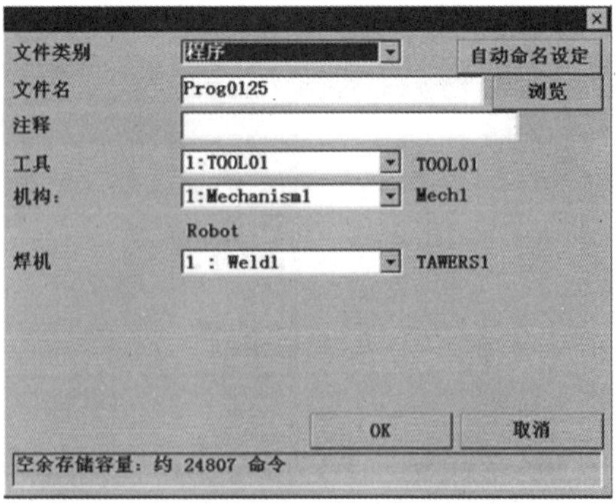

图 2-7　Panasonic GⅢ机器人新建窗口

文件种类/类别　指定文件类别，分为程序、焊接开始、焊接结束三种文件。程序通常是移动命令或次序命令登录等使用的文件；焊接开始是通过焊接开始次序命令登录调出命令的文件；焊接结束是通过焊接结束次序命令登录调出命令的文件。

文件名　文件名最多可使用28个半角英文字母或数字。

工具　机器人手臂上安装有工具(焊枪等)，可选择登录了该工具数据的工具编号。出厂时登录了标准工具号“1”。

机构　选择示教对象的机构。出厂时机器人单体登录为“1:Mech1”或“1:Mechanism1”。

注释　描述文件中的内容。

(3)确认窗口内容后，单击【OK按钮】或按，程序将被登录到系统控制器中，显示“程序编辑”窗口，如图2-8所示，系统自动生成Begin Of Program和End Of Program程序架构。注意光标当前位置。

图2-8　“程序编辑”窗口

2. 保存程序

尝试保存新建立的“Test” 程序。

(1)按移动光标至菜单图标(如果光标已在图标上时无须此操作)。

(2)侧击【拨动按钮】，在弹出的了菜单项目上单击【保存】，弹出“程序保存”确认窗口，如图2-9所示。

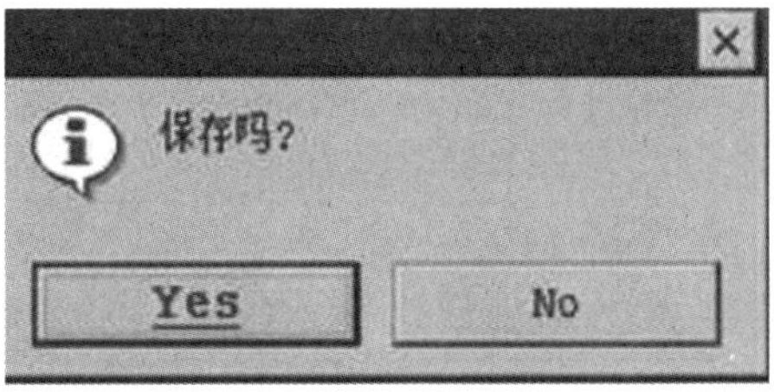

图2-9　“程序保存”确认窗口

(3)单击【Yes按钮】或按保存程序。

3. 关闭程序

尝试关闭新建立的“Test”程序。

(1)按移动光标至菜单图标(如果光标已在图标上时无须此操作)。

(2)侧击【拨动按钮】,在弹出的子菜单项目上单击【关闭】,关闭程序。

若在关闭程序前对文件做了修改而未保存,这时将弹出“程序保存”确认窗口。

4. 打开程序

尝试打开刚关闭的“Test”程序。

(1)按移动光标至菜单图标(如果光标已在图标上时无须此操作)。

(2)选择菜单上的【打开】,侧击【拨动按钮】,在弹出的子菜单项目上单击【程序文件】或【近期文件】,弹出“打开文件”确认窗口,如图 2-10 所示。

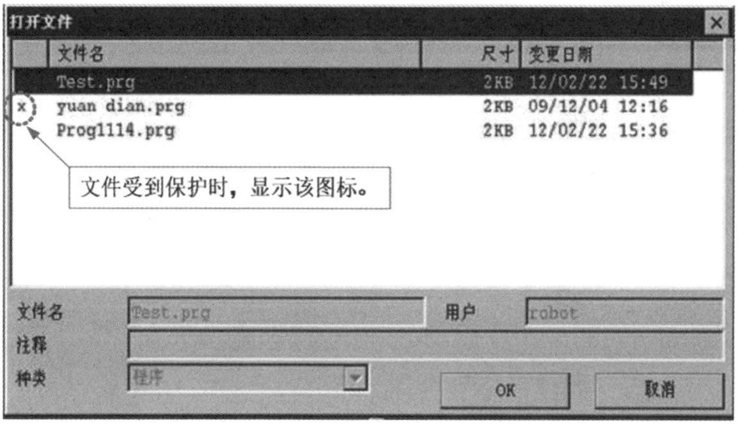

图 2-10　近期文件一览画面

(3)使用【拨动按钮】选择程序文件,如图 2-10 所示。确认无误后单击【OK 按钮】或按在程序编辑窗口显示程序内容。

选择【近期文件】时:

“打开文件”选择框中最多可以显示六个文件,已打开的文件将不会显示。

当没有最近使用过的文件时,选择框将显示为灰色。

任务实施

项目任务书 1

任务名称	新建和加载程序		
小组成员			
指导教师		计划用时	
实施时间		实施地点	
任务内容与目标			
正确打开机器人系统，使用示教器新建一个机器人程序，并保存、关闭文件，然后加载程序			
考核项目	Panasonic 机器人的型号		
	机器人示教器按键的功能		
	打开机器人伺服电源的方法		
	新建一个机器人程序		
	加载已示教的机器人程序		
任务准备			
主要设备	辅助工具	学习资料	
Panasonic 弧焊机器人	焊接护具	焊接机器人操作指导书	
YD-350GR3 数字弧焊电源	常用工具	机器人安全操作规程	
备注			

项目任务完成报告 2

完成时间：　　年　　月　　日

任务名称	新建和加载程序		
小组成员			
具体分工			
计划用时		实际用时	
备注			

1. 图 2-11 所示为 Panasonic 机器人型号的表示方法，填写 1~3 分别代表的含义。

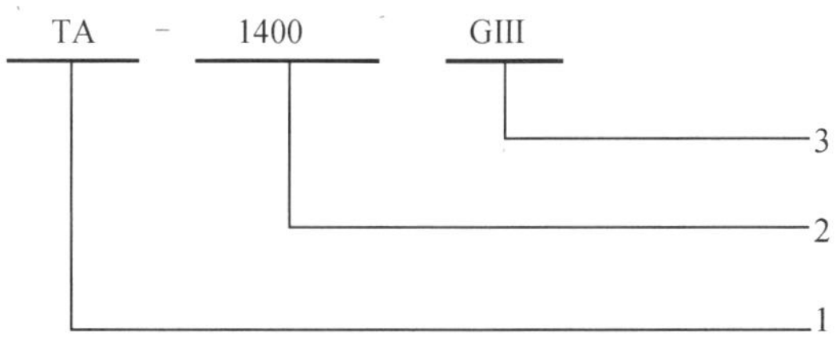

图 2-11　机器人型号

2. 图 2-12 所示为 Panasonic GⅢ机器人示教器,填写示教器的主要按键名称。

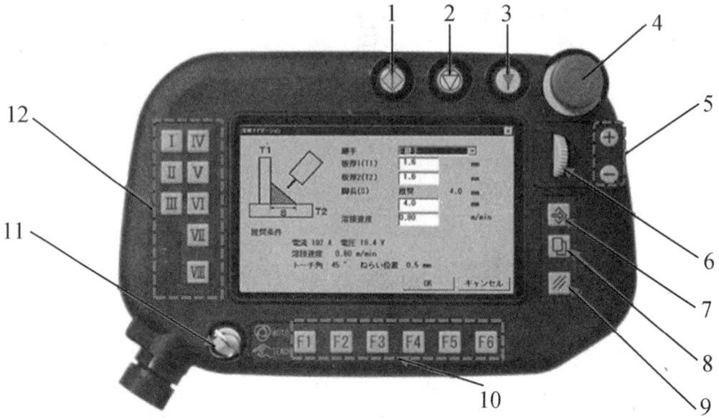

图 2-12 示教器

3. 如何打开机器人伺服电源?

4. 简述新建一个机器人程序的步骤。

5. 如何加载已示教的作业程序?

任务2.2 焊接机器人安全操作规程

工业机器人是一种仿人操作、自动控制、可重复编程、能在三维空间完成各种作业任务的自动化生产设备，具有动作范围大、运动速度快等特点，这使得机器人的示教编程、程序编辑、维护保养等操作必须由经过培训的专业人员来实施，并严格遵守机器人的安全操作规程和行业安全作业操作规程。鉴于本书以使用操作机器人为撰写重点，在此仅给出工业机器人示教和运行时的注意事项。

2.2.1 示教和手动操纵机器人时

示教和手动机器人时：

(1)禁止用力摇晃机械臂及在机械臂上悬挂重物。

(2)示教时请勿戴手套，穿戴和使用规定的工作服、安全鞋、安全帽、保护用具等。

(3)未经许可不能擅自进入机器人工作区域。调试人员进入机器人工作区域时，需随身携带示教器，以防他人误操作。

(4)示教前，需仔细确认示教器的安全保护装置是否能够正确工作，如【急停键】【安全开关】等。

(5)在手动操纵机器人时要采用较低的速度倍率以增加对机器人的控制机会。

(6)在按下示教器上的【轴操作键】之前要考虑到机器人的运动趋势。

(7)要预先考虑好避让机器人的运动轨迹，并确认该路径不受干涉。

(8)在察觉到有危险时，立即按下【紧急停止按钮】，停止机器人运转。

焊接机器人的安全操作(动画)

2.2.2 再现和生产运行时

再现和生产运行时：

(1)机器人处于自动模式时，严禁进入机器人本体动作范围。

(2)在运行作业程序前，须知道机器人根据所编程序将要执行的全部任务。

(3)使用由其他系统编制的作业程序时，要先跟踪一遍确认动作，之后再使用该程序。

(4)须知道所有能影响机器人移动的开关、传感器和控制信号的位置及状态。

(5)须知道机器人控制器和外围控制设备上【紧急停止按钮】的位置，准备在紧急情况下按下这些按钮。

(6)永远不要认为机器人没有移动，其程序就已经完成，此时机器人很可能是在等待让它继续移动的输入信号。

总之，机器人与其他机械设备的操作要求有所不同，它的大运动范围、快速操作、手臂的高速运动等都会造成安全隐患。因此，机器人的示教作业、程序变更、编辑以及维护保养等必须由经过培训的人员实施。同时，对操作者需要进行与电弧焊以及焊接设备相关的安全教育，使之依据安全法实施作业。下面以 Panasonic 机器人生产商所列的弧焊机器人安全操作规范为例，说明操纵焊接机器人必须遵守的安全守则，也可作为其他机器人安全操作的参考。

(1)穿戴和使用规定的工作服、安全鞋、安全帽、保护用具等。紧急情况下可能反应速度慢，所以示教时请勿戴手套。

(2)未经许可不能擅自进入机器人工作区域，机器人处于自动模式时，严禁进入机器人本体动作范围内。

(3)不允许将机器人用于规定以外的目的。

(4)机器人钥匙必须保管好，严禁非授权人员使用机器人。

(5)禁止用力摇晃机器人及在机器人上悬挂重物。

(6)禁止倚靠控制箱，防止不小心碰到开关或按钮。

(7)示教作业前，应仔细确认示教器的安全保护装置是否能够正确工作，如【紧急停止按钮】【安全开关】等。

(8)调试人员进入机器人工作区域时，应随身携带示教器，以防他人误操作。

(9)示教编程时不需要机器人手臂动作时，要切断伺服电源。

(10)中断示教时为了确保安全，应按下【紧急停止按钮】。

(11)在察觉到有危险时，应立即按下【紧急停止按钮】，停止机器人运转。

(12)为了防止焊接飞溅落在可燃物上，应将易燃物存放在其他位置或使用不可燃物制作的护罩覆盖。

(13)使用由其他系统做成的示教程序时，要先跟踪一遍确认动作，之后再使用该程序。

(14)应在焊接作业地点附近配备灭火器，以便紧急时刻使用。

(15)作业结束时，为了确保安全，要养成按下【紧急停止按钮】切断机器人伺服电源后再断开电源设备开关的习惯。

知识测评

一、填空题

1. Panasonic 工业机器人产品有 TA 和________系列，其中 TA 系列有 TA1000、TA________、TA1600、TA ________和 TA1900 5 种类型。

2. 对 Panasonic 6 自由度机器人而言，腰关节是指________轴，肩关节是指________轴，肘关节是指________轴，腕关节包括________轴、________轴和________轴。

3. 用机器人代替焊工进行焊接作业时，必须预先对机器人发出指令，规定机器人应该完成的动作和作业的具体内容。这些赋予机器人的各种信息由________、________和________三部分组成。

4. 机器人的示教主要是确认________的属性。

二、判断题

1. 机器人属于高科技的机电一体化产品，在工厂生产环境下，受磁、电、光、振动、粉尘等影响，同时，机器人长时间、连续工作，会产生发热、磨损等变化，一些小问题可能会酿成大事故，影响整个生产，故而应定期对机器人进行保养维护。（　　）

2. 当机器人发生故障需要进入安全围栏进行维修时，需要在安全围栏外配备安全监督人员以便在机器人异常运转时能够迅速按下紧急停止按钮。（　　）

3. 未经正式培训的人员，不能随意打开控制柜和其他部件，以免造成损坏。（　　）

项目3

初识焊接机器人的作业示教

针对现代工业快速多变及日益增长的复杂性要求，在面向未来工业应用的生产单元中，机器人不仅能“不知疲倦”地进行简单重复工作，而且能作为一个高度柔性、开放并具有友好的人机交互功能的可编程、可重构制造单元融合到制造系统中。这一能力的实现要求现阶段工业机器人技术整体的进步，作业示教及编程技术就是其中重要的一项。

本项目将对焊接机器人作业示教时常用的两种编程方法（在线示教和离线编程）予以重点阐述，并通过实例说明作业示教的主要内容、基本流程和注意事项，旨在加深学生对焊接机器人作业编程和示教再现的认知。

学习目标

认知目标

1. 掌握工业机器人示教的主要内容。
2. 熟悉机器人在线示教的特点与操作流程。
3. 熟悉机器人离线编程的特点与操作流程。
4. 掌握机器人示教—再现工作原理。

能力目标

1. 能够进行工业机器人简单作业在线示教与再现。
2. 能够进行工业机器人作业离线示教与再现。

情感目标

1. 强化规范操作意识，培养发现问题、分析问题和正确解决问题的能力。
2. 养成严谨认真、规范操作、心无旁骛的职业素养。
3. 培养团队合作精神，激发专业学习兴趣。

导入案例

焊接机器人专业职业前景分析

在产业转型升级不断深入、人口红利却减弱的背景下，焊接机器人应用范围越来越广。“机器换人”也逐渐变成了工业制造的一种趋势，同时也变成了工业进化中“时尚”的代名词。在这种背景下，机器人行业的从业人员也必将成为企业争夺的“香饽饽”。

1. 企业需要的人才类型

对于机器人企业来说，他们所需要的高端人才，至少应该熟悉编程语言和仿真设计，以及神经网络、模糊控制等常用控制算法，能达到指导员工的程度。在此基础上，能根据实际情况自主研究算法。此外，最好还能主导大型机电一体化设备的研发，具备一定的管理能力。而对调试、操作员工的要求则相应递减。

如果根据职能划分，一般的机器人企业内部技师级员工，大概可以分为 4 个工种。首先是工程师的助手，主要责任是协助工程师绘制机械图样和电气图样、设计简单工装夹具、制作工艺卡片、指导工人按照装配图进行组装等。其次是机器人生产线的试产员与操作员。以水龙头打磨抛光为例，此类岗位要根据水龙头打磨抛光工艺，对机器人系统进行示教操作或离线编程，并调整打磨抛光系统各项参数，使机器人系统能生产出合格的产品。再次还有一类员工负责对机器人进行总装与调试，在装备生产企业根据调试文件完成机器人单轴闭环参数调整、机器人标定、运行演示程序并调整相关参数，最终使得机器人能达到出厂状态。最后是高端维修或售后服务人员。引进机器人的企业本身常常缺乏维修能力，因此高端维修或售后服务人员也必不可少。在机器人系统出现故障时，这一岗位的员工，需要根据故障提示代码进行初步检修，能清晰地汇报现场情况，并在技术人员远程支持下解除故障；能按照流程进行机器人系统标准配件的更换。

事实上，机器人技工的层次分工早已在部分应用技术较为成熟的企业内部形成。如某工厂已将与机器人“打交道”的工人分为两类：普通操作工和机电技工。前者需经过至少 2 年以上的实操和理论的积累，才有机会晋升到后者的岗位。而后者如能习得一身娴熟的机器人维修本领的话，则可在整个自动化行业里成为中小企业争抢的“香饽饽”。

2. 焊接机器人行业人才就业现状

研究表明，在未来，机器人行业将会创造更多的工作岗位，生产力和竞争力是制造企业在全球市场上不可或缺的，机器人和自动化是解决问题的关键。焊接机器人生产线的日常维护、修理等方面都需要各方面的专业人才来进行处理，这就无形中带动了一大批与机器人相关的就业途径，产生的新岗位也非常多。

人不可能完全被机器人代替，眼下很多企业最大的问题就是技术工人的招募和管理问题，目前普通企业中最缺的就是具备先进机器人操作、维修的技术工人。据不完全统计，一台机器人需要 3~5 名相关的操作维护和集成应用人才。保守估计，2014 年，整个重庆在机器人领域的专业人才缺口就超过 5 000 人。现在的状况是，机器人市场在以每年 20%~30% 的速度递增，而相应的人才储备数量和质量却捉襟见肘。

机器人始终需要人来操作、维护、保养。人和机器属于一种控制链的关系，因此只有将人与机器进行协同合作才能达到人机合一的效果，为企业创造更高的工作效率，所以机器人产业的壮大又为机器人服务人才制造了新的市场机会。

——资料来源：机器人网，http://robot.ofweek.com

任务3.1　焊接机器人示教

因技术尚未成熟,现在企业引入的焊接机器人仍然以第一代焊接机器人为主, 它的基本工作原理是示教—再现。“示教”也称导引,即由操作者直接或间接导引机器人,一步步按实际作业要求告知机器人应该完成的动作和作业的具体内容,机器人在导引过程中以程序的形式将其记忆下来,并存储在机器人控制装置内;“再现”则是通过存储内容的回放,使机器人能在一定精度范围内按照程序展现所示教的动作和被赋予的作业内容。换句话说,使用机器人代替工人进行自动化作业,必须预先赋予机器人完成作业所需的信息,即运动轨迹、作业条件和作业顺序。

3.1.1　运动轨迹

运动轨迹是机器人为完成某一作业,工具中心点(TCP) 所掠过的路径,它是机器人示教的重点。从运动方式上看,工业机器人具有点到点(PTP) 运动和连续路径(CP)运动两种形式;按运动路径种类区分,工业机器人具有直线和圆弧两种动作类型,其他任何复杂的运动轨迹都可由它们组合而成。

示教时,不可能将作业运动轨迹上所有的点都示教一遍,一是费时,二是占用大量的存储空间。实际上,对于有规律的轨迹,原则上仅需示教几个程序点。例如,直线轨迹示教 2 个程序点(直线起始点和直线结束点);圆弧轨迹示教 3 个程序点(圆弧起始点、圆弧中间点和圆弧结束点)。在具体操作过程中,通常采用 PTP 方式示教各段运动轨迹的端点,而端点之间的 CP 运动由机器人控制系统的路径规划模块经插补运算产生。

例如,当再现图 3-1 所示的运动轨迹时,机器人按照程序点 1 输入的插补方式和再现速度移动到程序点 1 的位置。然后,在程序点 1 和 2 之间,按照程序点 2 输入的插补方式和再现速度移动。同样,在程序点 2 和 3 之间,按照程序点 3 输入的插补方式和再现速度移动。依次类推,当机器人到达程序点 3 的位置后,按照程序点 4 输入的插补方式和再现速度移向程序点 4 的位置。

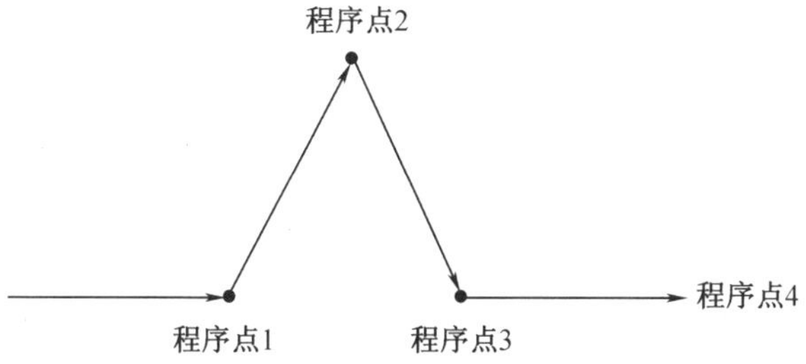

图 3-1　焊接机器人运动轨迹

机器人示教的主要内容(微课)

由此可见,机器人运动轨迹的示教主要是确认程序点的属性。一般来讲,每个程序点主要包含如下 4 部分信息。

(1)位置坐标

位置坐标用以描述机器人 TCP 的 6 个自由度(3 个平动自由度和 3 个转动自由度)。

(2)插补方式

插补方式指机器人再现时,从前一程序点移动到当前程序点的动作类型。表 3-1 是工业机器人作业示教经常采用的 3 种插补方式。

表 3-1　工业机器人作业示教常采用的插补方式

插补方式	动作描述	动作图示
关节插补	机器人在未规定采取何种轨迹移动时,默认采用关节插补。出于安全考虑,通常在程序点 1 用关节插补示教	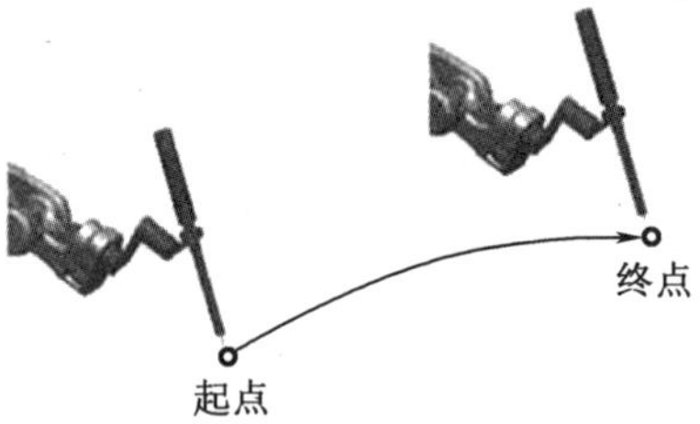
直线插补	机器人从前一程序点到当前程序点运行一段直线,即直线轨迹仅示教 1 个程序点(直线结束点)即可。直线插补主要用于直线轨迹的作业示教	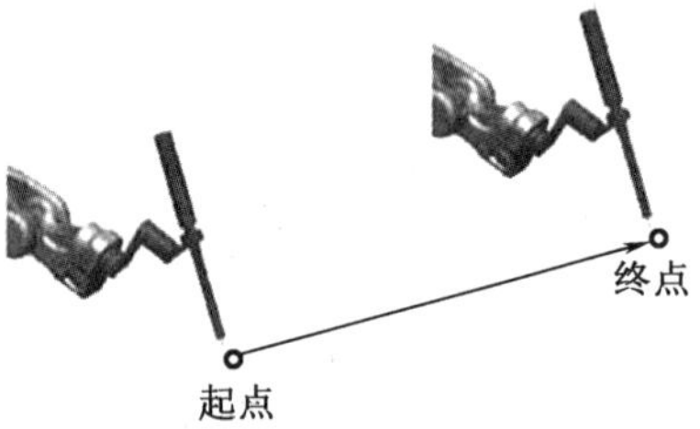
圆弧插补	机器人沿着用圆弧插补示教的 3 个程序点执行圆弧轨迹移动。圆弧插补主要用于圆弧轨迹的作业示教	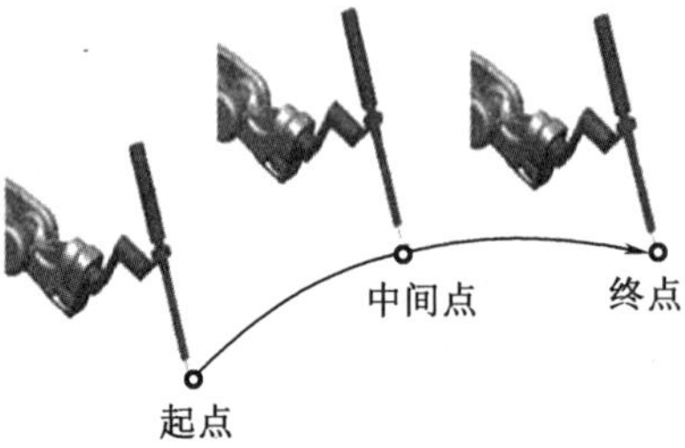

(3)再现速度

再现速度指机器人再现时,从前一程序点移动到当前程序点的速度。

(4)空走点/作业点

空走点/作业点在机器人再现时,决定从当前程序点移动到下一程序点是否实施作业。作业点指从当前程序点移动到下一程序点的整个过程需要实施的作业,主要用于作业开始点和作业中间点两种情况;空走点指从当前程序点移动到下一程序点的整个过程不需要实施作业,主要用于示教除作业开始点和作业中间点之外的程序点。需要指出的是,在作业开始点和作业结束点一般都有相应的作业开始和作业结束命令。例如 YASKAWA 机器人,焊接作业开始命令 ARC-ON 和结束命令 ARC-OFF。

提示:

①作业区间的再现速度一般按作业参数中指定的速度移动,而空走区间的移动速度则按移动命令中指定的速度移动。

②登录程序点时,程序点属性值也将一同被登录。

3.1.2 作业条件

为获得好的产品质量与作业效果,在机器人再现之前,有必要合理配置其作业的工艺条件。例如,弧焊作业时的电流、电压、速度和保护气体流量;点焊作业时的电流、压力、时间和焊钳类型等。焊接机器人作业条件的输入方法有三种形式。

(1)使用作业条件文件

输入作业条件的文件称为作业条件文件。使用这些文件,可以使作业命令的应用更为简便。例如,对机器人弧焊作业而言,焊接条件文件有引弧条件文件(输入引弧时的条件)、熄弧条件文件(输入熄弧时的条件)和焊接辅助条件文件(输入再引弧功能、再启动功能及自动解除粘丝功能)三种。每种文件的调用以编号形式指定。

(2)在作业命令的附加项中直接设定

采用此方法进行作业条件设定,首先需要了解机器人指令的语言形式或者程序编辑画面的构成要素。由图 3-2 可知,程序语句一般由行标号、命令及附加项几部分组成。要修改附加项数据,将光标移动到相应语句上,然后点按示教器上的相关按键即可。

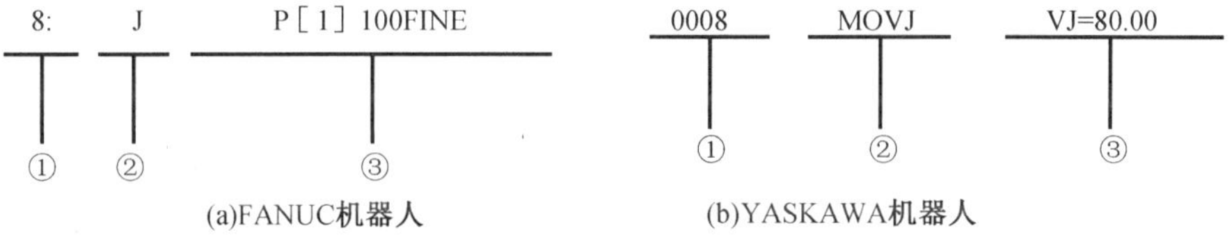

①—行标号;②—命令;③—附加项。

图 3-2 程序语句的主要构成要素

(3)手动设定

在某些应用场合下,有关作业参数的设定需要手动进行,例如,弧焊作业时的保护气体流量、点焊作业时的焊接参数等。

3.1.3 作业顺序

同作业条件的设置类似,合理的作业顺序不仅可以保证产品质量,而且可以有效提高效率。一般来讲,作业顺序的设置主要涉及两个方面。

1. 作业对象的工艺顺序

作业对象的工艺顺序基本已融入机器人运动轨迹的合理规划部分。即在某些简单作业场合,作业顺序的设定同机器人运动轨迹的示教合二为一。

2. 机器人与外围周边设备的动作顺序

在完整的工业机器人系统中,除机器人本身外,还包括一些周边设备,如变位机、移动滑台、自动工具快换装置等。焊接机器人要完成期望作业,需要依赖其控制系统与这些周边辅助设备的有效配合,互相协调使用,以减少停机时间、降低设备故障率、提高安全性,并获得理想的作业质量。

任务3.2 焊接机器人的简单示教与再现

了解了工业机器人作业示教的主要内容，接下来该如何开展机器人作业任务编制呢？为使机器人能够进行再现，就必须把机器人工作单元的作业过程用机器人语言编成程序。然而，目前机器人编程语言还不是通用语言，各机器人生产商都有自己的编程语言，如 ABB 机器人编程用 RAPID 语言（类似 C 语言），FANUC 机器人用 KAREL 语言（类似 Pascal 语言），YASKAWA 机器人用 Moto- Plus 语言（类似 C 语言），KUKA 机器人用 KRL 语言（类似 C 语言）等。不过，好在一般用户接触到的语言都是机器人公司自己开发的针对用户的语言，通俗易懂，在这一层面，因各机器人所具有的功能基本相同，因此不论语法规则和语言形式变化多大，其关键特性大都相似，如表 3-2 所示。因此，只要掌握某一品牌机器人的示教与再现方法，对于其他厂家机器人的作业编程就很容易上手。

表 3-2 工业机器人行业四巨头的机器人移动命令

运动形式	移动方式	移动命令			
		ABB	FANUC	YASKAWA	KUKA
点位运动	PTP	MoveJ	J	MOVJ	PTP
连续路径运动	直线	MoveL	L	MOVL	LIN
	圆弧	MoveC	C	MOVC	CIRC

以工业机器人为主的柔性加工生产单元作为未来制造业的主要发展方向，其功能的灵活性和智能性在很大程度上取决于机器人的示教能力。即在焊接机器人应用系统中，机器人的作业示教是一个关键环节。其中，在线示教因简单直观、易于掌握，是焊接机器人目前普遍采用的示教方式。

3.2.1 在线示教及其特点

在线示教即由操作人员手持示教器引导，控制机器人运动，记录机器人作业的程序点并插入所需的机器人命令来完成程序的编制。如图 3-3 所示，典型的示教过程是依靠操作者观察机器人及其末端夹持工具相对于作业对象的位姿，通过对示教器的操作，反复调整程序点处机器人的作业位姿、运动参数和工艺条件，然后将满足作业要求的这些数据记录下来，再转入下一程序点的示教。为示教方便以及获取信息快捷、准确，操作者可以选择在不同坐标系下手动操纵机器人。整个示教过程完成后，机器人自动运行（再现）示教时记录的数据，通过插补运算，就可重复再现在程序点上记录的机器人位姿。

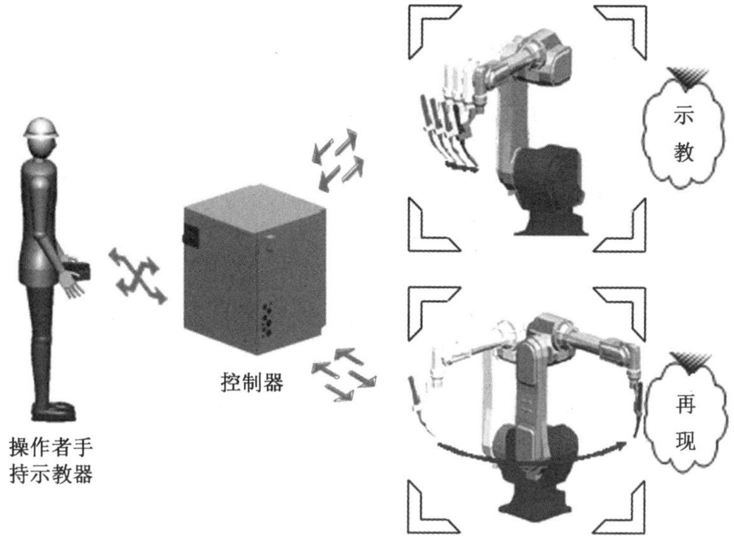

图 3-3　机器人的在线示教

在早期的机器人作业编程系统中,还有一种人工牵引示教(也称直接示教或手把手示教)。即由操作人员牵引装有力-力矩传感器的机器人末端执行器对工件实施作业,机器人实时记录整个示教轨迹与工艺参数,然后根据这些在线参数就能准确再现整个作业过程。该示教方式控制简单,但劳动强度大,操作技巧性高,精度不易保证。如果示教失误,修正路径的唯一方法就是重新示教。因此,通常所说的在线示教编程主要指前一种(示教器)方式。

综合而言,采用在线示教进行机器人作业任务编制具有如下共同特点:

(1)利用机器人具有较高的重复定位精度的优点,降低了系统误差对机器人运动绝对精度的影响,这也是目前机器人普遍采用这种示教方式的主要原因。

(2)要求操作者具有相应的专业知识和熟练的操作技能,并需要现场近距离示教操作,因而具有一定的危险性,安全性较差。对工作在有毒粉尘、辐射等环境下的机器人,这种编程方式对操作者的健康有害。

(3)示教过程烦琐、费时,需要根据作业任务反复调整末端执行器的位姿,占用了大量的机器人工作时间,时效性较差。

(4)机器人在线示教的精度完全靠操作者的经验决定,对于复杂运动轨迹难以取得令人满意的示教效果。

(5)出于安全考虑,机器人示教时要关闭与外围设备联系的功能。然而,对那些需要根据外部信息进行实时决策的应用就显得无能为力。

(6)在柔性制造系统中,这种编程方式无法与 CAD 数据库相连接,这对工厂实现 CAD/CAM/Robotics 一体化有困难。

基于上述特点,采用在线示教的方式可完成那些应用于大批量生产、工作任务简单且不变化的机器人作业任务编制。

3.2.2 在线示教的基本步骤

下面,通过在线示教方式为机器人输入从工件 A 点到 B 点的加工程序(图 3-4),此程序由编号 1~6 的 6 个程序点组成,每个程序点的用途说明如表 3-3 所示。具体作业编程可参照图 3-5 所示流程开展。

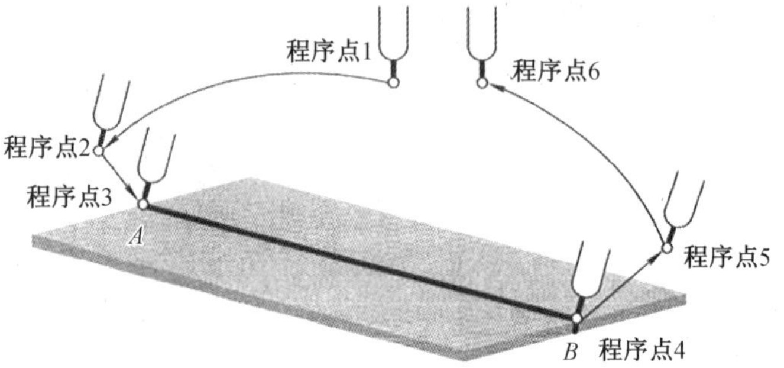

图 3-4 机器人运动轨迹

注:为提高工作效率,通常将程序点 6 和程序点 1 设在同一位置。

表 3-3 程序点说明

程序点	说明	程序点	说明	程序点	说明
程序点 1	机器人原点	程序点 3	作业开始点	程序点 5	作业规避点
程序点 2	作业临近点	程序点 4	作业结束点	程序点 6	机器人原点

1. 示教前的准备

开始示教前,请做如下准备:

(1)工件表面清理。使用钢刷、砂纸等工具将钢板表面的铁锈、油污等杂质清理干净。

(2)工件装夹。利用夹具将钢板固定在机器人工作台上。

(3)安全确认。确认自己和机器人之间保持安全距离。

(4)机器人原点确认。通过机器人机械臂各关节处的标记或调用原点程序复位机器人。

2. 新建作业程序

如上文所述,作业程序是用机器人语言描述机器人工作单元的作业内容,主要用于输入示教数据和机器人指令。为测试、再现示教动作,通过示教器新建一个作业程序,如“Test”。

3. 程序点的输入

试着以图 3-4 所示的运动轨迹为例,给机器人输入一段直线焊缝的作业程序。处于待机位置的程序点 1 和程序点 6,要处于与工件、夹具等互不干涉的位置。另外,机器人末端工具由程序点 5 向程序点 6 移动时,也要处于与工件、夹具等互不干涉的位置。具体示教方法请参照表 3-4。

4. 设定作业条件

本例中焊接作业条件的输入，主要涉及以下 3 个方面：①在作业开始命令中设定焊接开始规范及焊接开始动作次序；②在焊接结束命令中设定焊接结束规范及焊接结束动作次序；③手动调节保护气体流量。在编辑模式下合理配置焊接工艺参数。

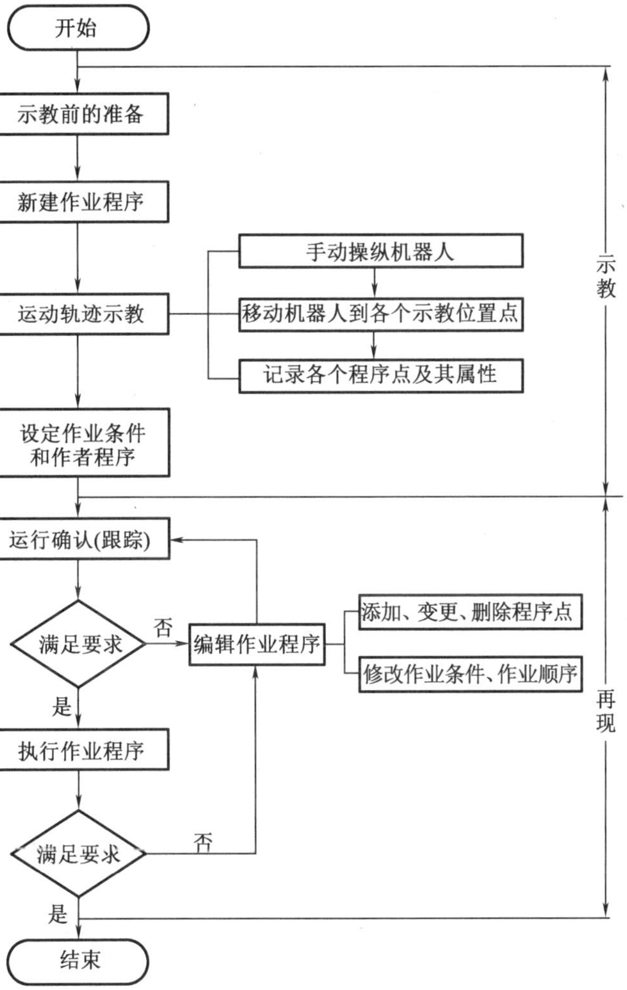

图 3-5　机器人在线示教的基本流程

表 3-4　运动轨迹示教方法

程序点	示教方法
程序点 1 （机器人原点）	①按第 3 章手动操纵机器人要领移动机器人到原点 ②将程序点属性设定为“空走点”，插补方式选“PTP” ③确认保存程序点 1 为机器人原点
程序点 2 （作业临近点）	①手动操纵机器人移动到作业临近点 ②将程序点属性设定为“空走点”，插补方式选“PTP” ③确认保存程序点 2 为作业临近点

表 3-4(续)

程序点	示教方法
程序点 3 (作业开始点)	①手动操纵机器人移动到作业开始点 ②将程序点属性设定为“作业点/焊接点”,插补方式选“直线插补” ③确认保存程序点 3 为作业开始点 ④如有需要,手动插入焊接开始作业命令
程序点 4 (作业结束点)	①手动操纵机器人移动到作业结束点 ②将程序点属性设定为“空走点”,插补方式选“直线插补” ③确认保存程序点 4 为作业结束点 ④如有需要,手动插入焊接结束作业命令
程序点 5 (作业规避点)	①手动操纵机器人移动到作业规避点 ②将程序点属性设定为“空走点”,插补方式选“直线插补” ③确认保存程序点 5 为作业规避点
程序点 6 (机器人原点)	①手动操纵机器人到原点 ②将程序点属性设定为“空走点”,插补方式选“PTP” ③确认保存程序点 6 为机器人原点

提示:

对于程序点 6 的示教,在示教器显示屏的通用显示区(程序编辑画面),利用便利的文件编辑功能(如剪切、复制、粘贴等),可快速复制程序点 1 的位置。

5. 检查试运行在完成机器

将人的运动轨迹和作业条件输入后,需试运行测试一下程序,以便检查各程序点及参数设置是否正确,这就是跟踪。跟踪的主要目的是检查示教生成的动作以及末端工具指向位置是否已记录。一般工业机器人可采用以下跟踪方式来确认示教的轨迹与期望是否一致。

①单步运转。通过逐行执行当前行(光标所在行)的程序语句,机器人实现两个临近程序点间的单步正向或反向移动。结束 1 行的执行后,机器人动作暂停。

②连续运转。通过连续执行作业程序,从程序的当前行到程序的末尾,机器人完成多个程序点的顺向连续移动。因程序是顺序执行,所以该方式仅能实现正向跟踪,多用于作业周期估计。

确认机器人附近无人后,按以下顺序执行作业程序的测试运转:

①打开要测试的程序文件;

②移动光标至期望跟踪程序点所在命令行;

③持续按住示教器上的【跟踪功能键】,实现机器人的单步或连续运转。

提示：

◆当机器人 TCP 当前位置与光标所在行不一致时，按下【跟踪功能键】，机器人将从当前位置移动到光标所在程序点位置；而当机器人 TCP 当前位置与光标所在行一致时，机器人将从当前位置移动到下一临近示教点位置。

◆执行检查运行时，不执行起弧、涂装等作业命令，只执行空再现。

◆利用跟踪操作可快速实现程序点的变更、增加和删除。

6. 再现施焊示教操作生成的作业程序

经测试无误后，将【模式旋钮】对准“再现/自动”位置，通过运行示教过的程序即可完成对工件的再现作业。工业机器人程序的启动可用两种方法：

①手动启动。使用示教器上的【启动按钮】来启动程序的方式，适用于作业任务编程及其测试阶段。

②自动启动。利用外部设备输入信号来启动程序的方式，在实际生产中经常采用。

在确认机器人的运行范围内没有其他人员或障碍物后，接通保护气体，采用手动启动方式实现自动焊接作业。

①打开要再现的作业程序，并移动光标到程序开头。

②切换【模式旋钮】至“再现/自动”状态。

③按示教器上的【伺服 ON 按钮】，接通伺服电源。

④按【启动按钮】，机器人开始运行。

至此，机器人从工件 *A* 点到 *B* 点的简单作业示教与再现操作完毕。

提示：

◆执行程序时，光标跟随再现过程移动，程序内容自动滚动显示。

通过上述基本操作不难看出，机器人在线示教方式存在占用机器人时间长、效率低等诸多缺点，这与当今市场的柔性化发展趋势（多品种、小批量）背道而驰，已无法满足企业高效、简单的作业示教需求。离线编程正是在这种产品寿命周期缩短、生产任务更迭加快、任务复杂程度增加的背景下应运而生的。

任务3.3 焊接机器人的离线编程技术

离线编程不需要操作者对实际作业的机器人直接进行示教，而是在离线编程系统中进行编程和在模拟环境中进行仿真，从而提高机器人的使用效率和生产过程的自动化水平。

3.3.1 离线编程及其特点

离线编程是利用计算机图形学的成果，建立起机器人及其工作环境的几何模型，通过对图形的控制和操作，使用机器人编程语言描述机器人作业任务，然后对编程的结果进行三维图形动画仿真，离线计算、规划和调试机器人程序的正确性，并生成机器人控制器可执行的代码，最后通过通信接口发送至机器人控制器，如图3-6所示。

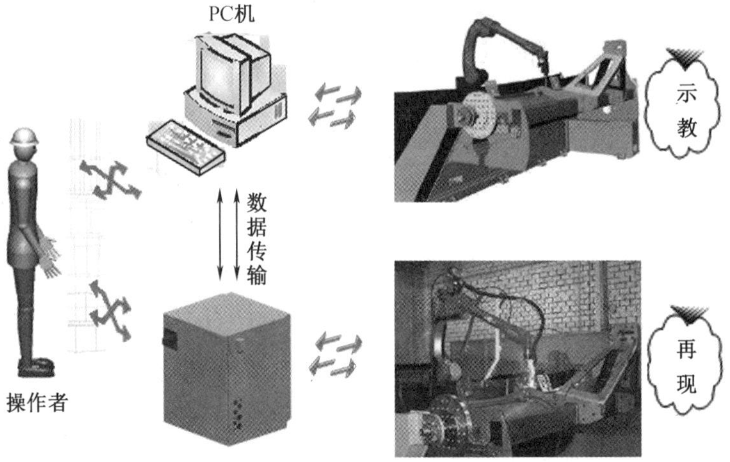

图3-6 机器人的离线编程

近年来，随着机器人远距离操作、传感器信息处理技术等的进步，基于虚拟现实技术的机器人作业示教已成为机器人学中的新兴研究方向。它将虚拟现实作为高端的人机接口，允许用户通过声、像、力以及图形等多种交互设备实时地与虚拟环境交互。根据用户的指挥或动作提示，示教或监控机器人进行复杂的作业，如图3-7所示。

与传统的在线示教相比，离线编程除克服在线示教的缺点外，还有以下优点：

(1)程序易于修改，适合中、小批量的生产要求。

(2)能够实现多台机器人和辅助外围设备的示教和协调。

(3)能够实现基于传感器的自动规划功能。

离线编程已被证明是一种有效的示教方式，可以提高安全性，减少机器人不工作的时间和降低成本。由于机器人定位精度的提高、控制装置功能的完善、传感器应用的增多以及图形编程系统所用的CAD工作站价格不断下降，离线编程迅速普及，成为机器人编程的发展趋向。

当然，离线编程要求编程人员有一定的预备知识，离线编程的软件也需要一定的投入，这些软件大多由机器人公司作为用户的选购附件出售，如 ABB 机器人公司开发的基于 Windows 操作系统的 RobotSudio 软件、FANUC 机器人公司开发的 ROBOGUIDE 软件、YASKAWA 机器人公司开发的 MotoSim EG-VRC 软件和 KUKA 机器人公司开发的 Sim Pro 软件等。

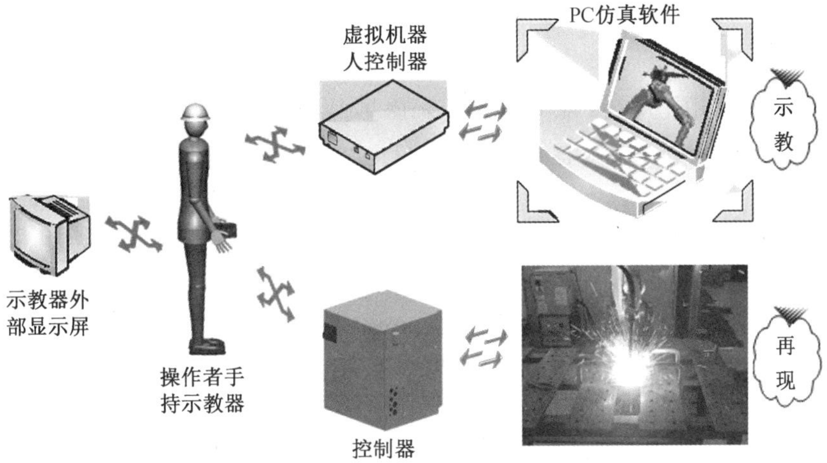

图 3-7　机器人的虚拟示教

3.3.2　离线编程系统的软件架构

同在线示教的直接手动操作机器人不同，离线编程是在离线编程系统的软件中通过鼠标和键盘操作机器人的三维图形。也就是说，只有充分了解离线编程系统软件的基本架构与功能，再实施机器人的离线编程与仿真才能有的放矢。从应用角度看，商品化的离线编程系统软件都具有较强的图形功能，并且有很好的编程功能。图 3-8 是典型机器人离线编程系统的软件架构，主要由建模模块、布局模块、编程模块、仿真模块、程序生成及通信模块组成。

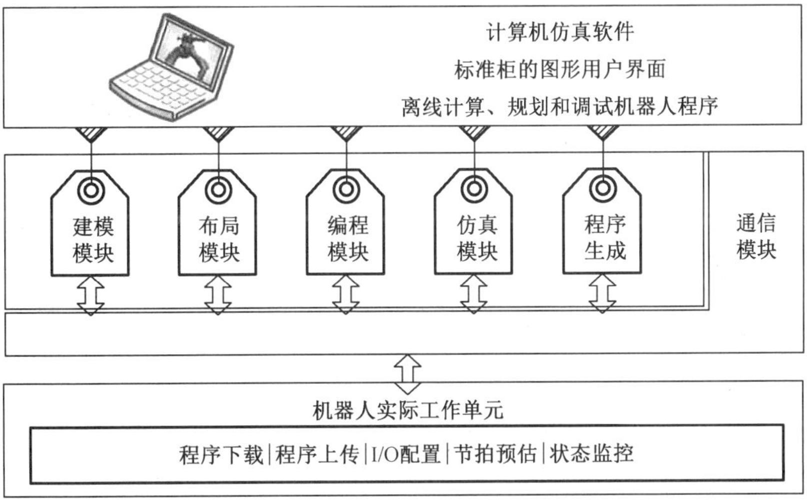

图 3-8　典型机器人离线编程系统的软件架构

(1)建模模块。这是离线编程系统的基础,为机器人和工件的编程与仿真提供可视的三维几何造型。

(2)布局模块。按机器人实际工作单元的安装格局在仿真环境下进行整个机器人系统模型的空间布局。

(3)编程模块。包括运动学计算、轨迹规划等,运动学计算是系统中控制图形运动的依据,即控制机器人运动的依据;轨迹规划用来生成机器人关节空间或直角空间的轨迹,以保证机器人完成既定的任务。

(4)仿真模块。用来检验编制的机器人程序是否正确、可靠,一般具有碰撞检查功能。

(5)程序生成。把仿真系统所生成的机器人运动程序转换成被加载机器人控制器可以接受的代码指令,以便命令真实机器人工作。

(6)通信模块。这是离线编程系统的重要部分,可分为用户接口和通信接口两部分:用户接口一般设计成交互式,可利用鼠标操纵机器人的运动;通信接口负责连接离线编程系统与机器人控制器,通过它可把仿真系统生成的作业程序下载到控制器。

提示:

在离线编程软件中,机器人和设备模型均为三维显示,可直观设置、观察机器人的位置、动作与干涉情况。在实际购买机器人设备之前,通过预先分析机器人工作站的配置情况,可使选型更加准确。

离线编程软件使用的力学、工程学等计算公式和实际机器人完全一致。因此,模拟精度很高,可准确无误地模拟机器人的动作。

离线编程软件中的机器人设置、操作和实际机器人上的几乎完全相同,程序的编辑画面也与在线示教相同。

利用离线编程软件做好的模拟动画可输出为视频格式,便于学习和交流。

3.3.3 离线编程的基本步骤

接下来,通过离线编程方式为机器人输入图 3-4 中从工件 A 点到 B 点的作业程序。具体作业示教可参照图 3-9 所示流程开展。

(1)几何建模。工业机器人离线编程的首要任务就是对工业机器人及其工作单元的图形进行描述,即三维几何造型。目前的离线编程软件一般都具有简单的建模功能,但对于复杂三维模型的创建就显得捉襟见肘,好在其建模模块均设有其他 CAD 软件(如 Solid-Works、UG、Pro/E 等)的接口功能,即可将其他 CAD 软件生成的 IGES、DXF 等格式的文件导入其中。就本例而言,完成后的工作台模型如图 3-10 所示。

提示:

各机器人公司开发的离线编程软件的模型库中基本含有其生产的所有型号的机器人本体模型和一些典型周边设备模型。

在导入由其他 CAD 软件绘制的机器人工作环境模型时,要注意参考坐标系是否一致的问题。

(2)空间布局。离线编程软件的一个重要作用是离线调试程序,而离线调试最直观有效的方法是在不接触实际机器人及其工作环境的情况下,利用图形仿真技术模拟机器人的作业过程，即提供一个与机器人进行交互的虚拟环境。这就需要我们把整个机器人系统（包括机器人本体、变位机、工件、周边作业设备等）的模型按照实际的装配和安装情况在仿真环境中进行布局。布局后的机器人作业环境如图 3-11 所示。

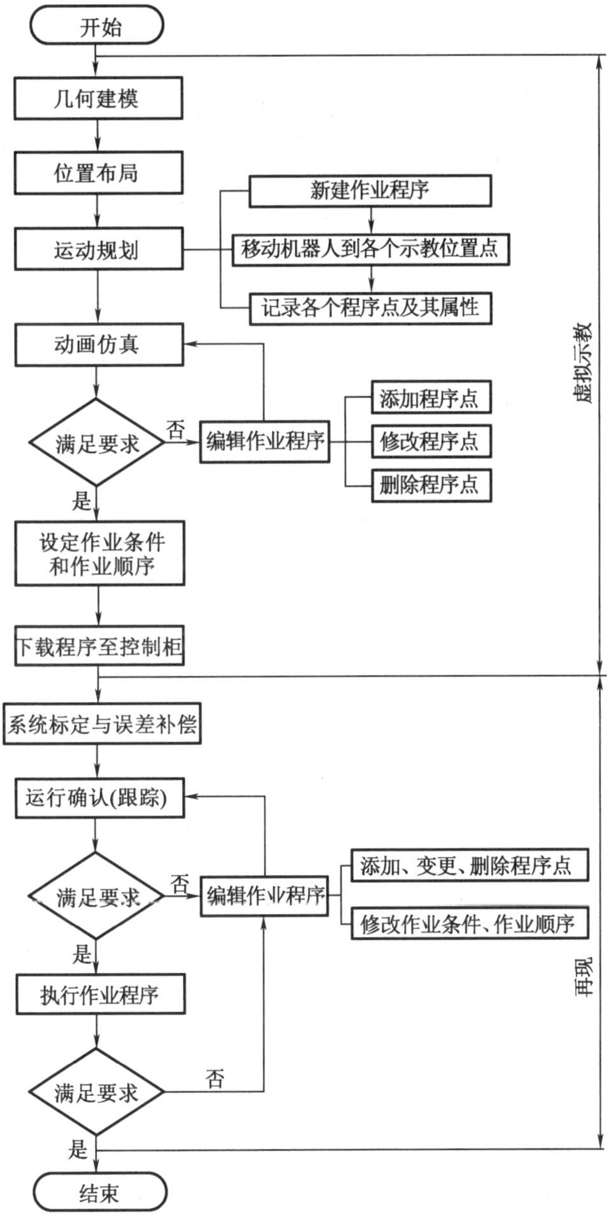

图 3-9　机器人离线编程的基本流程

（3）运动规划。工业机器人的运动规划主要有两个方面：作业位置规划和作业路径规划。作业位置规划的主要目的是在机器人运动空间可达性的条件下，尽可能地减少机器人在作业过程中的极限运动或机器人各轴的极限位置；作业路径规划的主要目的是在保证末端工具作业姿态的前提下，避免机器人与工件、夹具、周边设备等发生碰撞。机器人从工件

A 点到 *B* 点作业的运动规划如图 3-12 所示。

图 3-10　机器人工作台的几何建模

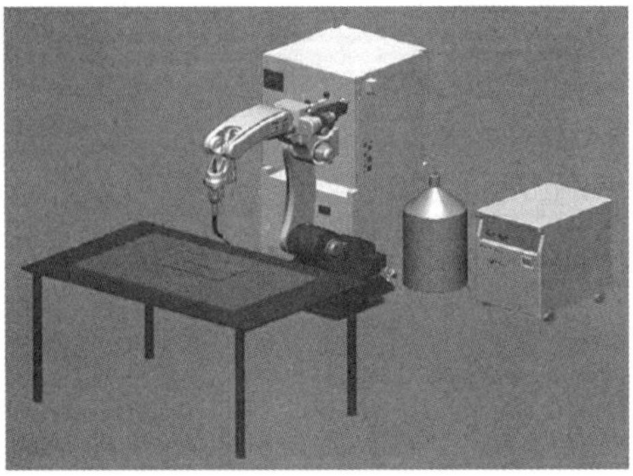

图 3-11　机器人及其作业环境布局

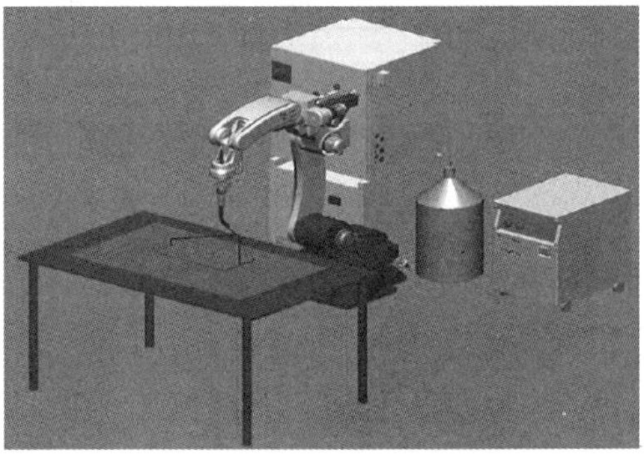

图 3-12　机器人运动规划

提示：

同在线示教一样，机器人的离线运动规划需新建一个作业程序以保存示教数据和机器人指令。

采用在线示教方式操作机器人的运动主要是通过示教器上的按键，而离线编程操作机器人三维图形运动主要用鼠标。

(4)动画仿真。在仿真模块中，系统对运动规划的结果进行三维图形动画仿真，模拟整个作业的完整情况，检查末端工具发生碰撞的可能性及机器人的运动轨迹是否合理，并计算机器人的每个工步的操作时间和整个工作过程的循环时间，为离线编程结果的可行性提供参考。基于前面完成的工作，完成直线焊缝的机器人作业过程的模拟仿真，发现末端工具姿态合理且没有发生碰撞，机器人运动轨迹合理，可以生成实际作业所需的代码。机器人作业过程仿真如图 3-13 和图 3-14 所示。

(5)程序生成及传输。要实现实体工业机器人动作就需要把离线编制的源程序编译成被加载机器人可识别的目标程序。当作业程序的仿真结果完全达到作业要求后，将该作业程序转换成机器人的控制程序和数据，并通过通信接口下载到机器人控制柜，驱动机器人执行指定的作业任务。

(6)运行确认与施焊。出于安全考虑，离线编程生成的目标作业程序在自动运转前需跟踪试运行。具体操作同在线示教完全相同,不再赘述。经确认无误后,即可再现施焊作业。

至此,机器人从工件 A 点到 B 点的离线作业编程操作完毕。

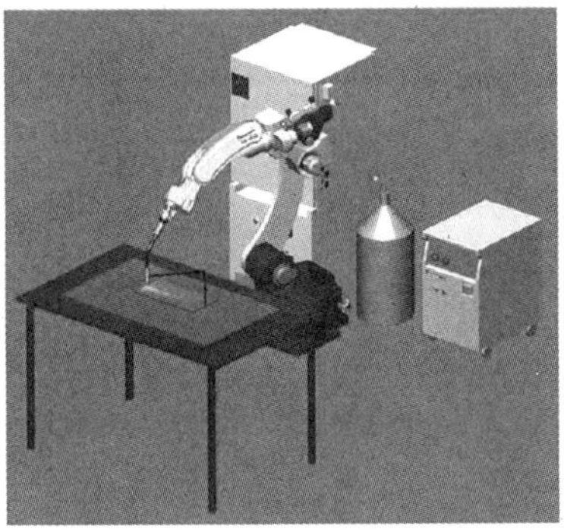

图 3-13　作业开始点仿真

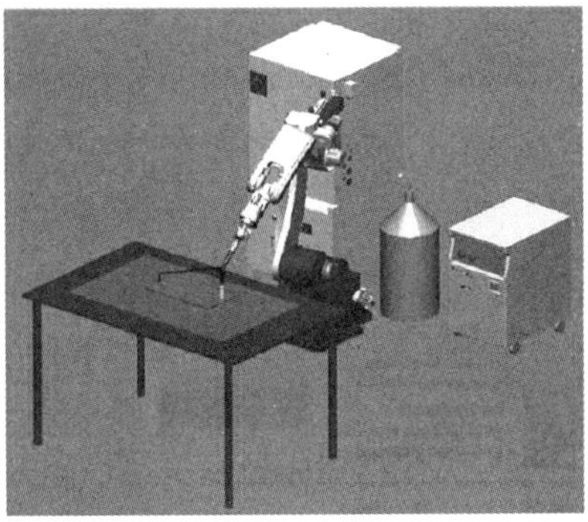

图 3-14　作业结束点仿真

提示:

开始再现前,请做如下准备工作:工件表面的清理与装夹、机器人原点的确认。

基于生产现场的复杂性、作业的可靠性等方面的考虑,工业机器人的作业示教在短期内仍将无法脱离在线示教的现状。

综上所述,无论采用在线示教还是离线编程,其主要目的是完成机器人运动轨迹、作业条件和作业顺序的示教,如图 3-15 所示。

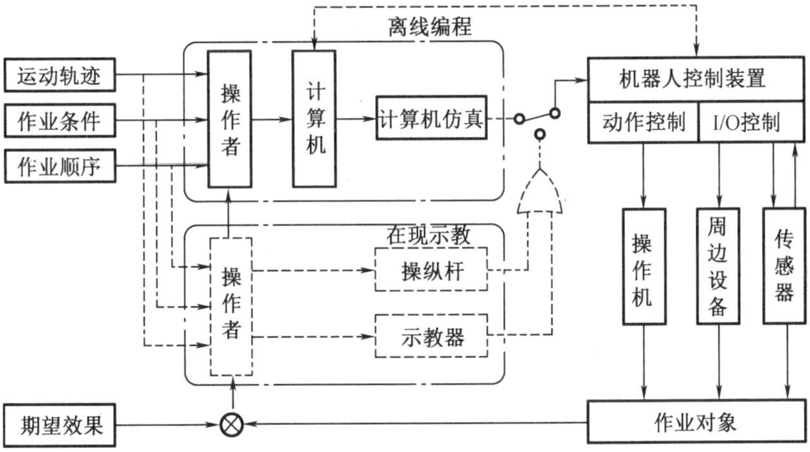

图 3-15　机器人示教的主要内容

扩展与提高

机器人作业程序的编辑

机器人程序的编辑一般不能一步到位，在作业任务的示教过程中，需不断调试和完善程序。常见的操作有：程序点的追加、变更和删除，机器人移动速度的修改以及机器人指令的添加。

1. 程序点的追加、变更和删除

运动轨迹是机器人示教的主要内容之一，而运动轨迹是由若干程序点组成的。换句话说，对机器人运动轨迹的编辑与修改实质是对程序点的编辑。表 3-5 是典型程序点的编辑方法。

表 3-5　程序点编辑方法

编辑类别	操作要领	动作图示
示教点的追加	①使用跟踪功能将机器人移动到程序点 1 位置 ②手动操作机器人移动到新追加的目标点位置(程序点 3) ③点按示教器按键记录程序点 3	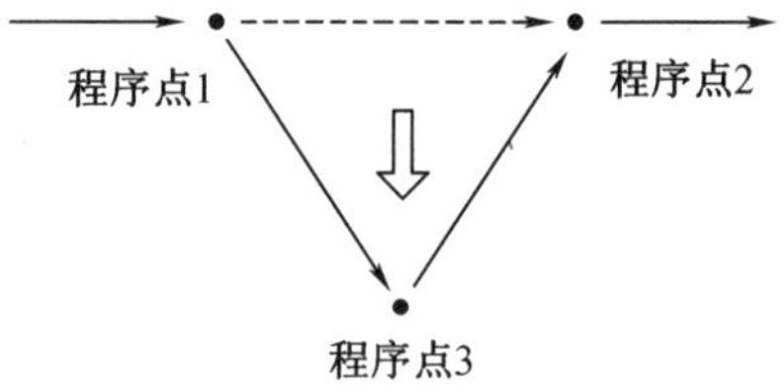
示教点的变更	①使用跟踪功能将机器人移动到程序点 2 位置 ②手动操作机器人移动到新的目标点位置 ③点按示教器按键记录程序点 2	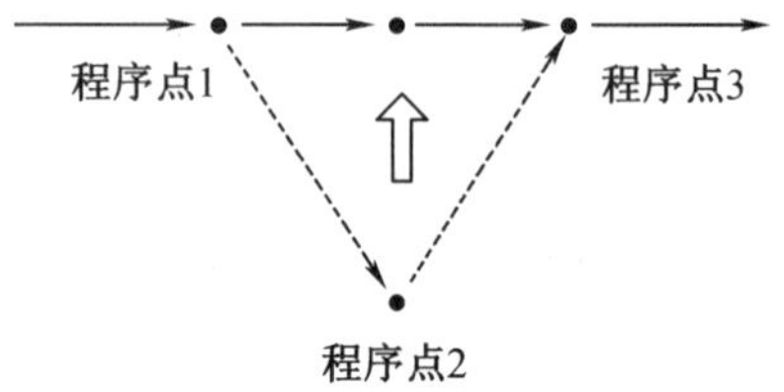
示教点的删除	①使用跟踪功能将机器人移动到程序点 2 位置 ②点按示教器按键删除程序点 2	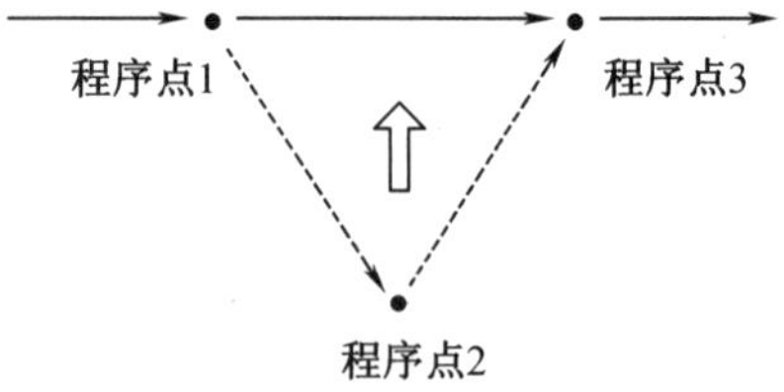

2. 机器人移动速度的修改

在对工业机器人的示教再现操作过程中，经常涉及 3 类动作速度：手动操作机器人移动速度（以下简称示教速度）、运动轨迹确认时的跟踪速度（以下简称跟踪速度）和程序自动运转时的再现速度（以下简称再现速度）。

(1)示教速度。使用示教器手动操作机器人移动的速度，分点动速度和连续移动速度。

(2)跟踪速度。使用示教器进行运行轨迹确认，或者程序编辑中跟踪机器人到某一程序点位置时的移动速度。跟踪操作时，一般有作业条件速度、移动命令速度以及高低档速度切换三种选择。

(3)再现速度。运行示教程序的机器人移动速度。同跟踪速度类似,在作业区间内按照作业命令中的速度运行,而空走区间按照移动命令中的速度运行。

机器人移动速度的修改主要在程序编辑模式下进行,移动光标到待修改速度所在的命令行,然后点按示教器编辑按键,完成速度的修改与指定。

3. 机器人指令的添加

为方便编辑、查找等操作,机器人指令一般分为6类:动作指令、作业指令、寄存器指令、I/O 指令、跳转指令和其他指令。

(1)动作指令。指以指定的移动速度和插补方式使机器人向作业空间内的指定位置移动的指令。

(2)作业指令。依据机器人具体应用领域而编制的一类指令, 如焊接指令等。

(3)寄存器指令。进行寄存器的算术运算的指令。

(4)I/O 指令。改变向外围设备的输出信号,或读取输入信号状态的指令。

(5)跳转指令。使程序的执行从程序某一行转移到其他(程序的)行,如标签指令、程序结束指令、条件转移指令及无条件转移指令等。

(6)其他指令。如计时器指令、注释指令等。

机器人指令的编辑操作,基本与移动速度的修改相同:移动光标到指定命令行,点按示教器上的编辑功能按键,完成指令的追加、删除或变更。

目前国际上商品化、实用化的焊接机器人绝大多数属于第一代工业机器人,它的基本工作原理是“示教—再现”。“示教”就是机器人学习的过程,在这个过程中,操作者需“手把手”教机器人做某些动作,而机器人的控制系统会以程序的形式将其记忆下来。机器人按照示教时记录下来的程序展现这些动作,就是“再现”过程。

工业机器人工作前,通常是通过“示教”的方法为机器人作业程序生成运动命令,目前主要采用两种方式进行:一是在线示教,由操作者通过示教器,操作机器人使其动作,当认为动作合乎实际作业中要求的位置与姿态时,将这些位置点记录下来,生成动作命令,存入控制器某个指定的示教数据区,并在程序中的适当位置加入对应于工艺参数的作业命令及其他输入输出命令。在线示教因简单直观、易于掌握,是工业机器人目前普遍采用的编程方式。二是离线编程,操作者不对实际作业的机器人直接进行示教,而是在离线编程系统中进行轨迹规划、作业编程或在模拟环境中进行仿真,进而生成机器人作业程序。

对机器人的作业任务进行编程,不论是在线示教还是离线编程,其主要涉及运动轨迹、作业条件和作业顺序三方面的示教。

知 识 测 评

一、填空题

1. ________也称导引，即由操作者直接或间接导引机器人，一步步按实际作业要求告知机器人应该完成的动作和作业的具体内容，机器人在导引过程中以________的形式将其记忆下来，并存储在机器人控制装置内；________则是通过存储内容的回放，使机器人在一定精度范围内按照程序展现所示教的动作和赋予的作业内容。

2. ________的主要目的是检查示教生成的动作以及末端工具指向位置是否已记录。

3. ________是利用计算机图形学的成果，在计算机中建立起机器人及其工作环境的模型，通过对图形的控制和操作，在不使用实际机器人的情况下示教，进而生成机器人程序。

二、选择题

1. 对机器人进行作业编程，主要内容包含　　　　(　　)

①运动轨迹；②作业条件；③作业顺序；④插补方式

A. ①②

B. ①②③

C. ①③

D. ①②③④

2. 与传统的在线示教编程相比，离线编程具有如下优点　　　　(　　)

①减少机器人的非工作时间；

②使编程者远离苛刻的工作环境；

③便于修改机器人程序；

④可结合各种人工智能等技术提高编程效率；

⑤便于和 CAD/CAM 系统结合，做到 CAD/CAM/Robotics 一体化

A. ①②④⑤

B. ①②③

C. ①③④⑤

D. ①②③④⑤

三、判断题

1. 因技术尚未成熟，现在广泛应用的工业机器人绝大多数属于第一代机器人，它的基本工作原理是示教—再现。　　　　(　　)

2. 机器人示教时，对于有规律的轨迹，原则上仅需示教几个关键点。　　　　(　　)

3. 采用直线插补示教的程序点指的是从当前程序点移动到下一程序点运行一段直线。 (　　)

4. 离线编程是工业机器人目前普遍采用的编程方式。 (　　)

5. 虽然示教再现方式存在机器人占用机时、效率低等诸多缺点，人们也试图通过采用传感器使机器人智能化，但在复杂的生产现场和作业可靠性等方面处处碰壁，难以实现。因此，工业机器人的作业示教在相当长时间内仍将无法脱离在线示教的现状。 (　　)

四、综合应用

用机器人完成下图所示直线轨迹（$A \rightarrow B$）的焊接作业，回答如下问题：

1. 结合具体示教过程，填写表 3-6（请在相应选项下打“√”）。

2. 实际作业编程时，为提高效率，对程序点 1 和程序点 6 如何处理？简述操作过程。

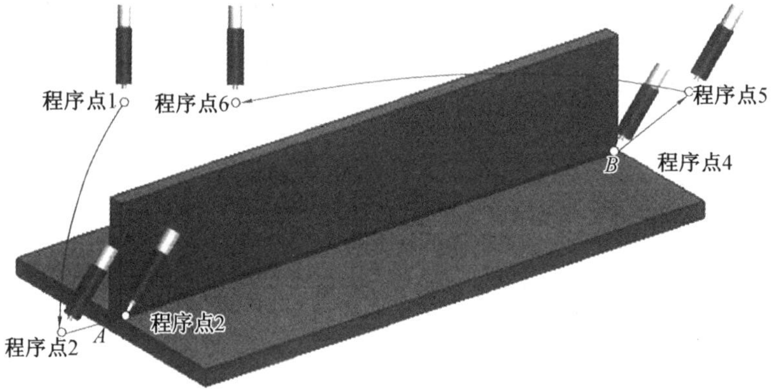

图 3-16　题四图

表 3-6　直线轨迹作业示教

程序点	作业点/空走点		插补方式	
	作业点	空走点	PTP	直线插补
程序点 1				
程序点 2				
程序点 3				
程序点 4				
程序点 5				
程序点 6				

项目4

焊接机器人的轨迹示教

一般来讲，焊接机器人具有直线、圆弧、直线摆动和圆弧摆动四种典型的动作功能，其他任何复杂的焊接轨迹都可拆分为这四种基本形式。

本项目参照1+X“焊接机器人编程与维护”职业技能等级要求，运用在线示教方式，完成直线轨迹、圆弧轨迹、直线摆动、圆弧摆动焊缝示教的基本要领，同时完成对机器人运动轨迹的测试与跟踪，旨在让学生熟悉焊接机器人示教编程的内容和流程。本项目共设置三个任务：一是板-板对接接头的机器人焊接示教；二是管-板角接接头的机器人焊接示教；三是板-板对接接头的机器人单面焊双面成形示教。

学习目标

知识目标

1. 掌握机器人示教的基本流程。
2. 掌握机器人直线轨迹、圆弧轨迹焊缝示教的基本要领。
3. 掌握直线摆动、圆弧摆动示教的基本要领。
4. 掌握机器人运动轨迹的测试与跟踪。

技能目标

1. 能够熟练进行直线轨迹、圆弧轨迹焊缝的示教、跟踪与再现。
2. 能够熟练设定机器人的焊接作业条件、摆动作业条件。
3. 能够使用示教器熟练编辑直线轨迹、圆弧轨迹及直线摆动作业程序。
4. 能够熟练进行直线摆动、圆弧摆动焊缝的示教、跟踪与再现。

素养目标

1. 培养工匠精神，形成一丝不苟、团结协作的工匠精神。
2. 坚持知行合一，形成勤于动手、勇于创新的精神。

导入案例

大国工匠系列

1. 大国工匠高凤林

高凤林，男，汉族，于1962年3月生，河北东光人，1991年12月加入中国共产党，1980年9月参加工作，大学学历，学士学位，高级技师，全国劳动模范，全国五一劳动奖章获得者，全国国防科技工业系统劳动模范，全国道德模范，全国技术能手，首次月球探测工程突出贡献者，中华技能大奖获得者，中国质量奖获奖者，2009年获国务院政府特殊津贴，2018年“大国工匠年度人物”。2019年9月25日，高凤林获“最美奋斗者”个人称号。

高凤林现为中国航天科技集团有限公司第一研究院211厂特种熔融焊接工、14车间高凤林班组组长、特级技师，被称为焊接火箭“心脏”的“中国第一人”。

发动机是火箭的“心脏”，任何一个漏点，在火箭升空过程中都可能会引发毁灭性爆炸。高凤林就是能做到在0.01秒内精准控制焊枪停留在燃料管道上，上万次的操作都准确无误。40多年来，他一直奋战在航天制造一线，160多枚长征系列运载火箭，在他焊接的发动机助推下成功飞向太空，占发射总数一半以上。在载人航天、北斗导航、嫦娥探月、火星探测、国防建设等航天产品及发动机的重大攻关项目中，他攻克“疑难杂症”300多项，先后获得国家科技进步二等奖，全军科技进步二等奖，全国职工技术创新一等奖，德国纽伦堡国际发明展三项金奖，北京全国技术创新大赛特等奖，全国教学二等奖等多项科技奖项。著书3部，发表论文43篇，获专利26项。在钛合金自行车、大型真空炉、超薄大型波纹管等多个领域，他用自己的高超技术填补了中国的技术空白。

2. 大国工匠张冬伟

张冬伟，生于1981年12月，大专学历，现为沪东中华造船(集团)有限公司(以下简称沪东中华)总装二部围护系统车间电焊二组班组长，高级技师，主要从事液化天然气(LNG)船的围护系统二氧化碳焊接和氩弧焊焊接工作。

张冬伟刻苦钻研船舶建造技术，潜心传承工匠精神，成为公司高端产品LNG船，以及当今世界最先进、建造难度最大的45 000 t集装箱滚装船的建造骨干工人，蓝领精英。他用自己火红的青春谱写了一曲执着于国家海洋装备建设的奉献之歌。

2001年，张冬伟从技校毕业，进入了沪东中华。工作后没多久，张冬伟便以其出色的表现获得了一个参加集训的机会。集训十分辛苦，有时为了干好一个焊接活，需要在钢板上连续工作七八个小时。在集训时，他见识了秦毅单面焊双面成型的高超技艺。“当时我就感觉到焊接中的学问不少，很多东西自己还不知道，书本上也没有看到过，我就对自己说要努力向师傅学习。”他回忆说。事实上，在集训过程中，他作为一个新人，就是凭着“勤奋、认真、好学”的精神给其他人留下了深刻的印象。更让张冬伟大开眼界的是，这段时间沪东中华正在积极备战国内首艘LNG船建造，并进行大量高难度焊接技术培训。

LNG船是国际上公认的高技术、高难度、高附加值的“三高”船舶，被誉为“造船工业皇冠上的明珠”，其建造技术只有欧美和日韩等发达国家的极少数船厂掌握。研发建造LNG船是沪东中华人响应党中央关于早日把我国建设成为世界第一造船大国的号召，为实现中船集团公司“五三一”战略目标而进行的一次自我挑战，它对于推动和保障国家能源战略的实施具有极为重要的意义。张冬伟是中国首批 LNG 船建造者之一,他从接触 LNG 船建造开始就立志为中国 LNG 船建造事业做出贡献。在建造过程中,张冬伟发扬了沪东中华“团结拼搏,争创一流”的企业精神,甘于吃苦,勇于奉献,用自己的聪明才智解决了一个又一个难题,为 LNG 系列船的顺利建造做出了突出贡献。

3. 大国工匠卢仁峰

卢仁峰,男,汉族,中共党员,1963 年出生,内蒙古第一机械集团有限公司(以下简称“一机集团”)大成装备制造公司高级焊接技师,第 9 届全国技术能手中焊接界唯一一位“中华技能大奖”获奖者,几十年如一日,用一只手执着追求焊接技术革新,被誉为“独手焊侠”。

卢仁峰 16 岁那年,下乡知青回城,他来到一机集团做了焊工,他给自己定的目标是,要学好、学精焊接技术。正当在焊接岗位上潜心钻研焊接技术方法并开始大显身手的时候,1986 年的一场事故让卢仁峰险些彻底失去左手,大拇指、食指、中指被勉强缝合后,基本不能工作。但他没有被吓到,反而更加坚定信心。他给自己定下了每天要焊完50根焊条的任务。他常常一连几个月吃住在车间,一蹲就是数小时,直到厂房里空无一人。他左手残疾,仅靠右手练就一身电焊绝活,手工电弧焊单面焊双面成型技术堪称一绝:微束等离子弧焊接、火花塞电极板与电极杆熔溶技术、钨极氩弧焊焊接技术,各类管道和容器所产生的泄漏的顶压补焊、压力容器焊接缺陷返修,各种有色金属和低、中、高合金钢的焊接及大型铸铁、铸钢的补焊,合格率为百分之百。

某军品项目大型水压机 1#高压泵体突然出现裂纹,该设备承担 13 个品种、1 850 余项、42 万件军品生产任务,按照常规需更换泵体,可市场上没有相应的备件。如果设备不能及时修复,将会影响整体进度。卢仁峰主动请缨,在没有技术参数、没有可靠的技术保障的情况下,他反复思考、试验,52 个小时里,手中的焊钳止住了高压水流,挽回损失近 400 万元。2009 年,作为国庆阅兵装备的某型号轮式车辆首次批量生产,在整车焊接蜗壳部位过程中,由于新型装甲材料具有碳含量高、刚性极大和蜗壳壁薄等特点,焊接过程中焊接变形和焊缝成型难以控制,致使平面度超差,严重影响整车的装配质量和进度。卢仁峰再一次投入到了紧张的战斗中。从焊丝的型号到电流大小的选择,他和工友们反复研究细节,确定操作步骤,最终利用焊接变形的特性,采用“正反面焊接,以变制变”的方法,使该产品生产合格率一下子由60%提高到96%。

——资料来源:百度百科整理摘选

任务4.1 焊接机器人的直线轨迹示教

本任务将以 Panasonic 机器人为例，运用在线示教方式，实现板对接平焊的机器人自动焊作业。在此基础上，完成直线轨迹焊缝程序的修改与编辑，旨在加深学生对机器人直线轨迹运动示教的理解，让学生熟悉焊接机器人示教编程的内容和流程。

4.1.1 板-板对接接头的机器人焊接示教

【任务描述】

本任务要求用 CO_2 作保护气体，使用直径为 1.2 mm 的 HO8Mn2SiA 焊丝，通过手动操纵机器人完成两块 Q235 钢板（200 mm×50 mm×4 mm）的对焊作业，如图 4-1 所示。

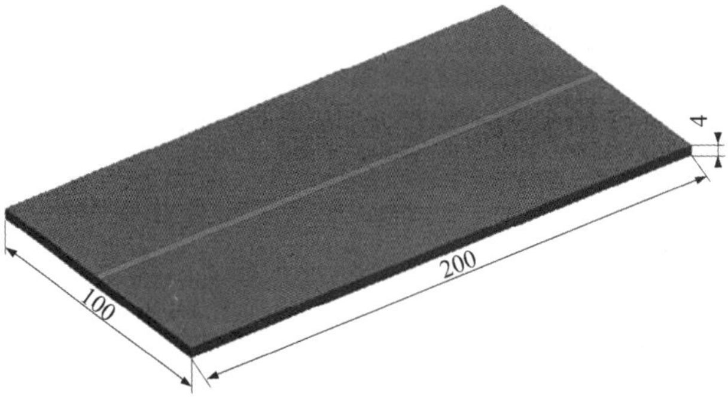

图 4-1 板对接平焊接头

【任务分析】

板-板对接机器人平焊作业（直线焊缝）的示教相对容易些，同前面项目类似。用机器人完成图 4-1 所示焊缝的焊接共需 6 个示教点，如图 4-2 所示，每个示教点的焊枪姿态如表 4-1 所示。实际示教时按图 4-3 所示流程开展，任务完成后填写项目任务完成报告。

表 4-1 示教点说明（板对接平焊）

示教点	焊枪姿态			用途
	U/(°)	V/(°)	W/(°)	
①	180	45	180	机器人原点
②	0	15	-0	作业临近点
③	0	15	-0	焊接开始点
④	0	15	-0	焊接结束点

表 4-1(续)

示教点	焊枪姿态			用途
	U/(°)	V/(°)	W/(°)	
⑤	0	15	-0	焊枪规避点
⑥	180	45	180	机器人原点

注:以上焊枪姿态仅为参考,因机器人配置、工作台及工件放置位置不同而不同。具体示教时,焊枪角度因板厚而异,本任务中建议焊枪与板平面法线成 10°~20°角。

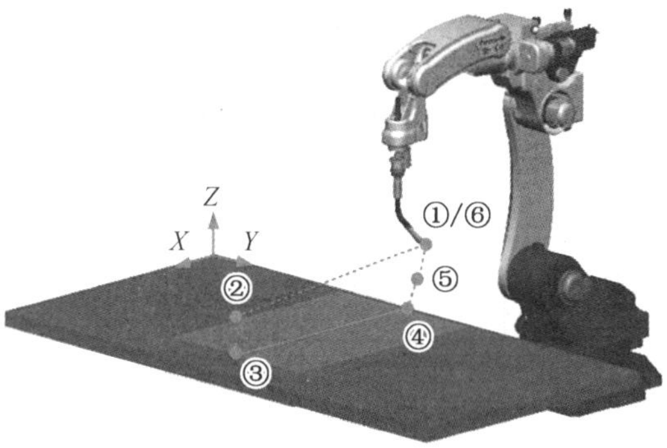

图 4-2　机器人运动轨迹(板对接平焊)

板对接平焊机器人运动轨迹(动画)

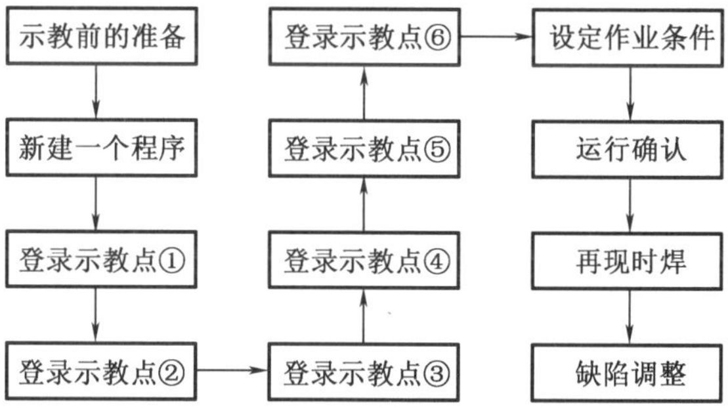

图 4-3　机器人示教流程(板对接平焊)

【知识准备】

1. 机器人示教的基本流程

使用机器人完成自动焊需要完成运动轨迹、作业条件和作业顺序三方面的示教,其基本流程可参考图 4-4。示教时,在完成工件预处理和装夹工作后,打开机器人电源,等待系统完成初始化,然后新建一个程序, 选择合适的坐标系及运动轴,手动操作机器人移到目标位置,登录各示教点及其属性。在完成示教编程后,使用跟踪功能修正程序示教点位置坐标,并完成作业次序指令的插入、修改与删除。确保程序准确无误后,选用手动或自动方式完成示教程序的再现。

2. 直线轨迹的示教

机器人完成直线焊缝的焊接仅需示教两个特征点(直线的两端点),插补方式选“MOVEL"。这里以图 4-5 所示的运动轨迹为例,阐述直线轨迹示教编程的要领。图中,P2→P3、P3→P4、P4→P5 均为直线移动,且 P3→P4 为焊接区间。具体示教方法如表 4-2

所示，完成的机器人作业程序如图 4-6 所示。

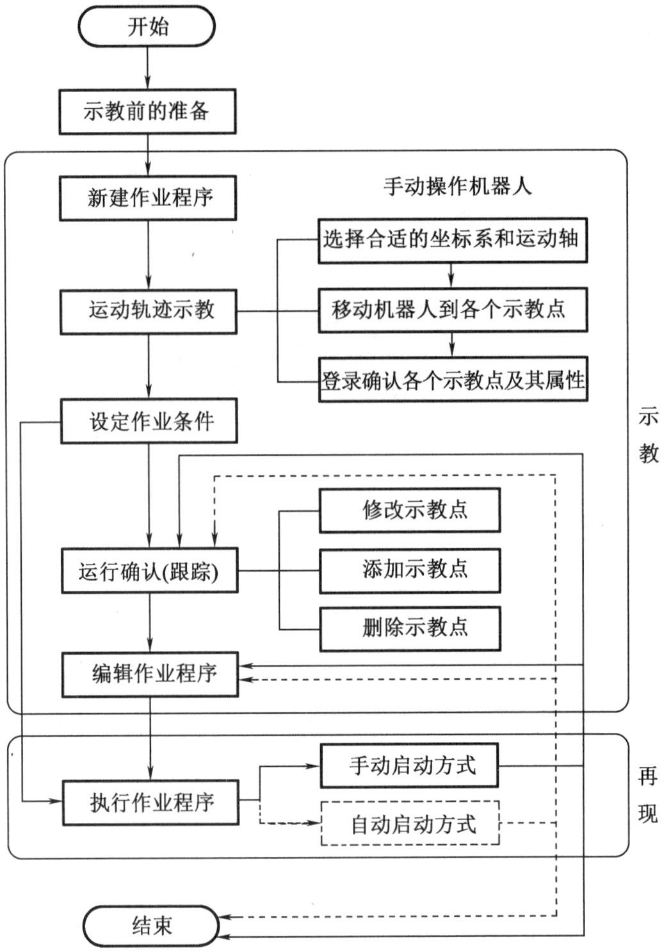

图 4-4　机器人示教的基本流程

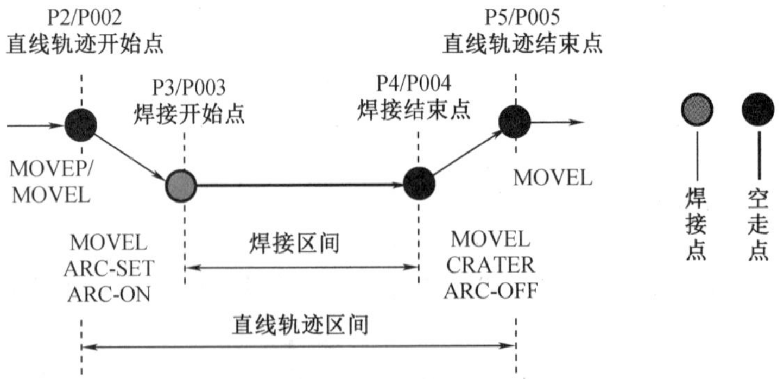

图 4-5　直线轨迹示意图

表 4-2 直线轨迹示教说明

序号	示教点	示教方法
1	P2/P002 直接轨迹开始点	①将机器人移动到直线轨迹开始点 ②将示教点属性设定为（空走点），插补方式选（MOVEP）或（MOVEL） ③按保存示教点 P2/P002 为直线轨迹开始点
2	P3/P003 焊接开始点	①将机器人移动到焊接开始点 ②将示教点属性设定为（焊接点），插补方式选（MOVEL） ③按保存示教点 P3/P003 为焊接开始点
3	P4/P004 焊接结束点	①将机器人移动到焊接结束点 ②将示教点属性设定为（空走点），插补方式选（MOVEL） ③按保存示教点 P4/004 为焊接结束点
4	P5/P005 直线轨迹结束点	①将机器人移动到直线轨迹结束点 ②将示教点属性设定为（空走点），插补方式选（MOVEL） ③按保存示教点 P5/P005 为直线轨迹结束点

```
Line Teaching
0011      1:Mech1 : Robot
          Begin Of Program
0001      TOOL = 1 : TOOL01
0002      MOVEP  P001 ,20.00m/min,
0003      MOVEP  P002 ,20.00m/min,
0004      MOVEL  P003 ,20.00m/min,
0005      ARC-SET AMP = 120   VOLT= 19.2   S =   0.50
0006      ARC-ON ArcStart1 PROCESS = 0
0007      MOVEL  P004 ,20.00m/min,
0008      CRATER AMP = 100   VOLT= 18.0   T =  0.00
0009      ARC-OFF ArcEnd1 PROCESS = 0
0010      MOVEL  P005 ,20.00m/min,
0011      MOVEP  P006 ,20.00m/min,
          End Of Program
```

图 4-6 GⅢ机器人直线轨迹示教程序

3. 作业条件的设定

焊接作业条件的登录主要涉及以下几个方面：①在 ARC-SET 命令中设定焊接开始规范；②在 CRATER 命令中设定焊接结束规范；③在 ARC-ON 命令中指定焊接开始动作次序（以文件形式给定）；④在 ARC-OFF 命令中指定焊接结束动作次序（以文件形式给定）；⑤手动调节保护气体的流量。

（1）在 ARC-SET 命令中设定焊接开始规范

①在程序编辑窗口中移动光标至 ARC-SET 命令语句上，侧击【拨动按钮】，弹出“ARC-SET”参数设置窗口，如图 4-7 所示。

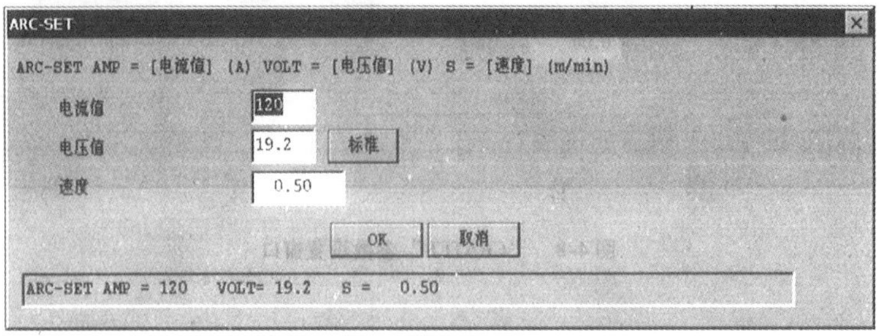

图 4-7 "ARC-SET"参数设置窗口

用 GⅢ示教器示教时,在程序编辑窗口的最右下角会出现图标(对应【用户功能键 F6】)。单击【用户功能键 F6】,弹出焊接导航功能对话框。通过设定接头形式、板厚、焊接速度等参数,机器人会自动给出一个标准的焊接规范。

②输入参数,确认无误后,按或单击界面上的【OK】按钮完成参数设定。

Panasonic CO_2/MAG 焊接机器人在出厂时,厂家已预设了五套焊接开始规范,以编号形式进行选择,如表 4-3 所示。

表 4-3 CO_2/MAG 焊接机器人厂家预设的五套焊接开始规范

参数	编号				
	1	2	3	4	5
电流/A	120	160	200	260	320
电压/V	19.2	20.6	22.8	27.2	35.0
速度/($m \cdot min^{-1}$)	0.50	0.50	0.50	0.50	0.50

(2)在 CRATER 命令中设定焊接结束规范

①在程序编辑窗口中移动光标至 CRATER 命令语句上,侧击【拨动按钮】,弹出"CRATER"参数设置窗口,如图 4-8 所示。

②输入参数,确认无误后,按或单击界面上的【OK】按钮完成焊接规范的设定。

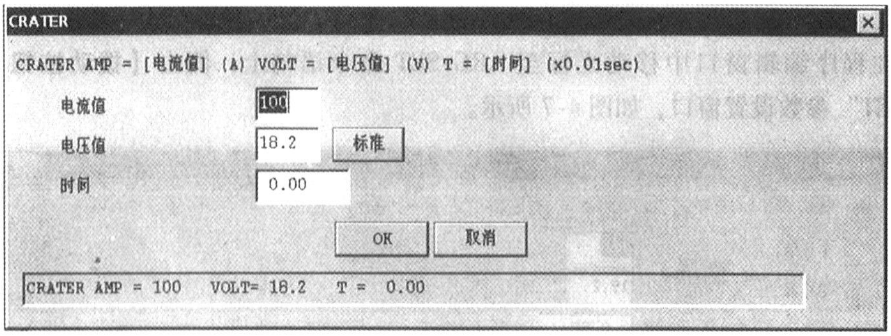

图 4-8 "CRATER"参数设置窗口

Panasonic CO_2/MAG 焊接机器人在出厂时,厂家已预设了五套焊接结束规范,以编号形式进行选择，如表 4-4 所示。

表 4-4　CO_2/MAG 焊接机器人厂家预设的五套焊接结束规范

参数	编号				
	1	2	3	4	5
电流/A	100	120	160	200	260
电压/V	18.2	19.2	20.6	22.8	27.2
填坑时间/s	0.00	0.00	0.00	0.00	0.00

(3)在 ARC-ON 命令中指定焊接开始动作次序

①在程序编辑窗口中移动光标至 ARC-ON 命令语句上，侧击【拨动按钮】，弹出“ARC-ON”参数设置窗口，如图 4-9 所示。

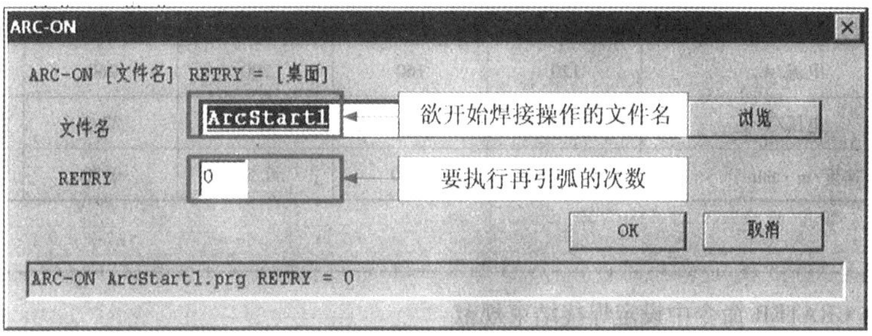

图 4-9　“ARC-ON”参数设置窗口

②输入参数，确认无误后，按或单击界面上的【OK 按钮】完成焊接规范设定操作。

Panasonic CO_2/MAG 焊接机器人在出厂时，厂家已预设了五套焊接开始动作次序，以文件形式进行选择，如表 4-5 所示。

表 4-5　CO_2/MAG 焊接机器人厂家预设的五套焊接开始动作文件

序号	文件名				
	ArcStart1	ArcStart2	ArcStart3	ArcStart4	ArcStart5
1	GASVALVE ON	GASVALVE ON	GASVALVE ON	DELAY 0.10	DELAY 0.10
2	TORCHSW ON	DELAY 0.10	DELAY 0.20	GASVALVE ON	GASVALVE ON
3	WAIT-ARC	TORCHSW ON	TORCHSW ON	DELAY 0.20	DELAY 0.20

表 4-5(续)

序号	文件名				
	ArcStart1	ArcStart2	ArcStart3	ArcStart4	ArcStart5
4		WAIT-ARC	WAIT-ARC	TORCHSW ON	TORCHSW ON
5				WAIT-ARC	DELAY 0. 20
6					WAIT-ARC

(4)在 ARC-OFF 命令中指定焊接结束动作次序

①在程序编辑窗口中移动光标至 ARC-OFF 命令语句上,侧击【拨动按钮】,弹出“ARC-OFF”参数设置窗口,如图 4-10 所示。

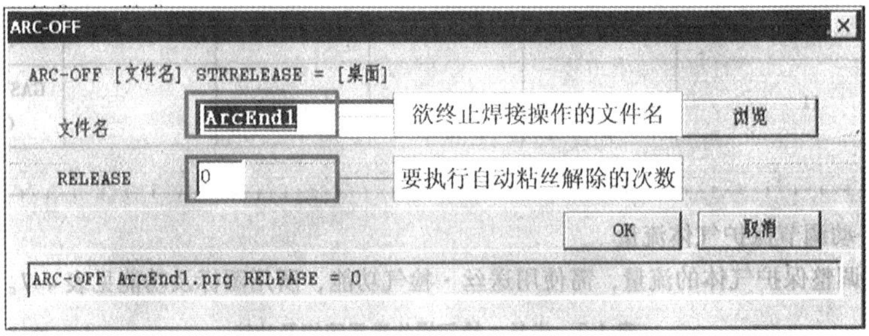

图 4-10 “ARC-OFF”参数设置窗口

②输入参数,确认无误后,按[⇨]或单击界面上的【OK 按钮】完成焊接规范设定操作。

Panasonic CO_2/MAG 焊接机器人在出厂时,厂家已预设了五套焊接结束动作次序,以文件形式进行选择,如表 4-6 所示。

表 4-6 CO_2/MAG 焊接机器人厂家预设的五套焊接结束动作文件

序号	文件名				
	ArcEnd1	ArcEnd2	ArcEnd3	ArcEnd4	ArcEnd5
1	TORCHSW OFF	DELAY 0. 20	DELAY 0. 20	DELAY 0. 30	DELAY 0. 20
2	DELAY 0. 20	TORCHSW OFF	TORCHSW OFF	TORCHSW OFF	TORCHSW OFF
3	STICKCHK ON	DELAY 0. 30	DELAY 0. 40	DELAY 0. 40	DELAY 0. 20
4	DELAY 0. 30	STICKCHK ON	STICKCHK ON	STICKCHK ON	AMP = 150

表 4-6(续)

序号	文件名				
	ArcEnd1	ArcEnd2	ArcEnd3	ArcEnd4	ArcEnd5
5	STICKCHK OFF	DELAY 0.30	DELAY 0.30	DELAY 0.30	WIRERWD ON
6	GASVALVE OFF	STICKCHK OFF	STICKCHK OFF	STICKCHK OFF	DELAY 0.10
7		STICKCHK OFF	STICKCHK OFF	STICKCHK OFF	WIRERWD OFF
8					STICKCHK ON
9					DELAY 0.30
10					STICKCHK ON
11					GASVALVE OFF

(5)手动调节保护气体流量

为了调整保护气体的流量，需使用送丝·检气功能，所用图标及功能如表 4-7 所示。

表 4-7　送丝·检气操作常用图标及功能

图标	定义	功能
	送丝·检气 OFF	绿灯灭，表示点动送丝和气流检查功能关闭。按下该键，打开送丝·检气功能
	送丝·检气 ON	绿灯亮，表示点动送丝和气流检查功能已开启。按下该键，关闭送丝·检气功能
	送丝	按住该键，焊丝向前送出。前 3 s 内焊丝以慢速送出，之后转为高速送出
	抽丝	按住该键，焊丝向后回抽。前 3 s 内焊丝以慢速回抽，之后转为高速回抽
	检气	按下该键，气流检查功能打开(图标上绿灯亮)。每次按下该键，在检气 ON/OFF 状态之间切换，对程序的示教内容无影响

按以下步骤完成保护气体流量的调节：

①按【用户功能键】，(绿灯灭)→(绿灯亮)，打开送丝·检气功能。显示屏上动作功能图标区将发生变化，如图 4-11 所示。

图 4-11　按【用户功能键 F2】时的界面变化

②按【动作功能键】，（绿灯灭）→（绿灯亮），打开检气功能。然后手动拧开气瓶，根据实际作业规范调节压力至合适范围。

保护气体流量需要依据喷嘴形状、焊缝接头形式、焊丝干伸长、焊接速度等进行调整。喷嘴口径为 20 mm 时的保护气体流量设定的参考值如表 4-8 所示。当喷嘴口径变小时，气体流量也需降低。

表 4-8　CO_2/MAG 焊接时保护气体流量的设定

焊丝干伸长/mm	CO_2 气体流量/(L·min^{-1})	MAG 气体流量/(L·min^{-1})
8~15	10~20	15~25
12~20	15~25	20~30
15~25	20~30	25~30

4. 轨迹的确认与跟踪

检查运行是为了确认示教的轨迹与期望是否一致，需要对输入的程序进行测试运行（表 4-9）。检查运行时，因不执行 ARC-ON 等作业输出命令，所以只是程序的空运行。Panasonic 机器人的跟踪和程序测试操作方法如表 4-10 所示。

跟踪操作时，机器人完成的是两个临近示教点之间的单步移动；程序测试时，机器人完成的则是多个示教点的连续移动。

跟踪操作还可改变示教的数据，如位置点的变更、增加、删除，以及作业次序指令的追加与修改等。

表 4-9 检查运行操作常用图标及功能

图标	定义	功能	图标	定义	功能
	跟踪 ON	绿灯亮，表示跟踪动作功能已开启。按下该键，关闭跟踪功能		跟踪 OFF	绿灯灭，表示跟踪动作功能关闭。按下该键，打开跟踪功能
	跟踪 ON	用于示教模式下机器人程序的正向单步检查运行		反向跟踪	用于示教模式下机器人程序的反向单步检查运行
	程度测试 ON	绿灯亮，表示程序测试功能已开启。按下该键，关闭程序测试功能		程度测试 OFF	绿灯灭，表示程序测试功能关闭。按下该键，打开程序测试功能
	测试实行	用于示教模式下机器人程序的正向连续检查运行			

表 4-10 跟踪和程序测试操作方法

跟踪	程序测试
①切换机器人至示教模式下的编辑状态，移动光标至跟踪起始点所在命令行 ②切换机器人至示教模式下的动作状态，按用户功能图标→，打开机器人跟踪功能 ③按住的同时，持续按住【拨动按钮】或【+键】，机器人将从当前位置移动到光标所在示教点位置（机器人位置与跟踪起始点不一致时）或下一临近示教点位置（机器人位置与跟踪起始点一致时）停止运动。同理，按住的同时，持续按住【拨动按钮】或【-键】，机器人将从当前位置移动到光标所在示教点位置（机器人位置与跟踪起始点不一致时）或上一临近示教点位置（机器人位置与跟踪起始点一致时）停止运动 ④重复步骤③的操作，即可完成程序的单步检查运行	①切换机器人至示教模式下的编辑状态，移动光标至测试起始点所在命令行 ②使用【窗口切换键】，选中，打开程序测试界面 ③按住的同时，持续按住【拨动按钮】或【+键】，机器人将从当前位置连续移动到作业结束位置停止运动

【实践操作】

1. 示教前的准备

开始示教前应做如下准备：

（1）工件表面清理。核对试板尺寸无误后将其表面清理干净，不能有铁锈、油污等杂质。

（2）工件装配与定位。选择合适的工艺参数，使用焊条电弧焊设备对待焊试板进行定位焊。

（3）工件装夹。利用夹具将试板固定在机器人工作台上。

（4）机器人原点确认。可通过运行控制器内已有的原点程序，让机器人回到待机位置。

（5）新建程序。新建一个作业程序，输入程序名“Butt_weld”。

2. 运动轨迹的示教

下面以图 4-2 所示的运动轨迹为例，给机器人输入一段直线焊缝的作业程序，此程序由编号①~⑥的六个示教点组成。处于待机位置的示教点①、⑥要处于与工件、夹具不干涉的位置。另外，示教点⑤在向示教点⑥移动时，也要处于与工件、夹具不干涉的位置。

(1)示教点①——机器人原点

①轻握【安全开关】，接通伺服电源，按动作功能图标（绿灯灭）→（绿灯亮），打开机器人动作功能。

②按【右切换键】(GⅢ示教器)，将示教点属性设定为，插补方式选。

③按记录机器人原点，如图 4-12 所示。

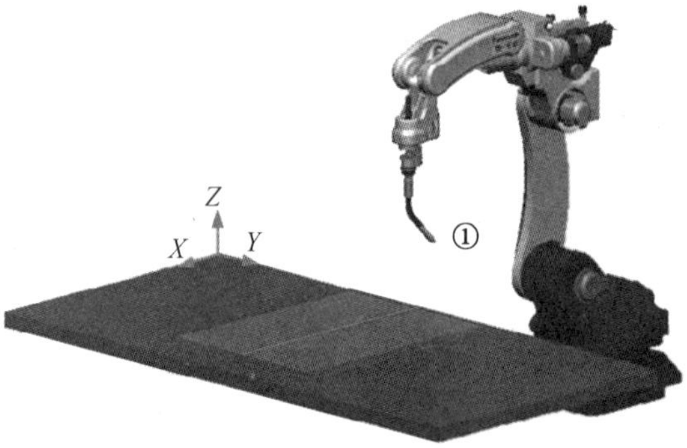

图 4-12　机器人待机位置

(2)示教点②——作业临近点

①切换机器人坐标系至（直角坐标系）。

②手动操纵机器人移向焊接开始位置附近，并改变末端焊枪至作业姿态（表 4-1），如图 4-13 所示。

③将示教点属性设定为，插补方式选或。

④按记录示教点②。

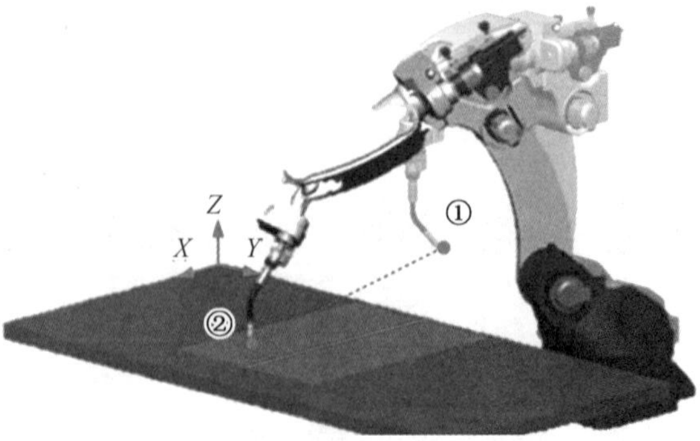

图 4-13　移动机器人到作业临近位置

(3)示教点③——焊接开始点

①保持焊枪姿态不变,在直角坐标系下把机器人移到焊接作业开始位置,如图 4-14 所示。

②将示教点属性设定为,插补方式选。

③按记录示教点③。

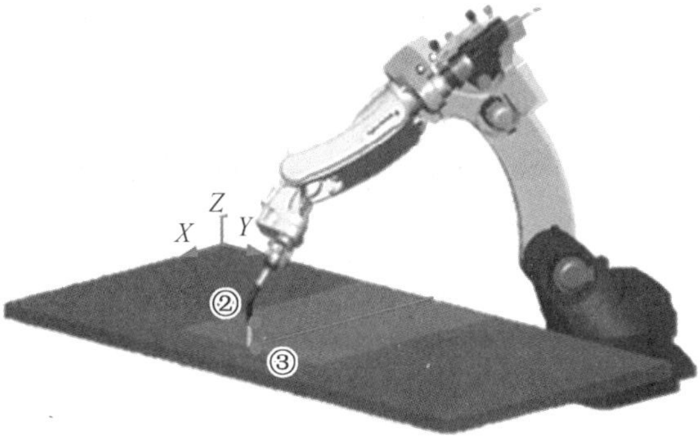

图 4-14　移动机器人到焊接作业开始位置

(4)示教点④——焊接结束点

①保持焊枪姿态不变,在直角坐标系下把机器人移到焊接作业结束位置,如图 4-15 所示。

②将示教点属性设定为,插补方式选。

③按记录示教点④。

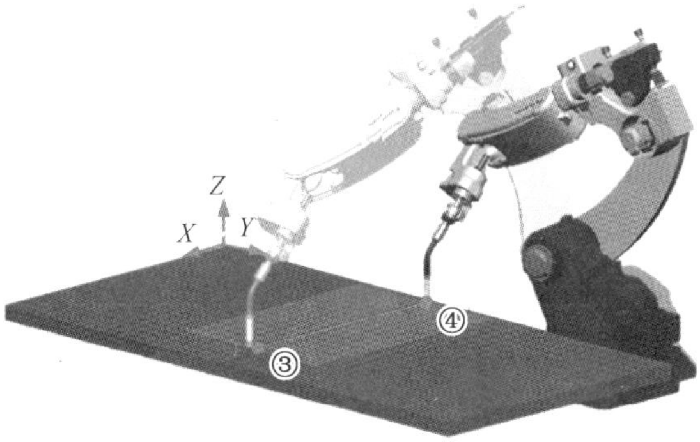

图 4-15　移动机器人到焊接作业结束位置

(5)示教点⑤——焊枪规避点

①保持焊枪姿态不变,在工具坐标系下沿(X 轴)把机器人移到不碰触夹具的位置,如图 4-16 所示。

②将示教点属性设定为,插补方式选。

③按记录示教点⑤。

(6)示教点⑥——机器人原点

①关闭机器人动作功能,进入编辑状态,移动光标至示教点①所在命令行。

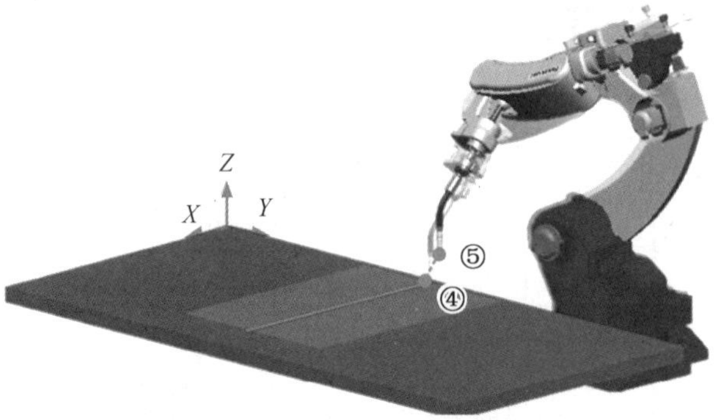

图 4-16　移动机器人到焊枪规避位置

②按用户功能图标(复制),并侧击【拨动按钮】完成复制操作。

③移动光标至示教点⑤所在命令行,按用户功能图标(粘贴),完成命令粘贴操作。至此,运动轨迹示教完毕,作业程序的主体部分如表 4-11 所示。

表 4-11　作业程序主体部分(板对接平焊)

行标	命令	说明
○	Begin Of Program TOOL=1:TOOL01	程序开始 末端工具选择
●	MOVEP P1/P001,10.00 m/min	机器人原点位置(示教点①)
●	MOVEP P2/P002,10.00 m/min	移到焊接开始位置附近(示教点②)
●	MOVEL P3/P003,5.00 m/min ARC-SET AMP=120 VOLT=19.2 S=0.50 ARC-ON ArcStart1…	移到焊接开始位置(示教点③) 设定焊接开始规范 开始焊接
●	MOVEL P4/P004,5.00 m/min CRATER AMP=100 VOLT=18.2 T=0.00 ARC-OFF ArcEnd1…	移到焊接结束位置(示教点④) 设定焊接结束规范 结束焊接
●	MOVEL P5/P005,5.00 m/min	移到焊枪规避位置(示教点⑤)
●	MOVEL P6/P006,10.00 m/min	移到原点位置(示教点⑥)
●	End Of Program	程序结束

3. 焊接条件的设定

根据表 4-12 所给工艺参数,完成机器人作业条件的输入。

表 4-12　4 mm Q235 钢板 CO_2 对接焊接参数

焊接电流/A	焊接电压/V	焊接速度/($m \cdot min^{-1}$)	保护气流量/($L \cdot min^{-1}$)
140~160	19.6~20.6	0.45~0.50	10~15

(1)在 ARC-SET 命令中设定焊接开始规范

①移动光标至 ARC-SET 命令语句上,侧击【拨动按钮】,在弹出窗口中输入电流、电压和速度参数。

②按或单击界面上的【OK 按钮】保存设定。

(2)在 CRATER 命令中设定焊接结束规范

①移动光标至 CRATER 命令语【OK】句上,侧击【拨动按钮】,在弹出窗口中输入电流、电压和填坑时间。

②按或单击界面上的【OK 按钮】保存设定。

(3)手动调节保护气体流量

①按用户功能图标(绿灯灭)→(绿灯亮),打开送丝・检气功能。

②按动作功能图标(绿灯灭)→(绿灯亮),打开检气功能,然后手动调节压力至合适范围。

4. 轨迹确认与施焊

为了确认示教后的轨迹,需试运行测试程序。如果轨迹合适,便可进行实际焊接。

(1)检查运行

①移动光标到程序开始 Begin Of Program 。

②选中菜单图标→,打开程序测试界面。

③一边按住,一边持续按住【拨动按钮】或【+键】,机器人将沿①→②→③→④→⑤→⑥路径运动。

(2)再现施焊

①确认光标在程序开始位置 Begin Of Program 。

②将【模式选择开关】对准“AUTO”位置,并关闭电弧锁定(绿灯灭)。

③按【伺服接通按钮】,接通伺服电源。

④按【启动按钮】,机器人将开始运行。

5. 焊接缺陷调整

采用机器人进行焊接,若焊接条件设定不合理,常会出现气孔、咬边、虚焊、塌陷等缺陷。机器人常见焊接缺陷的产生原因及调整措施如表 4-13 所示。

表 4-13　机器人常见焊接缺陷的产生原因及调整措施

缺陷种类	产生原因	调整措施
气孔	保护气流量不足	①在可以忽略风的影响时,基本流量为 15~30 L/min ②根据施工条件改变气体流量
	喷嘴上有飞溅	①除去堆积的飞溅 ②选择合适的焊接条件,防止发生过多的飞溅 ③调整焊枪角度及喷嘴高度,减少附着飞溅
气孔	风的影响	①关闭门窗 ②焊接中避免使用风扇 ③使用隔板
	工件表面有氧化皮、锈、油等	用稀料、刷子、砂轮机等去除杂物
	表面有油漆	用稀料等擦拭
	焊接电流、电压、速度等不合适	①在合适的电压范围内使用 ②根据弧长调整电压
	焊枪角度、焊丝干伸长不合适	①使焊枪的前倾角更小 ②焊丝干伸长要根据焊接条件来设定
咬边	焊接电流过大	减小焊接电流
	电弧电压不合适	取合适的电压或偏低的电压
	焊接速度过大	降低焊接速度
	焊枪角度、焊丝尖端点对准不当	取合适的焊枪角度和焊丝尖端点位置
虚焊	焊接条件不合适	调整焊接电流、焊接速度、焊丝尖端点位置、焊枪角度等
	焊接表面不清洁	除去锈、油等污物
焊瘤	焊接电流过大	设定较低的焊接电流
	焊丝尖端点位置不合适	薄板焊接时,焊丝尖端点位置在工件前 1~1.5 mm 处
	焊枪角度不合适	T 形搭接焊时,焊枪瞄准角度为前倾角
塌陷	焊接电压过高	选择合适的电压或稍低的电压
	焊接速度过快	降低焊接速度,使速度变慢

任务实施

项目任务书 1

<table>
<tr><td>任务名称</td><td colspan="3">板-板对接接头的机器人焊接示教</td></tr>
<tr><td>小组成员</td><td></td><td></td><td></td></tr>
<tr><td>指导教师</td><td></td><td>计划用时</td><td></td></tr>
<tr><td>实施时间</td><td></td><td>实施地点</td><td></td></tr>
<tr><td colspan="4">任务内容与目标</td></tr>
<tr><td colspan="4">用 CO_2 作保护气体,使用直径为 1.2 mm 的 H08Mn2SiA 焊丝完成两块 Q235 钢板(200 mm×50 mm×4 mm)的机器人对接施焊作业</td></tr>
<tr><td rowspan="4">考核项目</td><td colspan="3">机器人示教的基本流程</td></tr>
<tr><td colspan="3">直线轨迹的示教</td></tr>
<tr><td colspan="3">作业条件的设定</td></tr>
<tr><td colspan="3">轨迹的确认与跟踪</td></tr>
<tr><td colspan="4">任务准备</td></tr>
<tr><td>主要设备</td><td>辅助工具</td><td colspan="2">学习资料</td></tr>
<tr><td>Panasonic 弧焊机器人</td><td>焊接护具</td><td colspan="2">焊接机器人操作指导书</td></tr>
<tr><td>YD-350GR3 数字弧焊电源</td><td>常用工具</td><td colspan="2">机器人安全操作规程</td></tr>
<tr><td>备注</td><td colspan="3"></td></tr>
</table>

项目任务完成报告 1

完成时间：　　年　　月　　日

任务名称	板-板对接接头的机器人焊接示教		
小组成员			
具体分工			
计划用时		实际用时	
备注			

1. 简述机器人直线轨迹示教的基本流程。

2. 焊接条件的设定包含哪些方面？如何实施？

3. Panasonic 机器人程序的测试可使用哪些方法？简述其操作要领。

4. 用机器人完成图 4-17 所示 T 形接头焊缝的自动焊接任务，简述其操作过程。

图 4-17　T 形接头焊缝的自动焊接

T 型接头焊缝（动画）

【扩展与提高】

焊接机器人的运行(再现)操作

如项目 2 所述,Panasonic 机器人程序的启动方式分为手动启动和自动启动两种,如表 4-14 所示,在生产过程中通常采用自动启动方式。再现时,要采用哪种启动方式必须通过示教器进行设定。具体流程为:【设定】⇒【控制柜】⇒【程序启动方式】⇒弹出“运转启动方式”设定窗口,如图 4-18 所示。

表 4-14　机器人程序的启动方式

启动方式		启动说明	
手动启动		按示教器上的【启动按钮】来启动程序	
自动启动	主程序方式	用外部启动盒启动预先在主程序中设定好的程序	
	编号指定方式	信号方式	可以启动编号为 1,2,4,8,16,32,64,128, 256,512 的程序
		二进制方式	用二进制方式的算式拨码开关设定程序的编号可以启动 1~999 号任意一个程序
		BCD 方式	将 4 个端子作为一位数进行计算,然后启动与该数相对应的程序可以启动编号为 1~399 号的任意一个程序

注:启动的程序名称为“Prog××××. prg”,“××××”部分为输入的计算编号。例如,编号为 16 时,程序是“Prog0016. prg”。

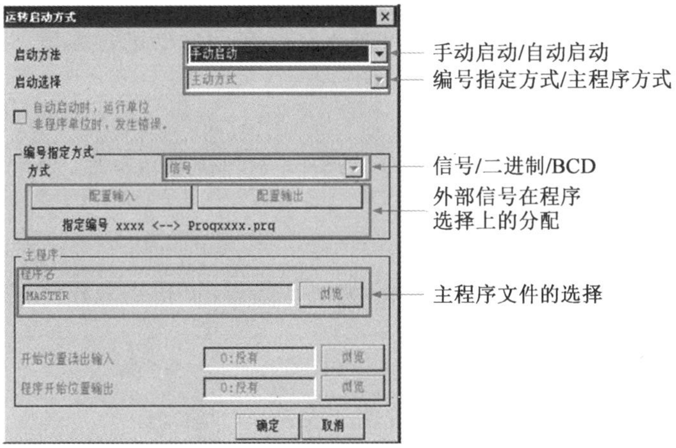

图 4-18　“运转启动方式”设定窗口

4.1.2　直线轨迹焊缝程序的编辑

机器人程序的编辑包括示教点位置的变更、增加、删除,空走点、焊接点、移动速度、插补方式的修改,作业次序指令的修改、增加、删除,以及命令(块)的复制、粘贴和删除等。任务 2 将结合本项目中任务 1 输入的机器人直线轨迹程序,尝试进行机器人直线轨迹焊缝程序的编辑。

【知识准备】

1. 机器人程序的组成

机器人的示教主要是在程序编辑窗口进行。Panasonic 机器人程序内容画面主要由光标、行标、命令及附加项等几部分组成,如图 4-19 所示。

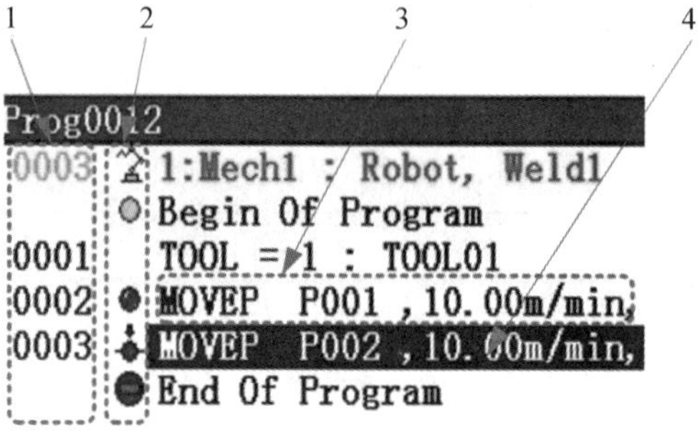

1—行号;2—行标;3—命令及附加项;4—光标。

图 4-19 Panasonic 机器人程序内容画面的组成

(1)行号

行号表示程序的行的序号,自动显示,当插入或删除行时,行号会自动改变。

(2)行标

行标表示示教点属性以及机器人 TCP 点当前位置的标识。空走点用蓝色图标表示,焊接点用红色图标表示,摆动振幅点用黄色图标表示。

(3)光标

命令编辑用的光标,侧击【拨动按钮】可对光标所在行命令进行编辑。在使机器人前进、后退和试运行时,机器人从光标所在行开始运行。

(4)命令及附加项

用来指示执行处理或作业。在移动命令状态下,示教位置数据后,会自动显示与当前插补方式相应的命令。

2. 便利的文件编辑功能

与操作其他办公软件(如 Word、Excel 等)类似,Panasonic 机器人程序编辑窗口同样可以进行语句的剪切、复制、粘贴、替换等。

(1)编辑中的常见图标

在机器人程序编辑操作中的常用图标说明如表 4-15 所示。

表 4-15 机器人程序编辑操作常用图标说明

图标	定义	功能	图标	定义	功能
	示教内容	用于程序编辑模式的选择,如增加、修改和删除		追加	用于程序编辑状态下的追加模式选择

表 4-15(续)

图标	定义	功能	图标	定义	功能
	修改	用于程序编辑状态下的修改模式选择		删除	用于程序编辑状态下的删除模式选择
	剪切	用于程序编辑状态下的剪切操作		复制	用于程序编辑状态下的复制操作
	粘贴(顺)	用于程序编辑状态下的顺序粘贴操作		粘贴(逆)	用于程序编辑状态下的逆序粘贴操作
	查找	用于程序编辑状态下的查找操作		替换	用于程序编辑状态下的替换操作
	插补方式	用于示教模式下的插补方式选择		PTP	用于示教模式下的 PTP 方式选择
	直线插补	用于示教模式下的直线插补方式选择		圆弧插补	用于示教模式下的圆弧插补方式选择
	直线摆动	用于示教模式下的直线摆动方式选择		圆弧摆动	用于示教模式下的圆弧摆动方式选择
	空走点	用于示教模式下将示教点设置为空走点		焊接点	用于示教模式下将示教点设置为焊接点

(2)剪切

剪切是指将选中的若干命令行从程序文件中删除,将其移动到剪贴板上的操作。剪切命令的操作步骤如下:

①在机器人动作图标(绿灯灭)状态下,移动光标到要开始剪切的行上。

②按移动光标至菜单图标上,选中【编辑】⇒【剪切】,或通过按用户功能区图标也可实现。

③转动【拨动旋钮】,选中要剪切的行(选中后反显),然后侧击【拨动旋钮】确认剪切。

④按或单击确认窗口中的【OK】按钮,即可完成所选命令的剪切。

剪贴板是暂时存储需要移动或复制的若干文字的位置。要将剪切的文字粘贴到其他位置时,运行“粘贴”即可。执行剪切后,之前暂存在剪贴板中的内容将被自动删除。

(3)复制

复制是指将选择的内容复制到剪贴板上的操作。复制命令的操作步骤如下:

①在机器人跟踪图标(绿灯灭)状态下,移动光标到要开始复制的行上。

②按移动光标至菜单图标上,选中【编辑】⇒【复制】,或通过按用户功能区图标也可实现。

③转动【拨动旋钮】,选中要复制的行(选中后反显),然后侧击【拨动旋钮】确认复制。

④按或单击确认窗口中的【OK 按钮】,即可完成所选命令的复制。

要将复制的内容粘贴到其他位置时,执行“粘贴”即可。执行复制后,之前暂存在剪贴板中的内容将被自动删除。

(4)粘贴

粘贴是指将剪切或复制到剪贴板上的内容粘贴到其他位置的操作。粘贴命令的操作步骤如下:

①在机器人跟踪图标(绿灯灭)状态下,移动光标到要粘贴的行上。

②按移动光标至菜单图标上,选中【编辑】⇒【粘贴(顺)】或【粘贴(逆)】,或通过按用户功能区图标也可实现。

◆【粘贴(顺)】是将剪贴板中的数据直接粘贴到文件中;而【粘贴(逆)】是将剪贴板中的数据倒序粘贴到文件中。

◆当进行往返动作的示教时,使用“粘贴(逆)”非常方便。只需示教前行路线,将其复制后,使用“粘贴(逆)” 即可完成返回路线。

◆可以反复执行粘贴操作。

3. 示教点的编辑

焊接机器人程序的编制一般不能一步到位,需要不断调试和完善。其中,示教点的编辑在程序修改中经常遇到,常见的有示教点的追加、变更和删除。

(1)示教点的追加

示教点的追加操作步骤如图 4-20 所示。

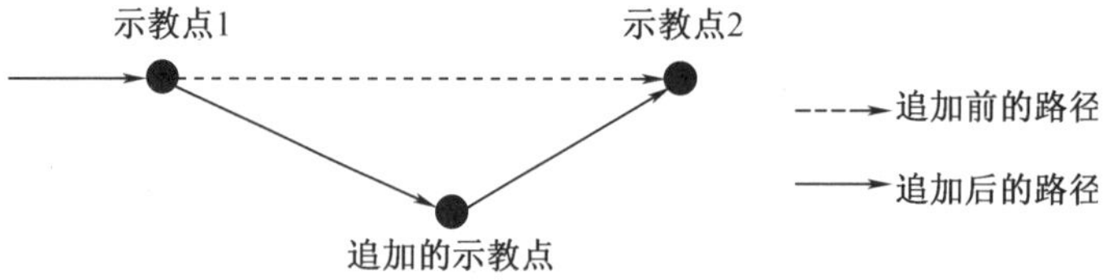

图 4-20　示教点的追加

①打开文件,使用跟踪功能将机器人移动到示教点 1 或示教点 2 位置。

②确认程序编辑处于“追加”模式。如果不是,则按移动光标至菜单图标上,选中【示教内容】⇒【追加】,或通过按【用户功能键 F3】也可实现。

③在机器人动作图标(绿灯亮)状态下,把机器人移动到新的目标示教点位置。

④按下,示教点将被添加到光标所在处的下一行。

◆当程序编辑处于“追加”模式时,标题栏底色为青色。

◆机器人动作图标处于(绿灯亮)状态时方可进行示教点的追加操作。

(2)示教点的变更

示教点 2 位置坐标的变更操作步骤如图 4-21 所示。

①打开文件,将光标对准需要登录更改位置的示教点 2 上。

②确认程序编辑处于“修改”模式。如果不是,则按移动光标至菜单图标上,选中【示教内容】⇒【修改】,或通过按【用户功能键 F3】也可实现。

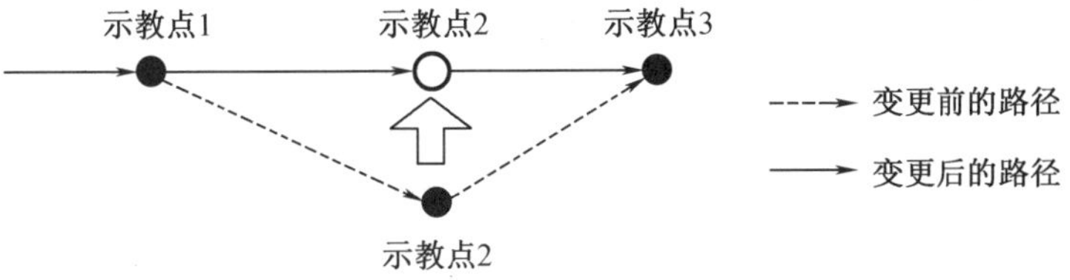

图 4-21　示教点位置的变更

③在机器人动作图标（绿灯亮）状态下，把机器人移动到新的示教点位置。

④按显示示教点的更改界面，再次按下，更改后的位置数据即被登录。

◆当程序编辑处于“修改”模式时，标题栏底色为蓝色。

◆不论机器人动作图标处于（绿灯亮）还是（绿灯灭）状态，都可进行示教点及其属性的变更。不同之处在于：在（绿灯亮）状态下，按显示更改界面；在（绿灯灭）状态下，侧击【拨动按钮】显示更改界面，然后手动输入有关数据或更改相应选项。

（3）示教点的删除

删除示教点 2 的操作步骤如图 4-22 所示。

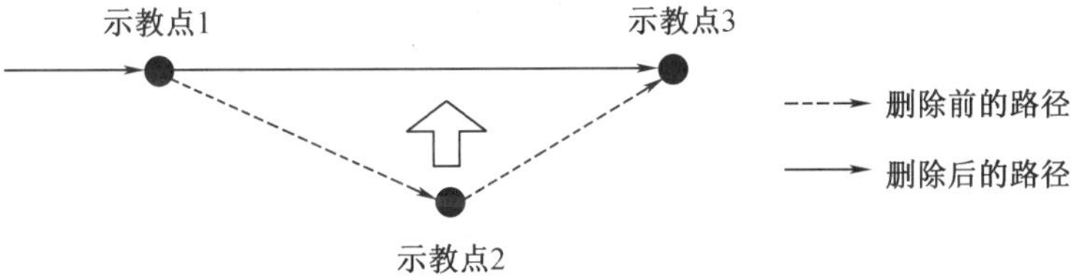

图 4-22　示教点的删除

①打开文件，操作【拨动按钮】将光标移到要删除的示教点 2 上。

②确认程序编辑处于“删除”模式。如果不是，按移动光标至菜单图标上，选中【示教内容】⇒【删除】，或通过按【用户功能键 F3】也可实现。

③按出现删除确认界面，再次按下，即可将示教点删除。

◆当程序编辑处于“删除”模式时，标题栏底色为牡丹色。

◆不论机器人动作图标处于（绿灯亮）还是（绿灯灭）状态，都可进行示教点删除操作。

（4）次序指令的编辑

次序指令的编辑在本项目的任务 1 中已有涉及，如焊接开始/结束规范的修改。Panasonic 机器人将次序指令大致分为五类，即输入/输出、流程、焊接、计算和移动。同示教点的编辑操作类似，次序指令的编辑主要涉及命令的追加、删除和变更。

进行次序指令的编辑时，机器人动作图标处于（绿灯灭）状态。

①次序指令的追加

这里以添加“OUT”命令为例，进行次序指令的追加操作，具体步骤如下：

◆打开文件，移动光标到添加命令的行上。

◆按移动光标至菜单图标上，选中【追加命令】⇒【输入/输出】⇒弹出“命令一览”界面，如图 4-23 所示。

◆选择“OUT”命令，设定参数后，按保存命令。

在程序编辑模式下，不论处于(追加)、(修改)还是(删除)中的任何状态，均可进行次序指令的追加。

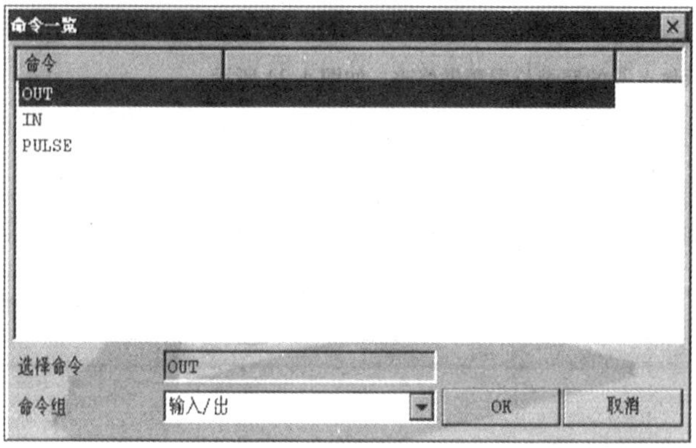

图 4-23　输入/输出“命令一览”界面

②次序指令的变更

这里以修改“OUT”命令为例，进行次序指令的变更操作，具体步骤如下：

◆打开文件，将光标移动到待修改命令“OUT”所在行。

◆侧击【拨动按钮】显示参数修改界面，输入参数后按保存。

在程序编辑模式下，不论处于(追加)、(修改)还是(删除)中的任何状态，侧击【拨动按钮】均可进行次序指令的修改。

③次序指令的删除

这里以删除“OUT”命令为例，进行次序指令的删除操作，具体步骤如下：

◆打开文件，将光标移动到待删除命令“OUT” 所在行。

◆确认机器人处于“删除”模式。如果不是，按移动光标至菜单图标上，选中【示教内容】⇒【删除】，或通过按【用户功能键 F3】也可实现。

◆按出现删除确认界面，再次按即可删除次序指令。

【实践操作】

1. 操作前的准备

开始操作前应做如下准备：

(1)工件表面清理。

(2)工件装配与点固。

(3)工件装夹。

(4)示教模式确认。

(5)打开在任务 1 中新建的“Butt_ weld” 程序文件。

2. 开始程序编辑操作

(1)示教点的变更

下面将示教点⑤的登录位置稍做修改,如图4-24所示。

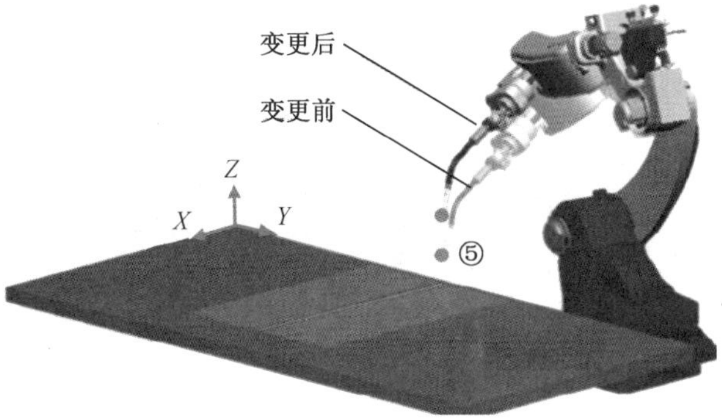

图4-24　示教点⑤的位置变更

①在机器人跟踪图标(绿灯亮)状态下,跟踪机器人到目标示教点⑤上。

②按【用户功能键F3】切换程序编辑为模式。

③在机器人动作图标(绿灯亮)状态下,把机器人移动到新的示教点位置。

④按登录更改后的示教点位置数据。

(2)示教点的追加

下面在示教点⑤、⑥之间追加新的示教点,如图4-25所示。

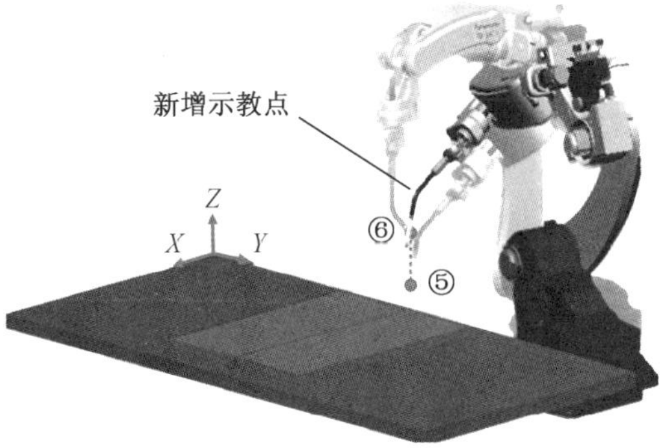

图4-25　在示教点⑤、⑥之间追加一个示教点

①在机器人跟踪图标(绿灯亮)状态下,跟踪机器人到目标示教点⑤上。

②按【用户功能键F3】切换程序编辑为模式。

③在机器人动作图标(绿灯亮)状态下,把机器人移动到预追加的示教点位置。

④按登录追加的示教点数据。

(3)示教点的删除

下面删除刚追加的示教点,如图4-26所示。

①在机器人跟踪图标(绿灯亮)状态下,跟踪机器人到新追加的示教点位置。

②按【用户功能键F3】切换程序编辑为模式。

③按删除新追加的示教点。

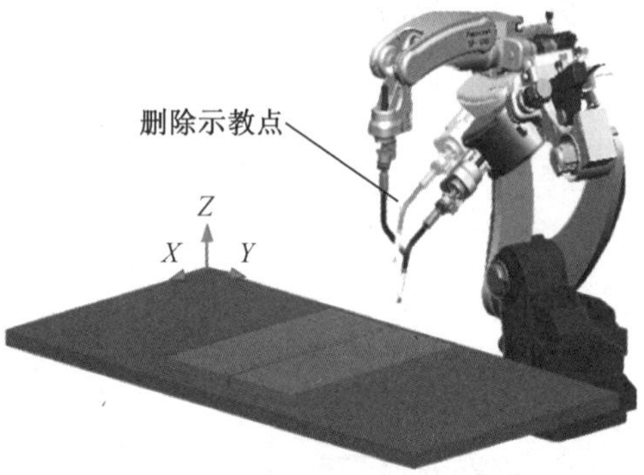

图 4-26　删除新增的示教点

(4)次序指令的插入

下面在示教点②后面追加延时(DELAY)指令。

①在机器人动作图标(绿灯灭)状态下,移动光标到示教点②所在命令行。

②按移动光标至菜单图标上,选中【追加命令】》【流程】》弹出“命令一览”界面,如图 4-27 所示。

③选择“DELAY”命令,设定参数后按【OK 按钮】保存命令。

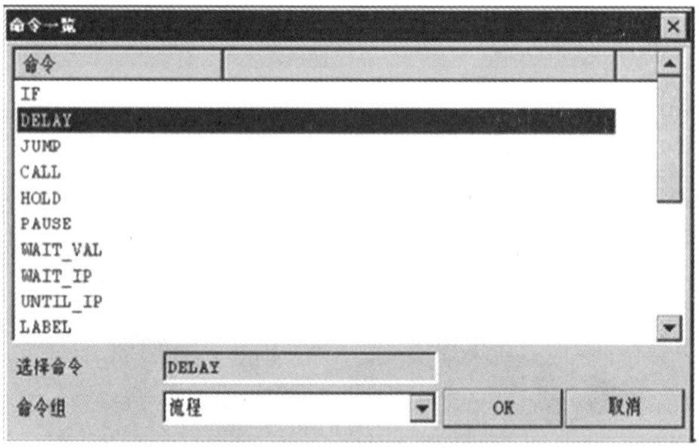

图 4-27　流程“命令一览”界面

(5)次序指令的变更

下面修改刚插入的“DELAY”命令参数。

①在机器人动作图标(绿灯灭)状态下,移动光标到 DELAY 命令所在行。

②侧击【拨动按钮】显示参数修改界面,输入参数后按保存。

(6)次序指令的删除

下面删除刚插入的“DELAY” 命令。

①在机器人动作图标(绿灯灭)状态下,移动光标到 DELAY 命令所在行。

②按【用户功能键 F3】切换程序编辑为模式。

③按删除 DELAY 指令。

任务实施

项目任务书 2

任务名称	直线轨迹焊缝程序的编辑	
小组成员		
指导教师		计划用时	
实施时间		实施地点	
任务内容与目标			
使用示教器对任务 1 输入的机器人直线轨迹程序进行编辑,包括示教点的变更、追加和删除,次序指令的插入、修改和删除等			
考核项目	示教点位置的变更、追加和删除		
	示教点常见属性的修改		
	次序指令的追加、修改和删除		
	命令语句的剪切、复制和粘贴		
任务准备			
主要设备	辅助工具	学习资料	
Panasonic 弧焊机器人	焊接护具	焊接机器人操作指导书	
YD-350GR3 数字弧焊电源	常用工具	机器人安全操作规程	
备注			

项目任务完成报告 2

完成时间：　　年　　月　　日

任务名称	直线轨迹焊缝程序的编辑		
小组成员			
具体分工			
计划用时		实际用时	
备注			

1. 如何使用示教器完成命令语句的剪切、复制和粘贴？

2. 如何使用示教器完成示教点位置的变更、追加和删除？

3. 如何使用示教器完成次序指令的追加和删除？

【扩展与提高】

焊接机器人的动作速度

在对 Panasonic 机器人的示教—再现操作过程中，经常涉及三类动作速度：手动操纵机器人移动速度（以下简称手动速度）、运动轨迹确认时的跟踪速度（以下简称跟踪速度）和程序自动执行时的再现速度（以下简称再现速度）。

1. 手动速度

手动速度是指使用示教盒手动操纵机器人移动的速度，分为点动速度和连续移动速度。关于这部分内容在“手动操纵焊接机器人”中已做了详细介绍，这里不再赘述。

2. 跟踪速度

跟踪速度是指使用示教盒进行运行轨迹确认或程序编辑中跟踪机器人到某一示教点位置时的移动速度。执行跟踪操作时，示教器显示屏右上角的信息提示窗显示跟踪速度的分档（速度、命令、高、低）和当前所在档。速度为移动命令中所指定的示教速度，命令为作业命令中指定的焊接速度，高和低为“跟踪设定”界面中设定的速度，可以使用【右切换键】切换跟踪速度分档，默认按“命令”档执行。也就是说，出厂默认在焊接区间内按照“ARC-SET”命令中的速度运行，而空走区间按照“MOVE”命令中的速度运行。当然，也可将跟踪时的动作速度默认值更改为“速度”档，选择【扩展功能】⇒【扩展设定】⇒弹出“扩展设定”窗口⇒选中“跟踪设定”，如图 4-28 所示。

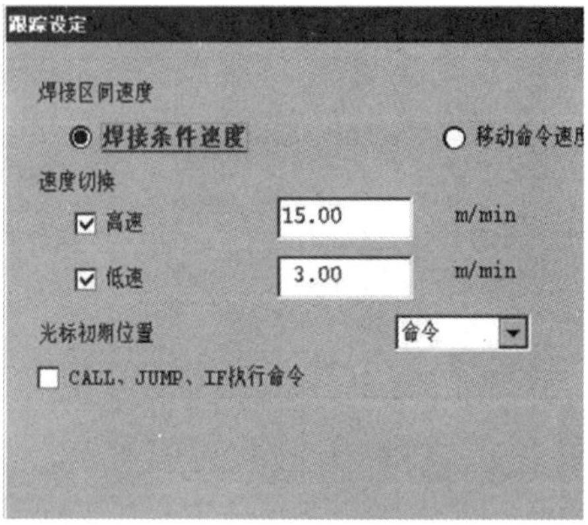

图 4-28 “跟踪设定”界面

3. 再现速度

再现速度是指运行示教程序的机器人移动速度。同跟踪速度类似，在焊接区间内按照“ARC-SET”命令中的速度运行，而空走区间按照“MOVE”命令中的速度运行。

【检测与评价】

项目任务综合评价表

任务名称：焊接机器人的直线轨迹示教　　　　测评时间：　　年　　月　　日

考核明细		标准分	实得分								
			小组成员								
			小组自评	小组互评	教师评价	小组自评	小组互评	教师评价	小组自评	小组互评	教师评价
团队（60分）	小组是否能在总体上把握学习目标与进度	10									
	小组成员是否分工明确	10									
	小组是否具有合作意识	10									
	小组是否具有创新想（做）法	10									
	小组是否如实填写任务完成报告	10									
	小组是否存在问题和具有解决问题的方案	10									
个人（40分）	个人是否服从团队安排	10									
	个人是否完成团队分配任务	10									
	个人是否能与团队成员及时沟通和交流	10									
	个人是否能够认真描述困难、错误和修改内容	10									
合计		100									

任务4.2 焊接机器人的圆弧轨迹示教

本任务将完成焊接机器人的另一典型轨迹——圆弧轨迹的示教与再现。这里以 Panasonic 机器人为例,运用在线示教方式,实现骑坐式管-板垂直俯位焊的机器人自动作业。在此基础上,完成圆弧轨迹焊缝程序的修改与编辑,旨在加深学生对机器人圆弧轨迹运动示教的理解,并进一步熟练掌握机器人焊接示教编程的要领。

4.2.1 管-板角接接头的机器人焊接示教

【任务描述】

本任务要求用 CO_2 作保护气体,使用直径为 1.2 mm 的 H08Mn2SiA 焊丝,通过手动操纵机器人完成骑坐式管-板(材质均为 Q235)垂直俯位焊作业,如图 4-29 所示。

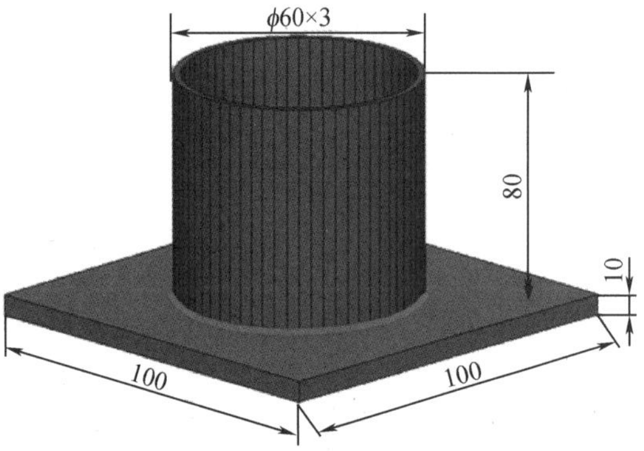

图 4-29 骑坐式管-板垂直俯位焊接头图示

管-板垂直俯位焊(动画)

【任务分析】

骑坐式管-板角接接头的焊接实际上是 T 形接头的特例,其示教要领与板式 T 形接头相似。所不同的是,管-板焊缝在管子的圆周根部,即示教时焊枪的角度、电弧对中的位置需随着管-板角接接头的弧度变化而变化。再者,管子与底板的厚度存在差异,造成散热状况、熔化情况不同,易产生咬边、焊偏现象。用机器人完成图 4-29 所示焊缝的焊接共需 9 个示教点,如图 4-30 所示。每个示教点的焊枪姿态如表 4-16 所示,实际示教时按图 4-31 所示流程开展。任务完成后,填写项目任务完成报告。

表 4-16　示教点说明（骑坐式管-板垂直俯位焊）

示教点	焊枪姿态			用途
	U 轴/(°)	V 轴/(°)	W 轴/(°)	
①	180	45	180	机器人原点
②	0	45	-180	作业临近点
③	0	45	-180	圆弧/焊接开始点
④	-90	45	-180	圆弧/焊接中间点
⑤	180	45	180	圆弧/焊接中间点
⑥	90	45	180	圆弧/焊接中间点
⑦	0	45	-180	圆弧/焊接结束点
⑧	0	45	-180	焊枪规避点
⑨	180	45	180	机器人原点

注：以上焊枪姿态仅为参考，因机器人配置、工作台及工件放置位置不同而不同。具体示教时，焊枪角度可参考 T 形接头平角焊时的角度。

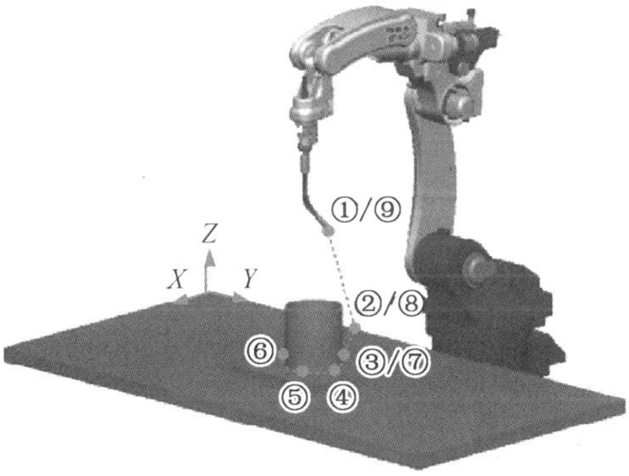

图 4-30　机器人运动轨迹（骑坐式管-板垂直俯位焊）

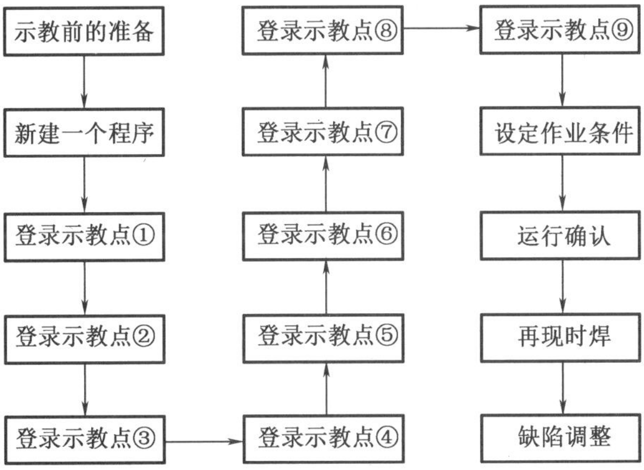

图 4-31　机器人示教流程（骑坐式管-板垂直俯位焊）

【知识准备】

1. 单一圆弧轨迹的示教

机器人完成圆周焊缝的焊接(如管焊接)通常需示教3个以上特征点(圆弧开始点、圆弧中间点和圆弧结束点),插补方式选“MOVEC”。只有一个圆弧时,如图4-32所示,用圆弧插补示教P3/P003~P5/P005 3个点。用PTP或直线插补示教进入圆弧插补前的P2/P002时,P2/P002~P3/P003的轨迹自动成为直线。具体示教方法如表4-17所示,完成的机器人作业程序如图4-33所示。

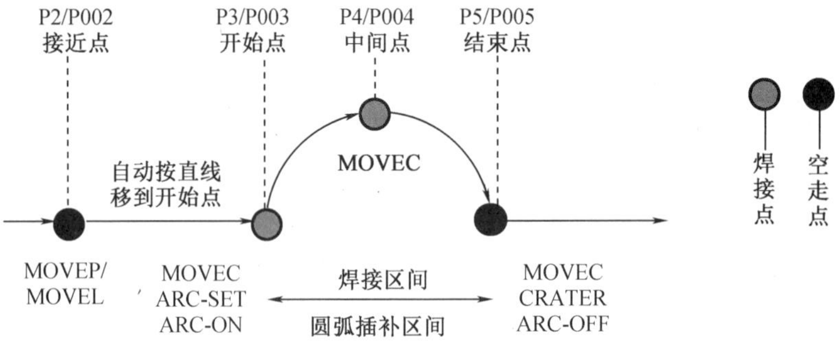

图4-32 单一圆弧轨迹示意图

表4-17 单一圆弧轨迹示教说明

序号	示教点	示教方法
1	P2/P002 圆弧/焊接接近点	①将机器人移动到圆弧轨迹接近点 ②将示教点属性设定为[图标](空走点),插补方式选[图标](MOVEP)或[图标](MOVEL) ③按[图标]保存示教点P2/P002为圆弧/焊接接近点
2	P3/P003 圆弧/焊接开始点	①将机器人移动到圆弧轨迹开始点 ②将示教点属性设定为[图标](焊接点),插补方式选[图标](MOVEC) ③按[图标]保存示教点P3/P003为圆弧/焊接开始点
3	P4/P004 圆弧/焊接中间点	①将机器人移动到圆弧轨迹中间点 ②将示教点属性设定为[图标](焊接点),插补方式选[图标](MOVEC) ③按[图标]保存示教点P3/P003为圆弧/焊接中间点
4	P5/P005 圆弧/焊接结束点	①将机器人移动到圆弧轨迹结束点 ②将示教点属性设定为[图标](空走点),插补方式选[图标](MOVEC) ③按[图标]保存示教点P3/P003为圆弧/焊接结束点

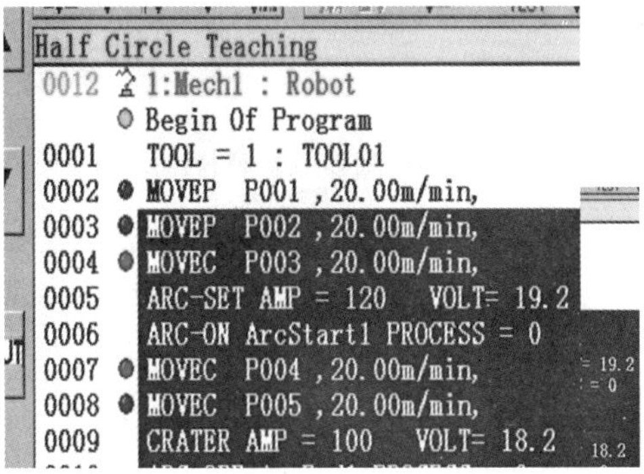

图 4-33　GⅢ单一圆弧示教程序

2. 完整圆弧轨迹的示教

示教整圆时，如图 4-34 所示，用圆弧插补示教 P3/P003～P6/P006 四个点。用 PTP 或直线插补示教进入圆弧插补前的 P2/P002 时，P2/P002～P3/P003 的轨迹自动成为直线。当存在多个圆弧中间点时，机器人将通过当前示教点和后面两个临近示教点计算与生成圆弧运动轨迹。只有在圆弧插补区间临近结束时才使用当前示教点、上一临近示教点和下一临近示教点。例如，对图 4-34 而言，机器人将分别按 P3/P003～P5/P005 3 个点、P4/P004～P6/P006 3 个点完成圆弧插补计算。具体示教方法如表 4-18 所示，完成的机器人用户程序如图 4-35 所示。

实际示教整圆焊缝轨迹时，建议使用 5 个特征点，即每转 90°插入一个示教点。

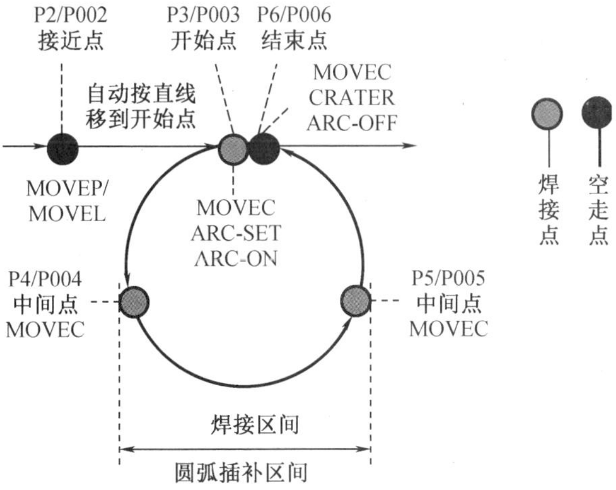

整圆轨迹(微课)

图 4-34　整圆轨迹示意图

表 4-18　整圆轨迹示教说明

序号	示教点	示教方法
1	P2/P002 圆弧/焊接接近点	①将机器人移动到圆弧轨迹接近点 ②将示教点属性设定为（空走点），插补方式选（MOVEP）或（MOVEL） ③按保存示教点 P2/P002 为圆弧/焊接接近点

表 4-18(续)

序号	示教点	示教方法
2	P3/P003 圆弧/焊接开始点	①将机器人移动到圆弧轨迹开始点 ②将示教点属性设定为(焊接点),插补方式选(MOVEC) ③按保存示教点 P3/P003 为圆弧/焊接开始点
3	P4/P004 圆弧/焊接中间点	①将机器人移动到圆弧轨迹中间点 ②将示教点属性设定为(焊接点),插补方式选(MOVEC) ③按保存示教点 P3/P003 为圆弧/焊接中间点
4	P5/P005 圆弧/焊接中间点	①将机器人移动到圆弧轨迹中间点 ②将示教点属性设定为(空走点),插补方式选(MOVEC) ③按保存示教点 P3/P003 为圆弧/焊接中间点
5	P6/P006 圆弧/焊接结束点	①将机器人移动到圆弧轨迹结束点 ②将示教点属性设定为(空走点),插补方式选(MOVEC) ③按保存示教点 P3/P003 为圆弧/焊接结束点

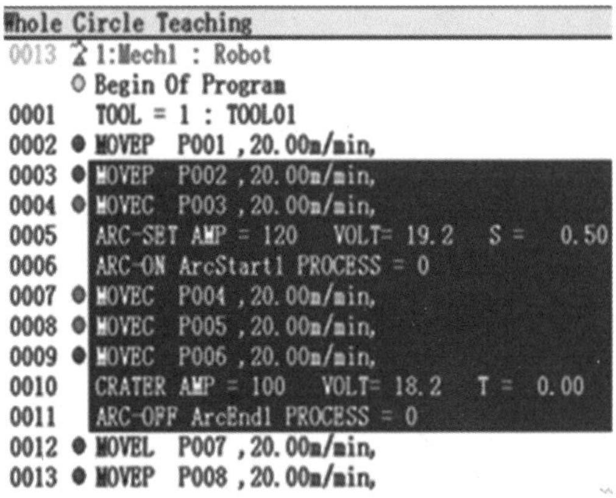

```
Whole Circle Teaching
0013   1:Mech1 : Robot
     ○ Begin Of Program
0001   TOOL = 1 : TOOL01
0002 ● MOVEP  P001 ,20.00m/min,
0003 ● MOVEP  P002 ,20.00m/min,
0004 ● MOVEC  P003 ,20.00m/min,
0005   ARC-SET AMP = 120   VOLT= 19.2   S =   0.50
0006   ARC-ON ArcStart1 PROCESS = 0
0007 ● MOVEC  P004 ,20.00m/min,
0008 ● MOVEC  P005 ,20.00m/min,
0009 ● MOVEC  P006 ,20.00m/min,
0010   CRATER AMP = 100   VOLT= 18.2   T =  0.00
0011   ARC-OFF ArcEnd1 PROCESS = 0
0012 ● MOVEL  P007 ,20.00m/min,
0013 ● MOVEP  P008 ,20.00m/min,
```

图 4-35　GⅢ机器人整圆轨迹示教程序

3. 圆弧轨迹示教注意事项

(1)连续圆弧插补示教点少于三个点。此时机器人无法计算圆弧中心点,将按直线插补运动,如图 4-36 所示。

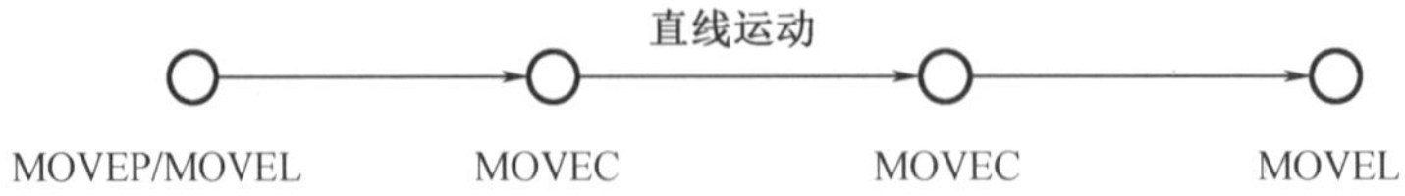

图 4-36　圆弧插补示教点少于三个时按直线插补运动

圆弧轨迹示教注意事项(微课)

(2)圆弧插补示教点距离太近。此时只要稍加挪动示教点位置,机器人运动轨迹将发生大的改变,如图 4-37 所示。

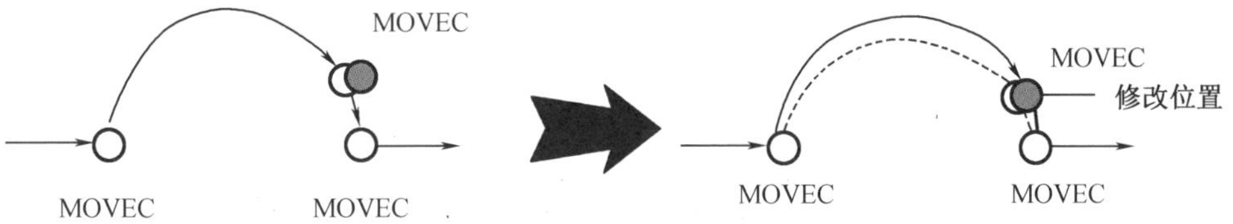

图 4-37　圆弧插补示教点距离太近时位置修正易出现轨迹跑偏现象

(3)圆弧插补结束点位置偏移。通过增加圆弧插补点来修改圆弧插补结束点位置时,机器人运动轨迹易发生跑偏现象,如图 4-38 所示。

图 4-38　圆弧插补结束点位置变更时运动轨迹易出现跑偏现象

【实践操作】

1. 示教前的准备

开始示教前应做如下准备:

(1)工件表面清理。核对试管和试板尺寸无误后,将其表面清理干净,不能有铁锈、油污等杂质。

(2)工件装配与点固。选择合适的工艺参数,使用焊条电弧焊设备对待焊试管和试板进行定位焊。

(3)工件装夹。利用夹具将试管、试板固定在机器人工作台上。

(4)机器人原点确认。可通过运行控制器内已有的原点程序,让机器人回到待机位置。

(5)新建程序。新建一个作业程序,输入程序名“Fllet. _weld"。

2. 运动轨迹的示教

下面以图 4-30 所示的运动轨迹为例,给机器人输入一段环形焊缝的作业程序,此程序由编号①~ ⑨的九个示教点组成。处于待机位置的示教点① 和⑨ 要处于与工件、夹具不干涉的位置。另外,示教点⑧在向示教点⑨ 移动时,也要处于与工件、夹具不干涉的位置。

(1)示教点① ——机器人原点

①轻握【安全开关】,接通伺服电源,按动作功能图标(绿灯灭)→(绿灯亮),打开机器人动作功能。

②按【右切换键】(GⅢ示教器),将示教点属性设定为,插补方式选。

③按记录机器人原点,如图 4-39 所示。

(2)示教点②——作业临近点

①切换机器人坐标系至(直角坐标系)。

②手动操纵机器人移向焊接开始位置附近,并改变末端焊枪至作业姿态如图 4-40

所示。

③将示教点属性设定为，插补方式选。

④按记录示教点②。

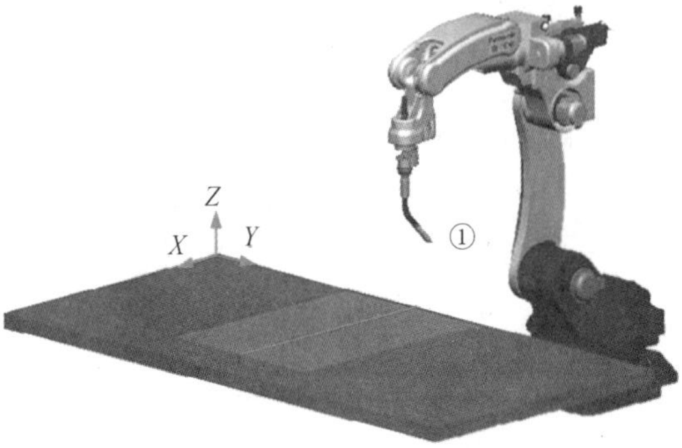

图 4-39　机器人待机位置

管-板角接接头的机器人焊接（实操）

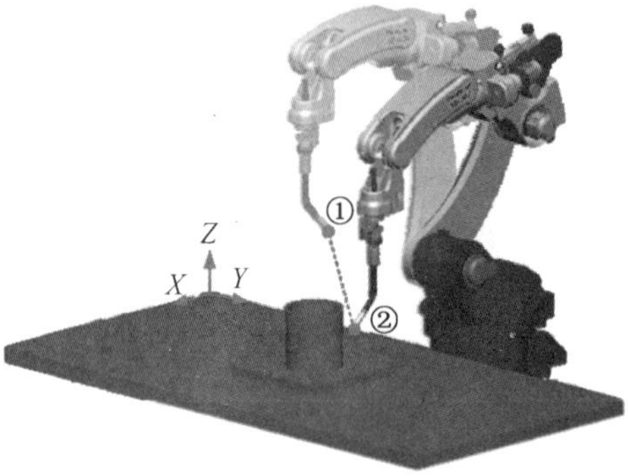

图 4-40　移动机器人到作业临近点②位置

(3)示教点③——圆弧/焊接开始点

①保持焊枪姿态不变，在直角坐标系下把机器人移到圆弧开始位置，如图 4-41 所示。

②将示教点属性设定为，插补方式选。

③按记录示教点③。

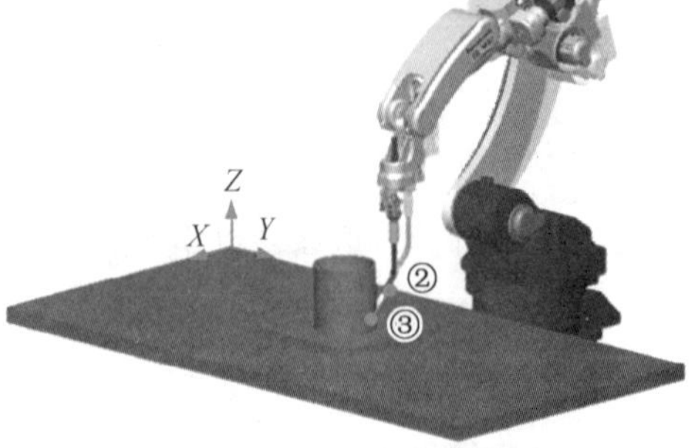

图 4-41　移动机器人到圆弧/焊接作业开始点③位置

(4)示教点④——圆弧/焊接中间点

①在直角坐标系下把机器人移到圆弧/焊接中间点位置,并使用(U 轴)改变焊枪姿态,如图 4-42 所示。

②将示教点属性设定为,插补方式选。

③按记录示教点④。

图 4-42　移动机器人到圆弧/焊接中间点④位置

(5)示教点⑤——圆弧/焊接中间点

①同示教点④的操作相仿,在直角坐标系下把机器人移到圆弧/焊接中间点位置,并使用(U 轴)改变焊枪姿态,如图 4-43 所示。

②将示教点属性设定为,插补方式选。

③按记录示教点⑤。

图 4-43　移动机器人到圆弧/焊接中间点⑤位置

(6)示教点⑥——圆弧/焊接中间点

①同示教点⑤的操作相仿,在直角坐标系下把机器人移到圆弧/焊接中间点位置,并使用(U 轴)改变焊枪姿态,如图 4-44 所示。

②将示教点属性设定为,插补方式选。

③按记录示教点⑤。

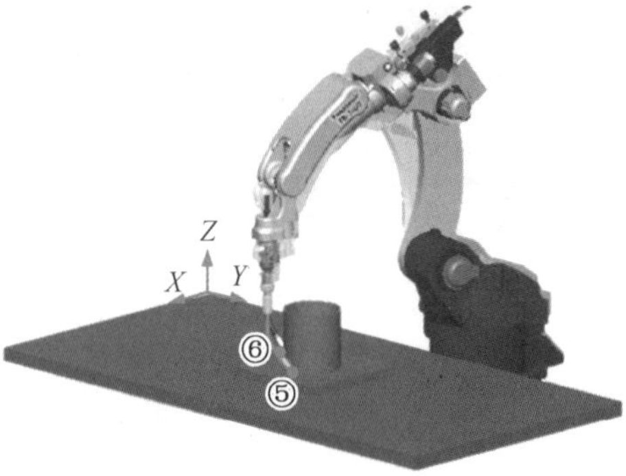

图 4-44　移动机器人到圆弧/焊接中间点⑥位置

(7)示教点⑦——圆弧/焊接结束点

①同示教点⑥的操作相仿,在直角坐标系下把机器人移到圆弧/焊接结束位置,并使用(U 轴)改变焊枪姿态,如图 4-45 所示。

②将示教点属性设定为,插补方式选。

③按记录示教点⑦。

图 4-45　移动机器人到圆弧/焊接结束点⑦位置

(8)示教点⑧——焊枪规避点

①保持焊枪姿态不变,在工具坐标系下沿(X 轴)把机器人移到不碰触夹具的位置,如图 4-46 所示。

②将示教点属性设定为,插补方式选。

③按记录示教点⑧。

(9)示教点⑨——机器人原点

①关闭机器人动作功能,进入编辑状态,移动光标至示教点①所在命令行。

②按用户功能图标(复制),并侧击【拨动按钮】完成复制操作。

③移动光标至示教点⑧所在命令行,按用户功能图标(粘贴),完成命令粘贴操作。至此,运动轨迹示教完毕,作业程序的主体部分如表 4-19 所示。

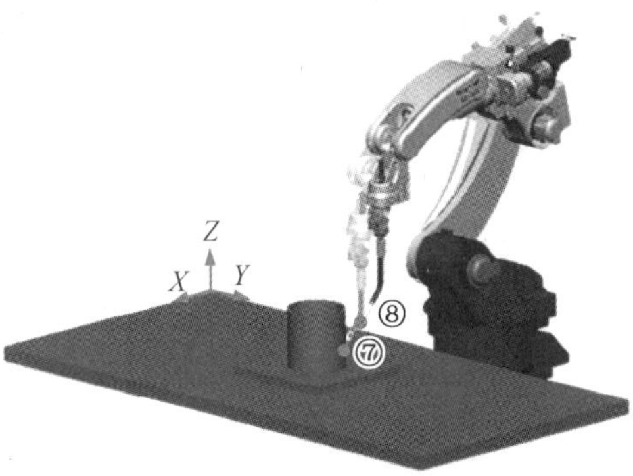

图 4-46　移动机器人到焊枪规避点⑧位置

表 4-19　作业程序主体部分(骑坐式管-板垂直俯位焊)

行标	命令	说明
○	Begin Of Program TOOL=1:TOOL01	程序开始 末端工具选择
●	MOVEP P1/P001,10.00 m/min	机器人原点位置(示教点①)
●	MOVEP P2/P002,10.00 m/min	移到焊接开始位置附近(示教点②)
●	MOVEL P3/P003,5.00 m/min ARC-SET AMP=120 VOLT=19.2 S=0.50 ARC-ON ArcStart1…	移到焊接开始位置(示教点③) 设定焊接开始规范 开始焊接
●	MOVEL P4/P004,5.00 m/min CRATER AMP=100 VOLT=18.2 T=0.00 ARC-OFF ArcEnd1…	移到焊接结束位置(示教点④) 设定焊接结束规范 结束焊接
●	MOVEL P5/P005,5.00 m/min	移到焊枪规避位置(示教点⑤)
●	MOVEL P6/P006,5.00 m/min	移到原点位置(示教点⑥)
●	MOVEL P7/P007,5.00 m/min CRATER AMP=100 VOLT=18.2 T=0.00 ARC-OFF ArcStart1…	移到圆弧/焊接结束位置(示教点⑦) 设定焊接结束规范 结束焊接
●	MOVEP P8/P008,5.00 m/min	移到焊枪规避位置(示教点⑧)
●	MOVEP P9/P009,10.00 m/min	移到机器人原点位置(示教点⑨)
●	End Of Program	程序结束

3. 焊接条件的设定

根据表 4-20 所给工艺参数,完成机器人骑坐式管-板垂直俯位焊作业条件的输入。

表 4-20　机器人骑坐式管-板垂直俯位焊工艺参数

焊接电流/A	焊接电压/V	焊接速度/($m\cdot min^{-1}$)	保护气流量/($L\cdot min^{-1}$)
150~170	20.1~21.3	0.45~0.50	15~20

(1)在 ARC-SET 命令中设定焊接开始规范

①移动光标至 ARC-SET 命令语句上,侧击【拨动按钮】,在弹出窗口中输入电流、电压和速度参数。

②按或单击界面上的【OK 按钮】保存设定。

(2)在 CRATER 命令中设定焊接结束规范

①移动光标至 CRATER 命令语句上,侧击【拨动按钮】,在弹出窗口中输入电流、电压和填坑时间。

②按或单击界面上的【OK 按钮】保存设定。

(3)手动调节保护气体流量

①按用户功能图标(绿灯灭)→(绿灯亮),打开送丝·检气功能。

②按动作功能图标(绿灯灭)→(绿灯亮),打开检气功能,然后手动调节压力至合适范围。

4. 轨迹确认与施焊

为了确认示教后的轨迹,需试运行测试程序。如果轨迹合适,便可进行实际焊接。

(1)检查运行

①移动光标到程序开始 Begin Of Program 。

②选中菜单图标→,打开程序测试界面。

③一边按住,一边持续按住【拨动按钮】或【+键】,机器人将沿①→②→③→④-→⑤→⑥→⑦→⑧→⑨路径运动。

(2)再现施焊

①确认光标在程序开始位置 Begin Of Program 。

②将【模式选择开关】对准"AUTO"位置,并关闭电弧锁定(绿灯灭)。

③按【伺服接通按钮】,接通伺服电源。

④按【启动按钮】,机器人将开始运行。

(3)缺陷调整

通过肉眼观察机器人的施焊结果,结合项目 4 中表 4-18 所列的调整措施,进行工艺参数的微调,直到效果满意为止。

任务实施

项目任务书 1

任务名称	管-板角接接头的机器人焊接示教		
小组成员			
指导教师		计划用时	
实施时间		实施地点	
用 CO_2 作保护气体，使用直径为 1.2 mm 的 H08Mn2SiA 焊丝完成骑坐式管（ϕ60 mm×3 mm）-板（100 mm×100 mm×10 mm）角接接头的机器人俯位焊作业			
考核项目	机器人示教的主要内容与基本流程		
	圆弧轨迹的示教		
	作业条件的设定		
	轨迹的确认与跟踪		
任务准备			
主要设备	辅助工具	学习资料	
Panasonic 弧焊机器人	焊接护具	焊接机器人操作指导书	
YD-350GR3 数字弧焊电源	常用工具	机器人安全操作规程	
备注			

项目任务完成报告 1

完成时间：　　年　　月　　日

任务名称	管-板角接接头的机器人焊接示教		
小组成员			
具体分工			
计划用时		实际用时	
备注			

1. 简述机器人圆弧轨迹示教的基本流程。

表(续)

2. 以图 4-47 所示运动轨迹为例，简述圆弧轨迹示教编程的要领。

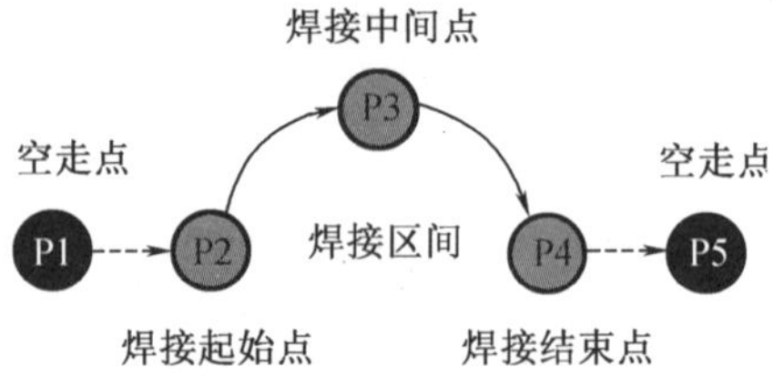

图 4-47　运动轨迹

3. 用 Panasonic 机器人在钢板表面堆焊图 4-48 所示图案，简述其操作过程。

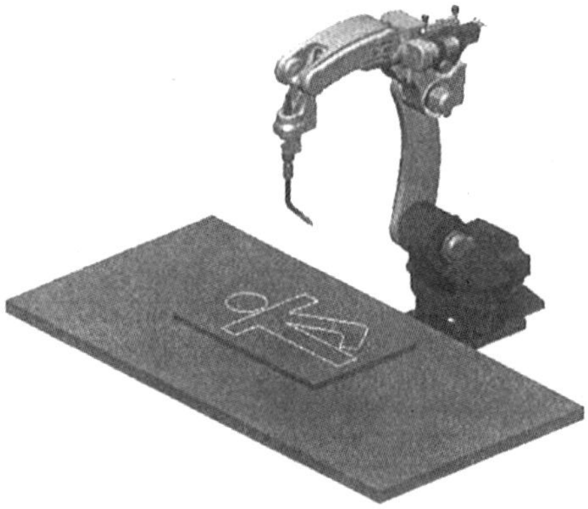

图 4-48　堆焊图案

【扩展与提高】

连续圆弧轨迹的示教

两个以上圆弧相连时,必须执行圆弧分离,如图 4-49 所示。图中,P5/P005 点为前圆弧与后圆弧的连接点处,同一点加入关节插补或直线插补的程序点。对图 4-49 所示的运动轨迹而言,机器人将分别按 P3/P003~P5/P005 三点、P7/P007~P9/P009 三点完成前、后圆弧插补计算。具体示教方法如表 4-21 所示,完成的机器人用户程序如图 4-50 所示。

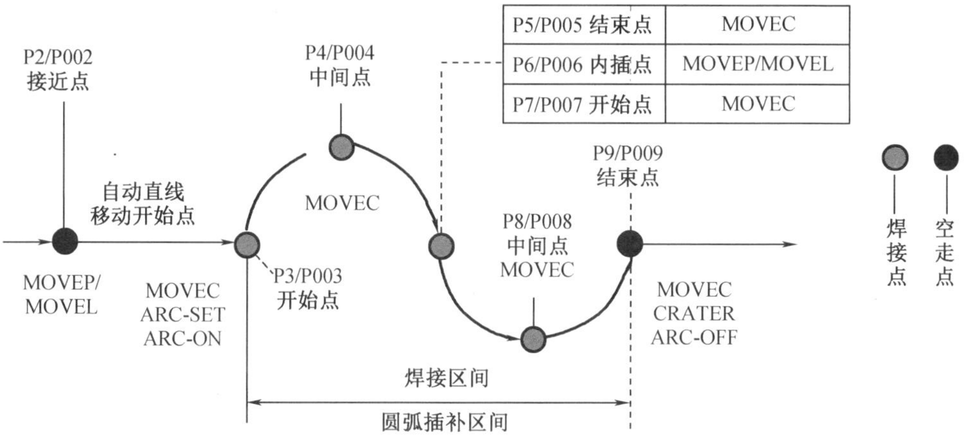

图 4-49　连续圆弧轨迹示意图

表 4-21　连续圆弧轨迹示教说明

序号	示教点	示教方法
1	P2/P002 圆弧/焊接接近点	①将机器人移动到圆弧轨迹接近点 ②将示教点属性设定为(空走点),插补方式选(MOVEP)或(MOVEL) ③按保存示教点 P2/P002 为圆弧/焊接接近点
2	P3/P003 前圆弧开始点 (焊接开始点)	①将机器人移动到圆弧轨迹开始点 ②将示教点属性设定为(焊接点),插补方式选(MOVEC) 按③按保存示教点 P3/P003 为圆弧/焊接开始点
3	P4/P004 前圆弧中间点 (焊接中间点)	①将机器人移动到圆弧轨迹中间点 ②将示教点属性设定为(焊接点),插补方式选(MOVEC) 按③按保存示教点 P4/P004 为圆弧/焊接中间点

表 4-21　连续圆弧轨迹示教说明

序号	示教点	示教方法
4	P5/P005 前圆弧结束点 （焊接中间点）	①将机器人移动到圆弧轨迹结束点 ②将示教点属性设定为（焊接点），插补方式选（MOVEC） 按③按保存示教点 P5/P005 为圆弧/焊接结束点
5	P6/P006 前、后圆弧分割点 （焊接中间点）	①保持示教点 P5/P005 位姿不动，将示教点属性设定为（焊接点），插补方式选（MOVEP）或（MOVEL） ②按出现“登录同一点”的确认画面。再次按下，保存示教点 P6/P006
6	P7/P007 后圆弧开始点 （焊接中间点）	①保持示教点 P6/P006 相同，将示教点属性设定为（焊接点），插补方式选（MOVEC） ②按出现“登录同一点”的确认画面。再次按下，保存示教点 P7/P007 为第二段圆弧/焊接开始点
7	P8/P008 后圆弧中间点 （焊接中间点）	①将机器人移动到圆弧轨迹中间点 ②将示教点属性设定为（焊接点），插补方式选（MOVEC） 按③按保存示教点 P8/P008 为第二段圆弧/焊接中间点
8	P9/P009 后圆弧结束点 （焊接结束点）	①将机器人移动到圆弧轨迹结束点 ②将示教点属性设定为（空走点），插补方式选（MOVEC） 按③按保存示教点 P9/P009 为第二段圆弧/焊接结束点

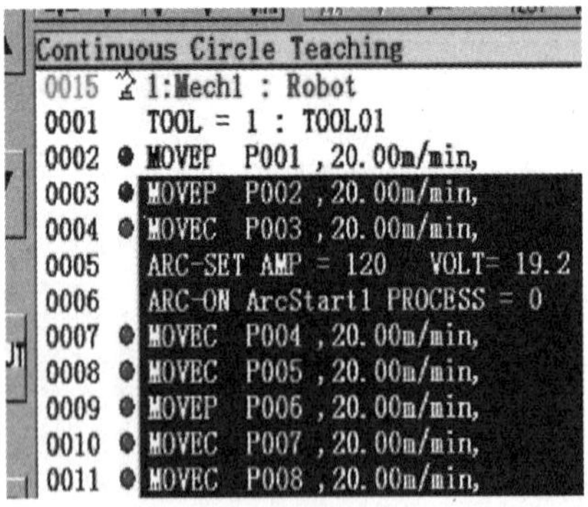

图 4-50　GⅢ机器人连续圆弧轨迹示教程序

对 GⅢ机器人而言，进行连续圆弧轨迹示教时，可在圆弧示教过程中或圆弧登录后通过编辑操作设置圆弧结束点为“圆弧分割点”。当连续示教两个及两个以上的“圆弧分割点”后，该区间将执行直线插补动作。

4.2.2　圆弧轨迹焊缝程序的编辑

与直线轨迹焊缝程序的编辑类似,本任务将结合在任务 2 中已输入的机器人圆弧轨迹程序,尝试进行环形焊缝机器人程序的修改与编辑。

【实践操作】

1. 操作前的准备

开始操作前应做如下准备:

(1)工件表面清理。

(2)工件装配与点固。

(3)工件装夹。

(4)示教模式确认。

(5)打开在任务 1 中新建的“Fillet_ _weld”程序文件。

2. 开始程序编辑操作

(1)示教点的删除

删除示教点④ 、⑤ 、⑥ ,如图 4-51 所示。具体步骤如下:

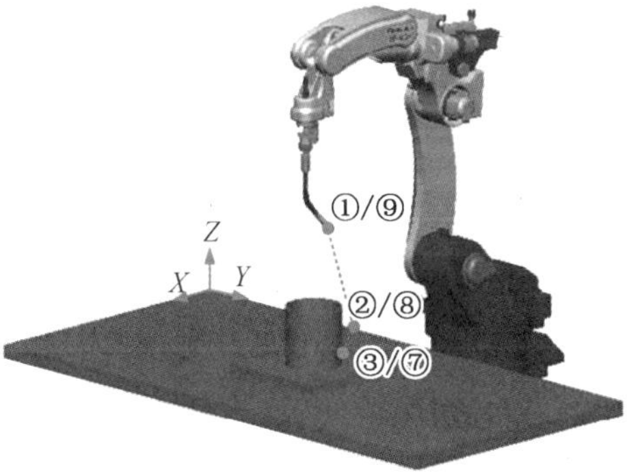

图 4-51　示教点④、⑤、⑥的位置删除

①机器人跟踪图标 ON (绿灯亮)时

- 按【用户功能键 F3】,切换程序编辑为模式。
- 跟踪机器人到目标示教点④上。
- 按即可删除示教点④。
- 重复步骤②、③,删除示教点⑤、⑥。

②机器人跟踪图标 OFF (绿灯灭)时

- 按【用户功能键 F3】切换程序编辑为模式。
- 移动光标到示教点④所在命令行。
- 按即可删除示教点④。
- 重复步骤②、③,删除示教点⑤、⑥。

删除示教点④、⑤、⑥后的机器人运动轨迹变成①→②→③→⑦→⑧→⑨，并且①→②按“PTP”方式运动，②→③按“直线”方式运动，③→⑦按“直线”方式运动，⑦→⑧按“直线”方式运动，⑧→⑨按“PTP”方式运动。

(2)示教点的追加

试着在示教点③、⑦之间插入两个新的示教点⑩、⑪，如图 4-52 所示。步骤如下：

①在机器人跟踪图标(绿灯亮)状态下，跟踪机器人到示教点③上。

②按【用户功能键 F3】切换程序编辑为模式。

③在机器人动作图标(绿灯亮)状态下，把机器人移动到预追加的示教点

①位置，末端工具参考姿态 U 轴 = -120°，V 轴 = 45°，W 轴 = -180°。

④将示教点属性设定为(焊接点)，插补方式选(MOVEC)。

⑤按登录示教点①。

⑥重复步骤③、④、⑤，新增示教点⑪(参考姿态 U 轴 = 120°，V 轴 = 45°，W 轴 = 180°)。

新增示教点④、⑤、⑥后的机器人运动轨迹变成①→②→③→⑩→⑪→⑦→⑧→⑨，由③、①、①、⑦四个示教点组成整圆轨迹。

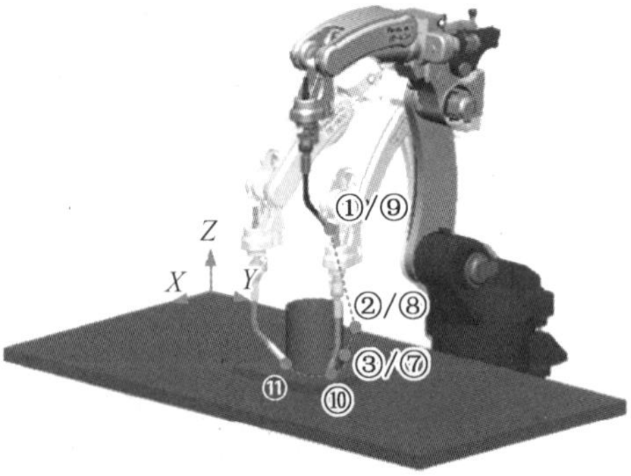

图 4-52 在示教点③、⑦之间追加两个新的示教点

(3)示教点的变更

将新增示教点⑩、⑪的移动速度进行适当的调整，具体步骤如下：

①在机器人动作图标(绿灯灭)状态下，移动光标到示教点⑩所在命令行。

②侧击【拨动按钮】显示参数修改界面，选择“示教速度”项，输入参数后按保存。

Panasonic 机器人示教速度的设定有两种方式：一是直接输入速度的具体数值，单位为 m/min；另一种是按机器人最大工作速度的百分比设定，单位为%。例如，Panasonie TA/TB 系列机器人的最大工作速度为 180 m/min，若示教速度设定为 15%，则实际速度大小为 27 m/min。

(4)次序指令的编辑

有关次序指令的追加、修改和删除操作，与直线轨迹程序中次序指令的编辑类似，这里不再赘述。

任务实施

项目任务书 2

任务名称	圆弧轨迹焊缝程序的编辑	
小组成员			
指导教师		计划用时	
实施时间		实施地点	
任务内容与目标			
使用示教器对任务 1 输入的机器人圆弧轨迹程序进行编辑，包括示教点的删除、追加和变更等			
考核项目	示教点的删除		
	示教点的追加		
	示教点常见属性的修改		
	次序指令的编辑		
任务准备			
主要设备	辅助工具	学习资料	
Panasonic 弧焊机器人	焊接护具	焊接机器人操作指导书	
YD-350GR3 数字弧焊电源	常用工具	机器人安全操作规程	
备注			

项目任务完成报告 2

完成时间：　　年　　月　　日

任务名称	圆弧轨迹焊缝程序的编辑		
小组成员			
具体分工			
计划用时		实际用时	
备注			

1. 如何使用示教器完成图 4-30 中示教点⑤的删除？

2. 如何使用示教器完成图 4-52 中示教点⑩的追加？

3. 如何使用示教器完成本项目中示教点⑤→⑪的位置变更？

【扩展与提高】

变更后的跟踪动作

跟踪是通过实际机器人来描述已登录的示教点，并能够确认、更改登录位置和内容。程序编辑后的跟踪动作如表 4-22 所示。

表 4-22　程序编辑后的跟踪动作

编辑类型	正向跟踪	反向跟踪
无操作  (跟踪到示教点2)	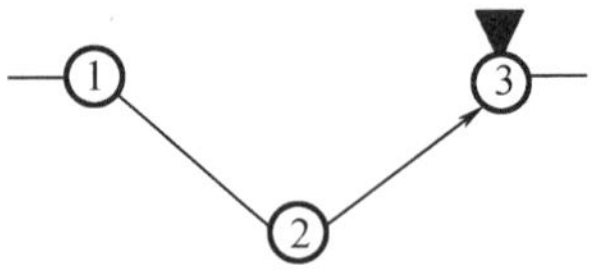	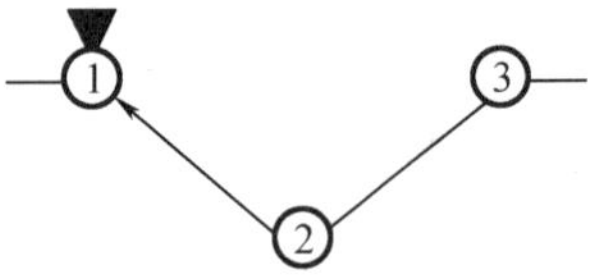
手动操作后 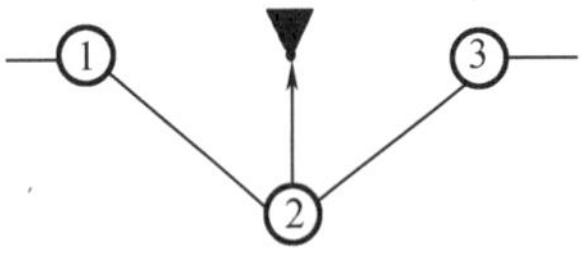 (从示教点2开始手动操作)	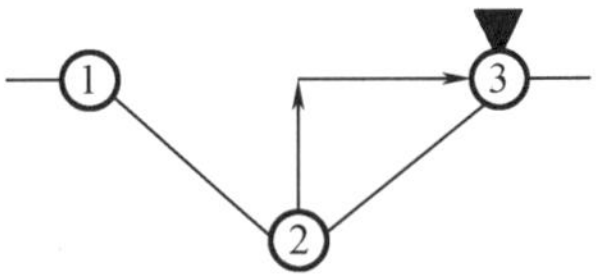	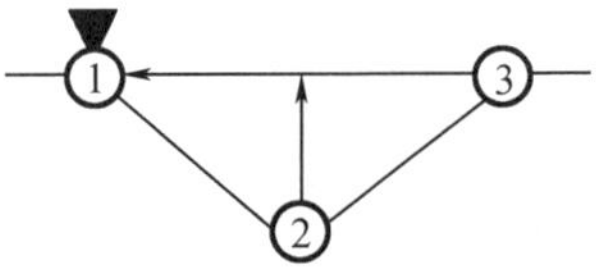
示教点的添加 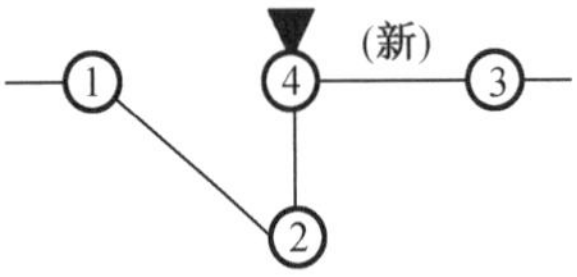 (添加示教点4后)	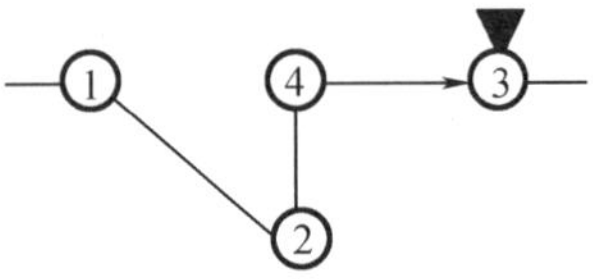	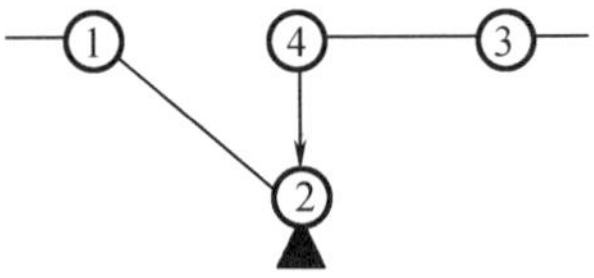
示教点的变更 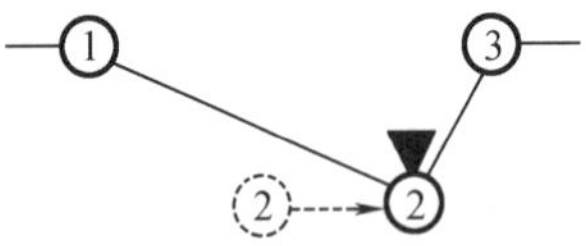 (更改示教点2后)	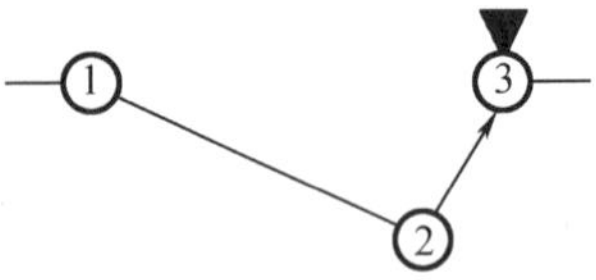	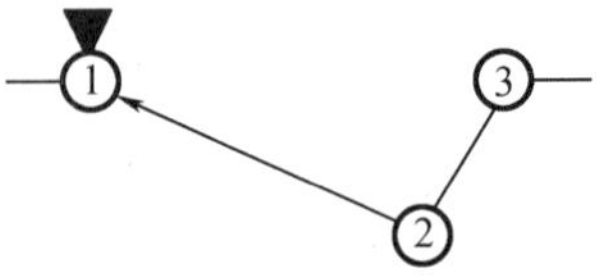
示教点的删除 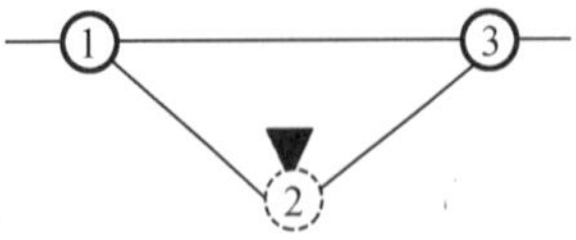 (删除示教点2后)	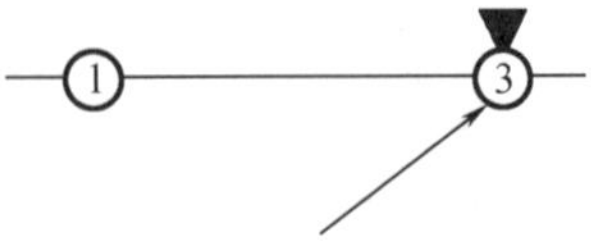	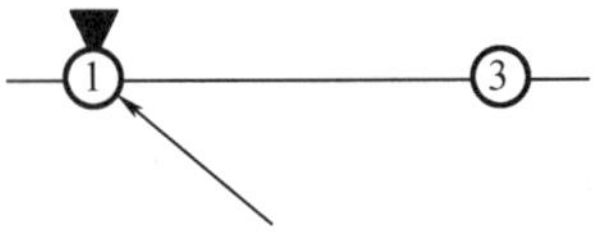

【检测与评价】

项目任务综合评价表

任务名称：焊接机器人的直线轨迹示教　　　　测评时间：　　年　　月　　日

考核明细		标准分	实得分								
			小组成员								
			小组自评	小组互评	教师评价	小组自评	小组互评	教师评价	小组自评	小组互评	教师评价
团队（60分）	小组是否能在总体上把握学习目标与进度	10									
	小组成员是否分工明确	10									
	小组是否具有合作意识	10									
	小组是否具有创新想（做）法	10									
	小组是否如实填写任务完成报告	10									
	小组是否存在问题和具有解决问题的方案	10									
个人（40分）	个人是否服从团队安排	10									
	个人是否完成团队分配任务	10									
	个人是否能与团队成员及时沟通和交流	10									
	个人是否能够认真描述困难、错误和修改内容	10									
合计		100									

任务4.3 焊接机器人的摆动功能示教

在弧焊机器人的作业过程中,要求焊枪跟踪工件的焊道运动,并不断填充金属形成焊缝。为了能够有效控制电弧热源对熔敷金属的作用和焊接熔池温度场的分布,机器人在运动过程中应具有直线和环形内插摆动功能。

与前面任务类似,本任务将完成焊接机器人的直线、圆弧摆动功能的示教。以Panasonic机器人为例,运用在线示教方式,实现板对接平焊的机器人单面焊双面成形作业。在此基础上,完成附加摆动程序的修改与编辑,旨在加深学生对机器人摆动运动示教的理解,并强化对焊接机器人示教编程要领的掌握。

4.3.1 板-板对接接头的机器人单面焊双面成形示教

【任务描述】

本任务要求用CO_2作保护气体,使用直径为1.2 mm的H08Mn2SiA焊丝,通过手动操纵机器人完成两块Q235钢板(200 mm×50 mm×10 mm)的平对接单面焊双面成形作业,如图4-53所示。

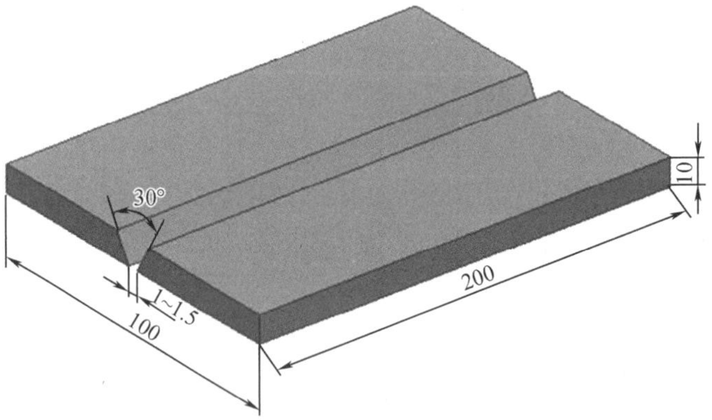

图4-53 板对接平焊的机器人单面焊双面成形接头图示

【任务分析】

单面焊双面成形工艺一般用于无法进行双面施焊但又要求焊透的焊接接头情况。此种技术适用于V形或U形坡口多层焊(打底、填充和盖面)的焊件,要求焊缝正、背面均匀整齐,成形良好,符合焊接质量的要求,广泛应用于锅炉、压力容器、管道以及其他一些重要的焊接结构中。用机器人完成图4-53所示焊缝的单面焊双面成形共需13个示教点,如图4-54所示,每个示教点的焊枪姿态如表4-23所示。实际示教时按图4-55所示流程开展,任务完成后填写项目任务完成报告。

表 4-23　示教点说明（板对接平焊单面焊双面成形）

示教点	焊枪姿态			用途
	U 轴/（°）	V 轴/（°）	W 轴/（°）	
①	180	45	180	机器人原点
②	0	15	-0	作业临近点
③	0	15	-0	直线摆动/焊接开始点
④	0	15	-0	摆动振幅点 1
⑤	0	15	-0	摆动振幅点 2
⑥	0	15	-0	直线摆动/焊接结束点
⑦	0	15	-0	焊枪规避点
⑧	0	15	-0	直线摆动/焊接开始点
⑨	0	15	-0	摆动振幅点 1
⑩	0	15	-0	直线摆动/焊接结束点
⑪	0	15	-0	直线摆动/焊接结束点
⑫	0	15	-0	焊枪规避点
⑬	180	45	180	机器人原点

注：以上焊枪姿态仅为参考，因机器人配置、工作台及工件放置位置不同而不同。具体示教时，焊枪角度因板厚而异，本任务中建议焊枪与板平面法线成 10°～20°角。

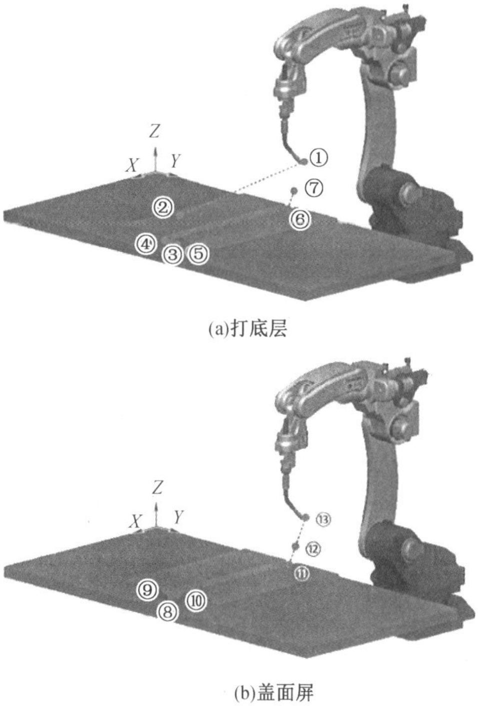

图 4-54　机器人运动轨迹（板对接平焊单面焊双面成形）

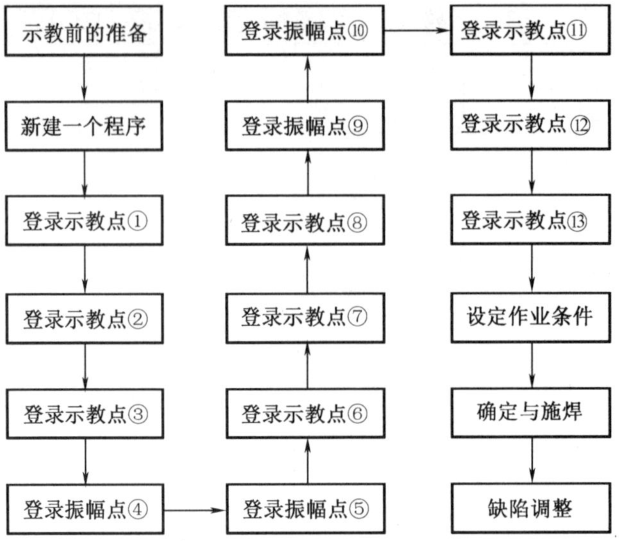

图 4-55　机器人示教流程(骑坐式管-板垂直俯位焊)

【知识准备】

1. 直线摆动的示教

机器人完成直线焊缝的摆动焊接通常需示教四个以上特征点(一个摆动开始点、两个摆动振幅点和一个摆动结束点),插补方式选“MOVELW",振幅点设置用“WEAVEP”指令。

这里对图 4-56 所示轨迹进行直线摆动示教,具体示教方法如表 4-24 所示,完成的机器人作业程序如图 4-57 所示。

表 4-24　直线摆动示教说明

序号	示教点	示教方法
1	P2/P002 圆弧/焊接接近点	①将机器人移动到直线摆动接近点 ②将示教点属性设定为(空走点),插补方式选(MOVEP)或(MOVEL) ③按保存示教点 P2/P002 为直线摆动/焊接接近点
2	P3/P003 摆动/焊接开始点	①将机器人移动到直线摆动开始点 ②将示教点属性设定为(焊接点),插补方式选(MOVELW) ③按保存示教点 P3/P003 为直线摆动/焊接开始点
3	振幅点登录确认	①接着弹出“将下一示教点作为振幅点登录吗?”的对话框 ②按或单击界面上的【YES】按钮,将后面紧跟着的 2 点或 4 点(取决于摆动类型)的插补形态自动变成“WEAVEP”

表 4-24(续)

序号	示教点	示教方法
4	P4/P004 振幅点 1	①将机器人移动到设定摆动宽度的第一个振幅点(振幅点 1) ②按[⇨]保存示教点 P4/P004 为第一个摆动振幅点(WEAVEP 命令被登录)
5	振幅点登录确认	①接着弹出“将下一示教点作为振幅点登录吗?”的对话框 ②按[⇨]或单击界面上的【YES 按钮】即可
6	P5/P005 振幅点 2	①将机器人移动到设定摆动宽度的第二个振幅点(振幅点 2) ②按[⇨]保存示教点 P5/P005 为第二个摆动振幅点(WEAVEP 命令被登录)
7	P6/P006 摆动/焊接结束点	①将机器人移动到直线摆动结束点 ②将示教点属性设定为[图标](空走点),插补方式选[图标](MOVELW) ③按[⇨]保存示教点 P6/P006 为直线摆动/焊接结束点
8	振幅点登录确认	①接着弹出“将下一示教点作为振幅点登录吗?”的对话框 ②按[//]或单击界面上的【NO 按钮】,插补形态将自动发生变化

注:当摆动类型为 4 或 5 时,需要再按照同样的方法继续登录两个振幅点(振幅点 3、振幅点 4)。

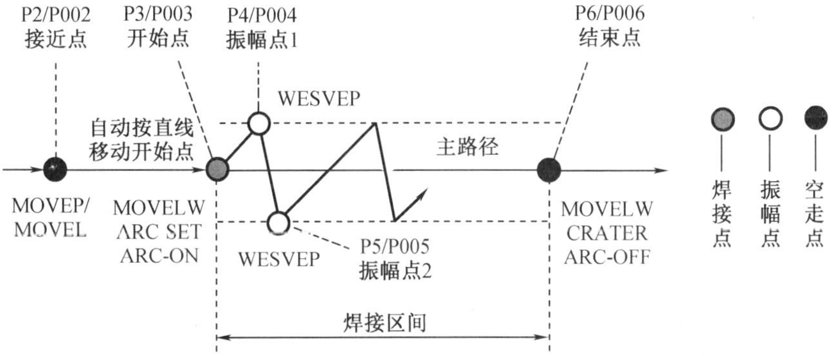

直线摆动
轨迹(动画)

图 4-56　直线摆动轨迹示意图

在摆动结束点后继续追加“MOVELW”示教点时,摆动动作将继续被执行,摆动宽度不变。若想更改摆动幅度,需再次进行“WEAVEP”示教。

使用直线摆动插补方式,但未完成 4 点或 6 点(取决于摆动类型)的示教,示教点虽用摆动命令登录,但跟踪和运行操作时仍作直线插补动作。

焊接机器人的六种基本摆动类型如表 4-25 所示。如果机器人和外部轴同步运行时(如在进行圆周焊接时),外部轴带动工件转动,机器人进行摆动焊接,在这六种基本摆动类型编号后“+ 10”。

```
Line Weave Teaching
0013 ⧖ 1:Mech1 : Robot
       ○ Begin Of Program
0001     TOOL = 1 : TOOL01
0002 ● MOVEP   P001 , 20.00m/min,
0003 ● MOVEP   P002 , 20.00m/min,
0004 ● MOVELW   P003 , 20.00m/min , Ptn=1, F=0.5,
0005     ARC-SET AMP = 120    VOLT= 19.2    S =    0.50
0006     ARC-ON ArcStart1 PROCESS = 0
0007 ○ WEAVEP   P004 , 20.00m/min , T=0.0,
0008 ○ WEAVEP   P005 , 20.00m/min , T=0.0,
0009 ● MOVELW   P006 , 20.00m/min , Ptn=1, F=0.5,
0010     CRATER AMP = 100    VOLT= 18.2    T =    0.00
0011     ARC-OFF ArcEnd1 PROCESS = 0
0012 ● MOVEL   P007 , 20.00m/min,
0013 ● MOVEP   P008 , 20.00m/min,
```

图 4-57　GⅢ直线摆动示教程序

表 4-25　焊接机器人的基本摆动类型

类型	图示	类型	图示
类型 1 （低速单摆）	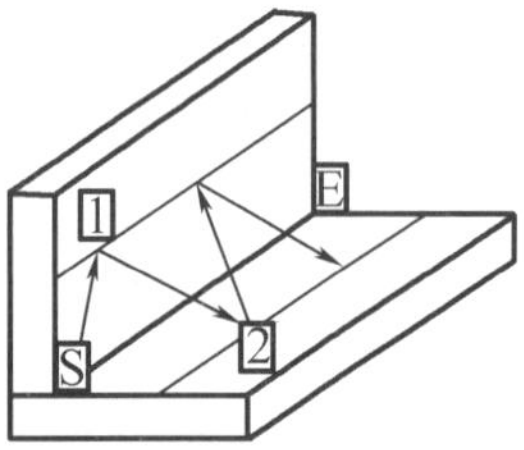	类型 4 （U 形）	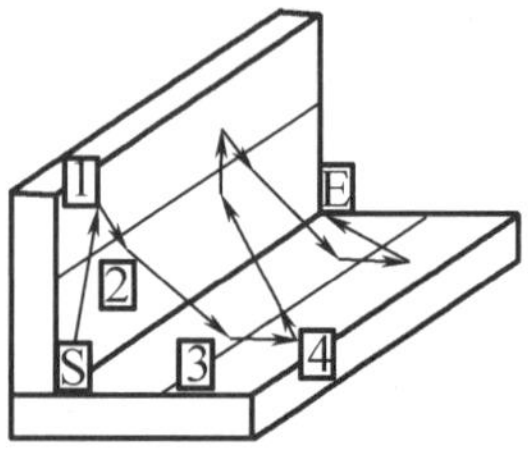
类型 2 （L 形）	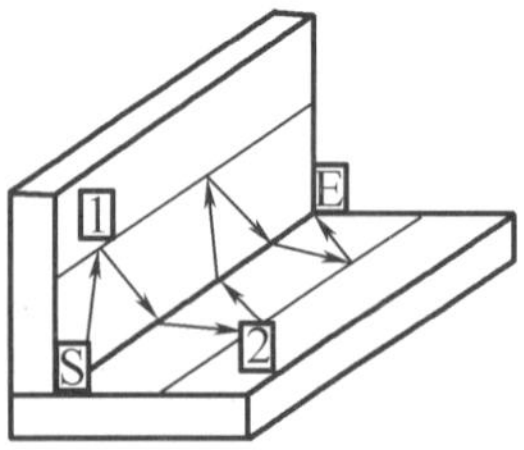	类型 5 （梯形）	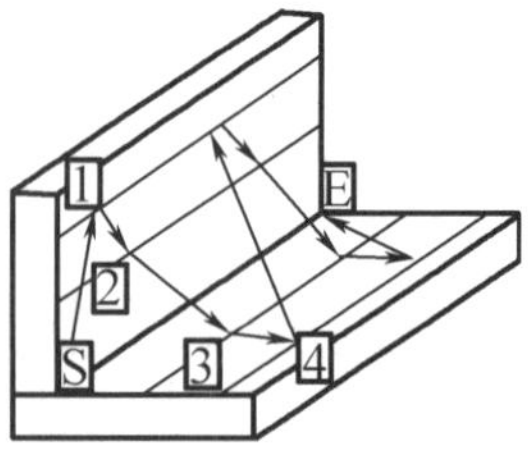
类型 3 （三角形）	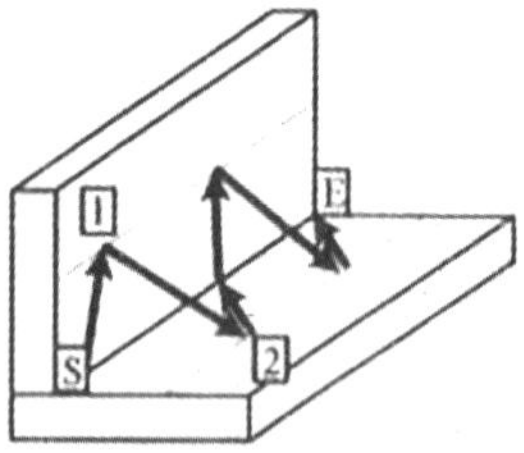	类型 6 （高速单摆）	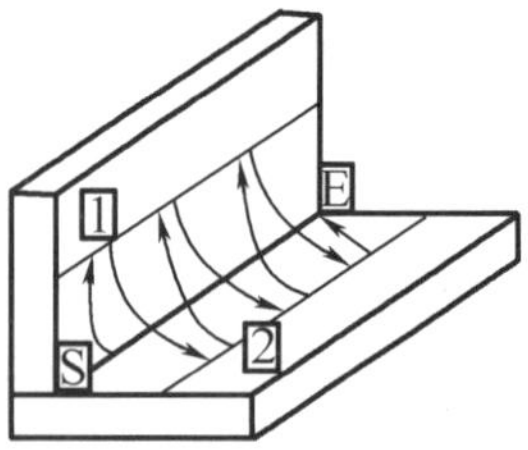

2. 圆弧摆动的示教

机器人完成环形焊缝的摆动焊接通常需示教五个以上特征点（一个摆动开始点、两个摆动振幅点、一个摆动中间点和一个摆动结束点），插补方式选“MOVECW”，振幅点设置用“WEAVEP”指令。这里对图 4-58 所示轨迹进行圆弧摆动示教，具体示教方法如表 4-26 所示，完成的机器人用户程序如图 4-59 所示。

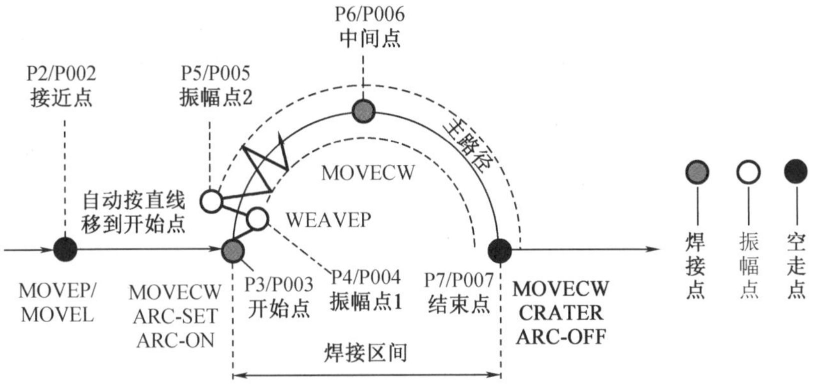

圆弧摆动轨迹（动画）

图 4-58 圆弧摆动轨迹示意图

表 4-26 圆弧摆动示教说明

序号	示教点	示教方法
1	P2/P002 摆动/焊接接近点	①将机器人移动到圆弧摆动接近点 ②将示教点属性设定为（空走点），插补方式选（MOVEP）或（MOVEL） ③按保存示教点 P2/P002 为圆弧摆动/焊接接近点
2	P3/P003 摆动/焊接开始点	①将机器人移动到圆弧摆动开始点 ②将示教点属性设定为（焊接点），插补方式选（MOVELW） ③按保存示教点 P3/P003 为圆弧摆动/焊接开始点
3	振幅点登录确认	①接着弹出“将下一示教点作为振幅点登录吗？”的对话框 ②按或单击界面上的【YES 按钮】，将后面紧跟着的 2 点或 4 点（取决于摆动类型）的插补形态自动变成“WEAVEP”
4	P4/P004 振幅点 1	①将机器人移动到设定摆动宽度的第一个振幅点（振幅点 1） ②按保存示教点 P4/P004 为第一个摆动振幅点（WEAVEP 命令被登录）
5	振幅点登录确认	①接着弹出“将下一示教点作为振幅点登录吗？”的对话框 ②按或单击界面上的【YES 按钮】即可
6	P5/P005 振幅点 2	①将机器人移动到设定摆动宽度的第二个振幅点（振幅点 2） ②按保存示教点 P5/P005 为第二个摆动振幅点（WEAVEP 命令被登录）
7	P6/P006 摆动/焊接中间点	①将机器人移动到直线摆动中间点 ②将示教点属性设定为（焊接点），插补方式选（MOVELW） ③按保存示教点 P6/P006 为圆弧/焊接中间点

表 4-26(续)

序号	示教点	示教方法
8	振幅点登录确认	①接着弹出“将下一示教点作为振幅点登录吗?”的对话框 ②按或单击界面上的【NO 按钮】即可
9	P7/P007 摆动/焊接结束点	①将机器人移动到直线摆动结束点 ②将示教点属性设定为(空走点),插补方式选(MOVELW) ③按保存示教点 P7/P007 为圆弧/焊接结束点
10	振幅点登录确认	①接着弹出“将下一示教点作为振幅点登录吗?”的对话框 ②按或单击界面上的【NO 按钮】,插补形态将自动发生变化

注:当摆动类型为 4 或 5 时,还需以同样的方法继续登录两个振幅点(振幅点 3、振幅点 4)。

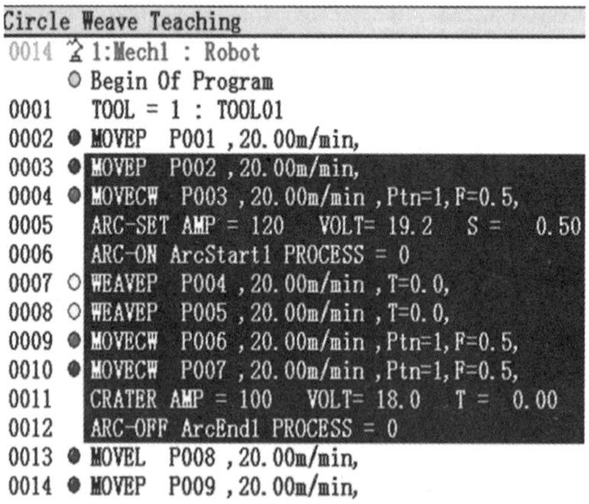

图 4-59　圆弧摆动示教程序

圆弧摆动和直线摆动一样,共有六种类型可选择。

使用圆弧摆动插补方式,但未完成 5 点或 7 点(取决于摆动类型)的示教时,示教点虽用摆动命令登录,但跟踪和运行操作时仍作直线插补动作。

3. 摆动参数的设置

(1)在摆动开始点仅设定摆动类型,通过示教点属性画面上的“模式编号”选项指定,如图 4-60 所示。

(2)在摆动结束点仅设定摆动频率通过示教点,属性画面上的“频率”选项输入数值。

(3)在摆动振幅点设定摆动幅度和振幅点停留时间通过示教点属性画面上的“振幅”和“时间”选项输入数值。

(4)主路径运动速度在焊接次序指令 ARC-SET 中设定。

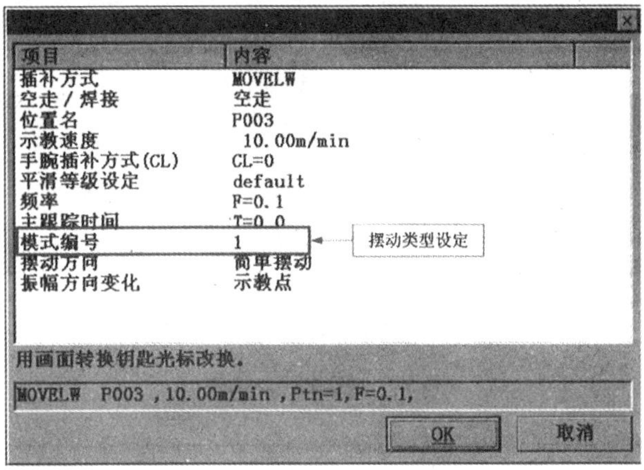

图 4-60　GⅢ摆动类型的设置

摆动频率的设定应满足最快 5 Hz(摆动类型 1~5)或最快 9.9 Hz(摆动类型 6)。

振幅×频率应满足最大 60 mm · Hz (摆动类型 1~5)。

摆角×频率应满足最大 125° · Hz (摆动类型 6)。

振幅点停留时间应满足 1/F-(T0+T1+T2+T3+T4)>A,其中 F 为摆动频率;T0 为摆动开始点指定的时间值;T1~T4 为振幅点 1~4 指定的时间值;A=0.1(摆动类型 1,2,5)或 A=0.075(摆动类型 3)或 A=0.15(摆动类型 4)或 A=0.05 (摆动类型 6)。

【实践操作】

1. 示教前的准备

开始示教前应做如下准备:

(1)工件表面清理。核对试板尺寸无误后将其表面清理干净,不能有铁锈、油污等杂质。

(2)工件装配与点固。选择合适的工艺参数,使用焊条电弧焊设备对待焊试板进行定位焊。

(3)工件装夹。利用夹具将试板固定在机器人工作台上。

(4)机器人原点确认。可通过运行控制器内已有的原点程序,让机器人回到待机位置。

(5)新建程序。新建一个作业程序,输入程序名“Weaving. _weld” 。

2. 运动轨迹的示教

下面以图 4-54 所示的运动轨迹为例,给机器人输入一段直线焊缝附加摆动的作业程序,此程序由编号①~⑬的 13 个示教点组成。处于待机位置的示教点①和③要处于与工件、夹具不干涉的位置。另外,示教点⑦在向示教点⑧移动以及示教点⑫在向示教点⑬移动时,也要处于与工件、夹具不干涉的位置。

(1)示教点①——机器人原点

①轻握【安全开关】,接通伺服电源,按动作功能图标(绿灯灭)→(绿灯亮),打开机器人动作功能。

②按【右切换键】(CⅢ示教器),将示教点属性设定为,插补方式选。

③按记录机器人原点,如图 4-61 所示。

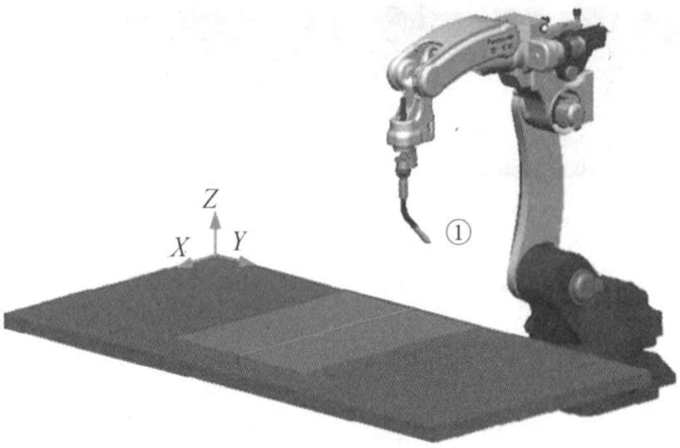

直线摆动的示教(微课)

图 4-61　机器人待机位置

(2)示教点②——作业临近点

①切换机器人坐标系至(直角坐标系)。

②手动操纵机器人移向摆动/焊接开始位置附近,并改变末端焊枪至作业姿态(表 4-23),如图 4-62 所示。

③将示教点属性设定为,插补方式选。

④按记录示教点②。

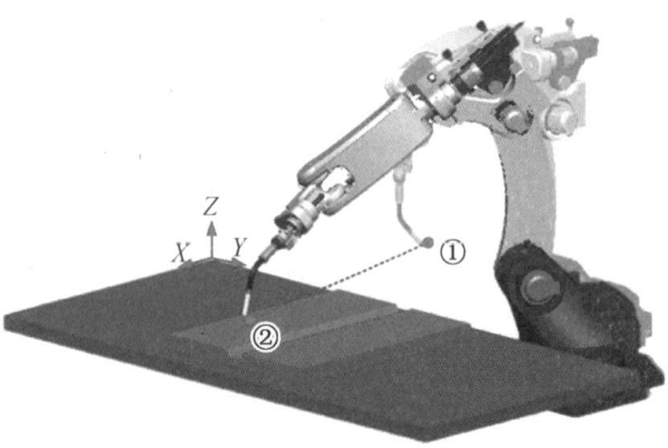

图 4-62　移动机器人到作业临近点②位置

(3)示教点③——摆动/焊接开始点

①保持焊枪姿态不变,在直角坐标系下把机器人移到直线摆动开始位置,如图 4-63 所示。

②将示教点属性设定为,插补方式选。

③按记录示教点③。

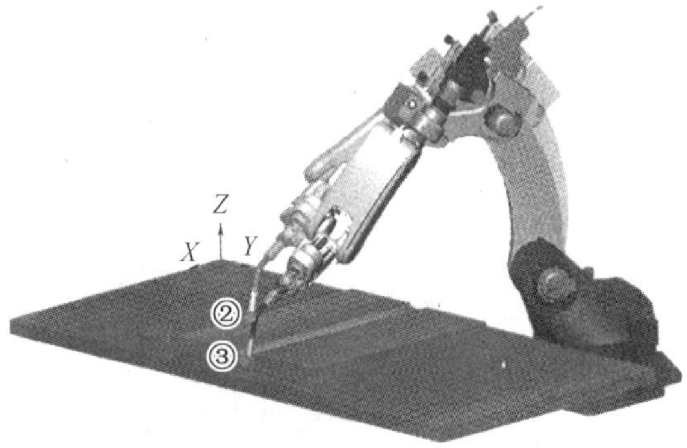

图 4-63　移动机器人到摆动/焊接作业开始点③位置

(4)示教点④——摆动振幅点 1

①在弹出“将下一示教点作为振幅点登录吗?”的对话框时,单击界面上的【YES 按】钮或按[⇨]将后面紧跟着的 2 点的插补形态自动变成“WEAVEP”。

②保持焊枪姿态不变,在直角坐标系下把机器人移到摆动振幅点 1 位置,如图 4-64 所示。

③按[⇨]记录示教点④。

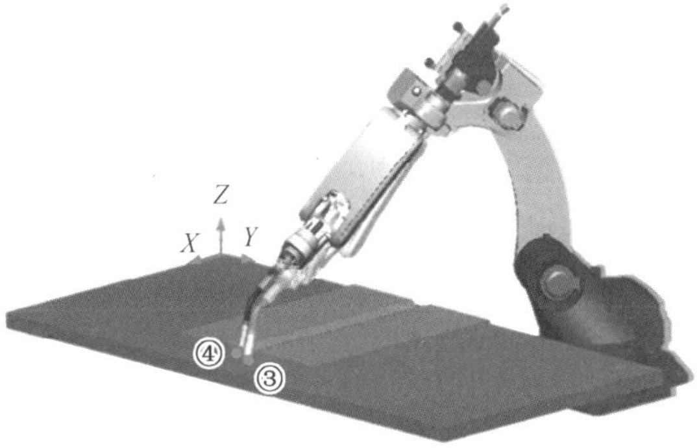

图 4-64　移动机器人到摆动振幅点 1(示教点④)位置

(5)示教点⑤——摆动振幅点 2

①同示教点④ 的操作相仿,在弹出“将下一示教点作为振幅点登录吗?”的对话框时,单击界面上的【YES 按钮】或按[⇨]即可。

②保持焊枪姿态不变,在直角坐标系下把机器人移到摆动振幅点 2 位置,如图 4-65 所示。

③按[⇨]记录示教点⑤。

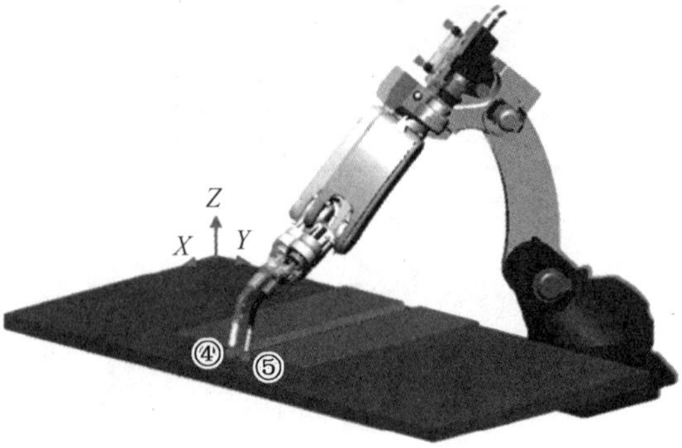

图 4-65　移动机器人到摆动振幅点 2（示教点⑤）位置

(6)示教点⑥——摆动/焊接结束点

①同示教点③ 的操作相仿，在直角坐标系下把机器人移到直线摆动结束位置，如图 4-66 所示。

②将示教点属性设定为，插补方式选。

③按记录示教点⑥。

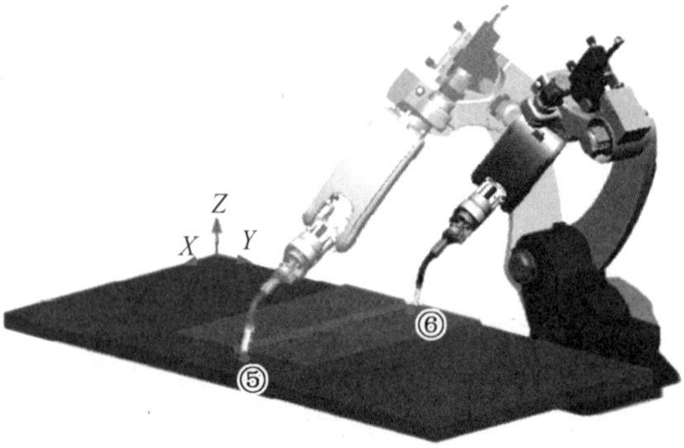

图 4-66　移动机器人到摆动/焊接结束点⑥位置

(7)示教点⑦——焊枪规避点

①在工具坐标系下，沿（X 轴）把机器人移到不碰触夹具的位置，如图 4-67 所示。

②将示教点属性设定为，插补方式选。

③按记录示教点⑦。

(8)示教点⑧～⑫

重复步骤(3)～(7)，即可完成示教点⑧～⑫的登录。

(9)示教点⑬——机器人原点

①关闭机器人动作功能，进入编辑状态，移动光标至示教点①所在命令行。

②按用户功能图标（复制），并侧击【拨动按钮】完成复制操作。

③移动光标至示教点⑫所在命令行，按用户功能图标（粘贴），完成命令粘贴操作。

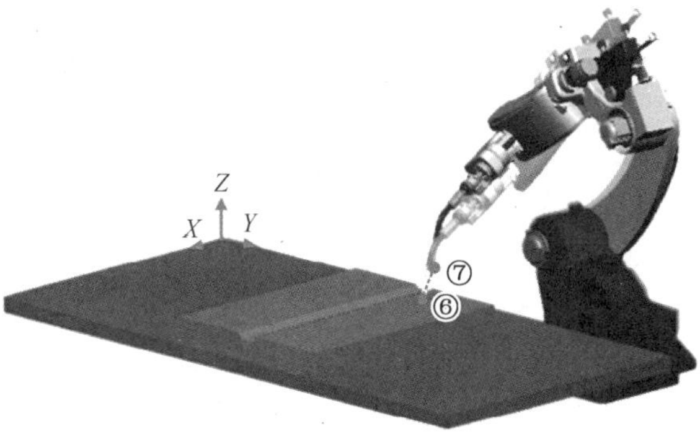

图 4-67 移动机器人到圆弧/焊接结束点⑦位置

至此,运动轨迹示教完毕,作业程序的主体部分如表 4-27 所示。

表 4-27 作业程序主体部分(板对接平焊单面焊双面成形)

行标	命令	说明
●	Begin Of Program TOOL=1:TOOL01	程序开始 末端工具选择
●	MOVEP P1/P001,10.00 m/min	机器人原点位置(示教点①)
●	MOVEP P2/P002,10.00 m/min	移到作业开始位置附近(示教点②)
●	MOVEL P3/P003,5.00 m/min, Ptn=1, F=0.5 ARC-SET AMP=120 VOLT=19.2 S=0.50 ARC-ON ArcStart1…	移到摆动/焊接开始位置(示教点③) 设定焊接开始规范 开始焊接
●	WEAVEP P4/P004, 5.00 m/min	摆动振幅点 1(示教点④)
●	WEAVEP P4/P004, 5.00 m/min	摆动振幅点 2(示教点⑤)
●	MOVELW P6/P006, 5.00 m/min, Ptn=1, F=0.5 CRATER AMP=100 VOLT=18.2 T=0.00 ARC-OFF AreEnd1…	移到摆动/焊接结束位置(示教点⑥) 设定焊接结束规范 结束焊接
●	MOVEL P7/P007,5.00 m/min	移到焊枪规避位置(示教点⑦)
●	MOVELW P8/P008, 5.00 m/min, Ptn=1, F=0.5 ARC-SET AMP=120 VOLT=19.2 S=0.50 ARC-ON AreStart1…	移到摆动/焊接开始位置(示教点⑧) 设定焊接开始规范 开始焊接
●	WEAVEP P9/P009, 5.00 m/min	摆动振幅点 1(示教点⑨)
●	WEAVEP P9/P009, 5.00 m/min	摆动振幅点 2(示教点⑩)
●	MOVELW P11/P011, 5.00 m/min, Ptn=1, F=0.5 CRATER AMP=100 VOLT=18.2 T=0.00 ARC-OFF AreEnd1…	移到摆动/焊接结束位置(示教点⑪) 设定焊接结束规范 结束焊接
●	MOVEL P12/P012, 5.00 m/min	移到焊枪规避位置(示教点⑫)

表 4-27(续)

行标	命令	说明
●	MOVEL P13/P013, 10.00 m/min	回到机器人原点位置(示教点⑬)
●	End Of Program	程序结束

3. 焊接条件的设定

根据表 4-28 所给焊接参数,完成板对接平焊机器人单面焊双面成形作业条件的输入。

表 4-28　板对接平焊机器人单面焊双面成形焊接参数

项目 参数	焊接电流 /A	焊接电压 /V	焊接速度 /($m \cdot min^{-1}$)	保护气 流量 /($L \cdot min^{-1}$)	摆动振幅 /mm	摆动频率 /Hz	摆动类型
打底层	160~180	20.6~21.8	0.20~0.30	12~15	2.25	2.5	类型 1 (低速摆动)
盖面层	220~240	23.8~25.2	0.20~0.30	15~20	3.43	3.0	

下面以打底层参数配置为例,盖面层与之操作相仿,这里不再赘述。

(1)在 ARC-SET 命令中设定焊接开始规范

①移动光标至 ARC-SET 命令语句上,侧击【拨动按钮】,在弹出窗口中输入电流、电压和速度参数。

②按[⇨]或单击界面上的【OK 按钮】保存设定。

(2)在 CRATER 命令中设定焊接结束规范

①移动光标至 CRATER 命令语句上,侧击【拨动按钮】,在弹出窗口中输入电流、电压和填坑时间。

②按[⇨]或单击界面上的[⇨]按钮保存设定。

(3)在摆动开始点设定摆动类型

①移动光标至第一条"MOVELW"命令语句上,侧击【拨动按钮】,在弹出窗口中指定模式编号。

②按[⇨]或单击界面上的【OK 按钮】保存设定。

(4)在摆动结束点设定摆动频率

①移动光标至第二条"MOVELW" 命令语句上,侧击【拨动按钮】,在弹出窗口中输入频率数值。

②按[⇨]或单击界面上的【OK 按钮】保存设定。

(5)在摆动振幅点设定摆动宽度

①移动光标至前两条 WEAVE 命令语句上,侧击【拨动按钮】,在弹出窗口中输入振幅数值。

②按[⇨]或单击界面上的【OK 按钮】保存设定。

(6)手动调节保护气体流量

①按用户功能图标(绿灯灭)→(绿灯亮),打开送丝·检气功能。

②按动作功能图标(绿灯灭)→(绿灯亮),打开检气功能,然后手动调节压力至合适范围。

4. 轨迹确认与施焊

为了确认示教后的轨迹,需试运行测试程序。如果轨迹合适,便可进行实际焊接。

(1)检查运行

①移动光标到程序开始Begin Of Program。

②选中菜单图标→,打开程序测试界面。

③一边按住,一边持续按住【拨动按钮】或【+键】,机器人将沿①→②→③→④→⑤→⑥→⑦→⑧→⑨→⑩→⑪→⑫→⑬路径运动。

正向跟踪时的机器人动作为在摆动区间内一边摆动一边向前移动,如图 4-68(a)所示。

反向跟踪时的机器人动作为在摆动区间内不进行摆动,只是按照示教路径的反方向移动,如图 4-68(b)所示。该操作在修改或者删除振幅时使用。

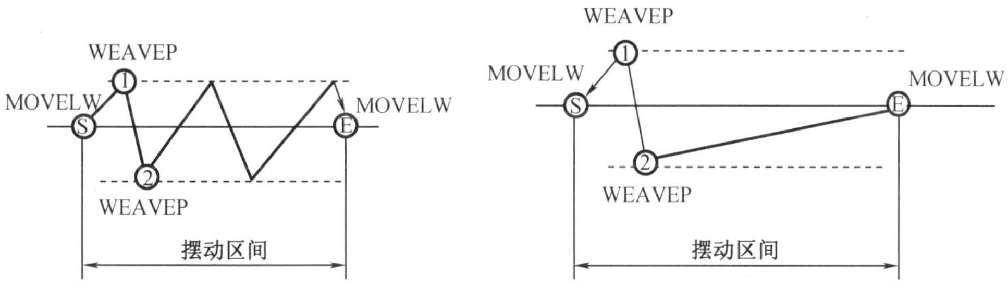

(a)正向跟踪　　(b)反向跟踪

图 4-68　摆动区间内的机器人跟踪动作

(2)再现施焊

①确认光标在程序开始位置Begin Of Program。

②将【模式选择开关】对准“AUTO”位置,并关闭电弧锁定(绿灯灭)。

③按【伺服接通按钮】,接通伺服电源。

④按【启动按钮】,机器人将开始运行。

(3)缺陷调整

通过肉眼观察机器人的施焊结果,结合项目 4 中表 4-13 所列的调整措施进行工艺参数的微调,直到效果满意为止。

任务实施

项目任务书 1

任务名称	板-板对接接头的机器人单面焊双面成形示教		
小组成员			
指导教师		计划用时	
实施时间		实施地点	
任务内容与目标			
用 CO_2 作保护气体，使用直径为 1.2 mm 的 H08Mn2SiA 焊丝完成两块 Q235 钢板（200 mm×50 mm×10 mm）的平对接单面焊双面成形作业			
考核项目	机器人示教的主要内容与基本流程		
	直线摆动的示教		
	作业条件的设定		
	轨迹的确认与跟踪		
任务准备			
主要设备	辅助工具	学习资料	
Panasonic 弧焊机器人	焊接护具	焊接机器人操作指导书	
YD-350GR3 数字弧焊电源	常用工具	机器人安全操作规程	
备注			

项目任务完成报告 1

完成时间：　　年　　月　　日

任务名称	板-板对接接头的机器人单面焊双面成形示教		
小组成员			
具体分工			
计划用时		实际用时	
备注			

1. 简述机器人摆动功能示教的基本流程。

表(续)

2. 以图 4-69 所示运动轨迹为例,简述摆动功能示教的要领。

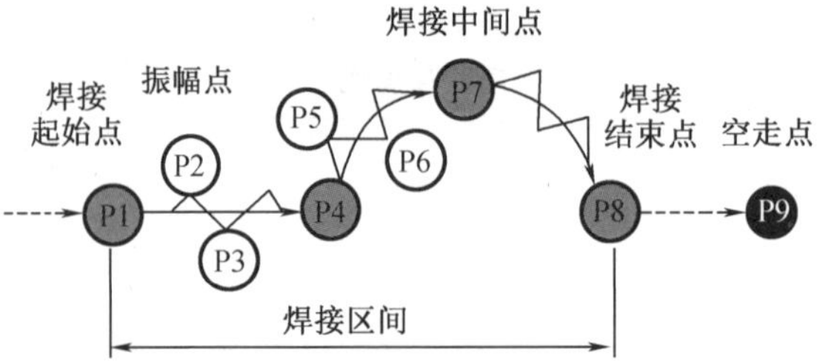

图 4-69　运动轨迹

3. 用 Panasonic 机器人在钢板表面堆焊图 4-70 所示图案,要求附加摆动,简述其操作过程。

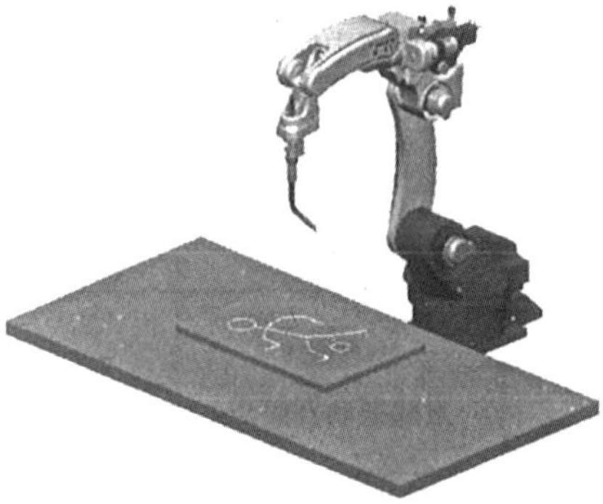

图 4-70　堆焊图案

【扩展与提高】

直线、圆弧及附加摆动的综合示教

作为对前述内容的一个综合应用，这里对图 4-71 所示轨迹进行示教。完成该轨迹的示教大约需要 14 个示教点，可分为四个区间：P1/P001～P2/P002 为直线、P2/P002～P4/P004 为圆弧、P5/P005～P8/P008 为直线摆动、P9/P009～P13/P013 为圆弧摆动。各示教点的插补方式如表 4-29 所示。

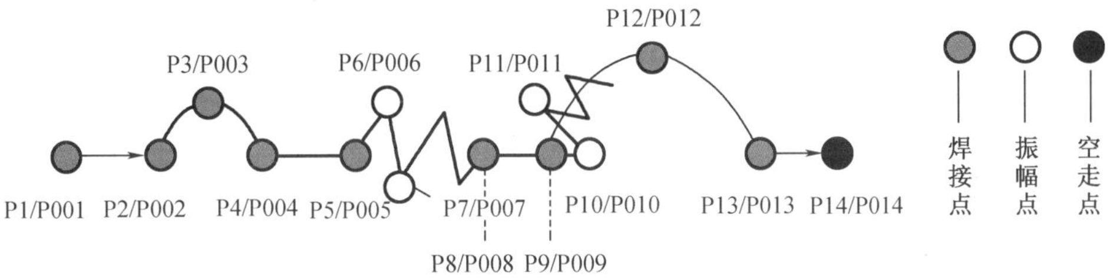

图 4-71　直线、圆弧及附加摆动轨迹示意图

表 4-29　各示教点插补形式说明

序号	示教点	插补方式	序号	示教点	插补方式
1	P1/P001 直线起始点	(MOVEL)	8	P8/P008 直线摆动结束点	WEAVEP
2	P2/P002 直线结束点和 圆弧开始点	(MOVEC)	9	P9/P009 圆弧摆动开始点	(MOVECW)
3	P3/P003 圆弧中间点	(MOVEC)	10	PI0/P010 振幅点 1	WEAVEP
4	P4/P004 圆弧结束点	(MOVEC)	11	P11/P011 振幅点 2	WEAVEP
5	P5/P005 直线摆动开始点	(MOVELW)	12	P12/P012 圆弧摆动中间点	(MOVECW)
6	P6/P006 振幅点 1	WEAVEP	13	P13/P013 圆弧摆动结束点	(MOVECW)
7	P7/P007 振幅点 2	WEAVEP	14	P14/P014 直线结束点	(MOVEL)

4.3.2　附加摆动功能的机器人程序编辑

与直线、圆弧轨迹焊缝程序的编辑类似，本任务将结合在 4.3.1 中已输入的机器人直线摆动程序，尝试进行直线焊缝附加摆动程序的修改与编辑。

【实践操作】

1. 操作前的准备

开始操作前应做如下准备：

(1)工件表面清理。

(2)工件装配与点固。

(3)工件装夹。

(4)示教模式确认。

(5)打开在任务 1 中新建的“Weaving. _weld” 程序文件。

2. 开始程序编辑操作

(1)示教点的删除

删除打底层摆动振幅点④ 和 ⑤,如图 4-72 所示,具体步骤如下：

①机器人跟踪图标 ON (绿灯亮)时

- 按【用户功能键 F3】切换程序编辑为模式。
- 跟踪机器人到目标示教点④上。
- 按即可删除示教点④。
- 重复步骤②、③,删除振幅点⑤。

②机器人跟踪图标 OFF (绿灯灭)时

- 按【用户功能键 F3】切换程序编辑为模式。
- 移动光标到示教点④ 所在命令行。
- 按即可删除示教点④。
- 重复步骤②、③,删除振幅点⑤。

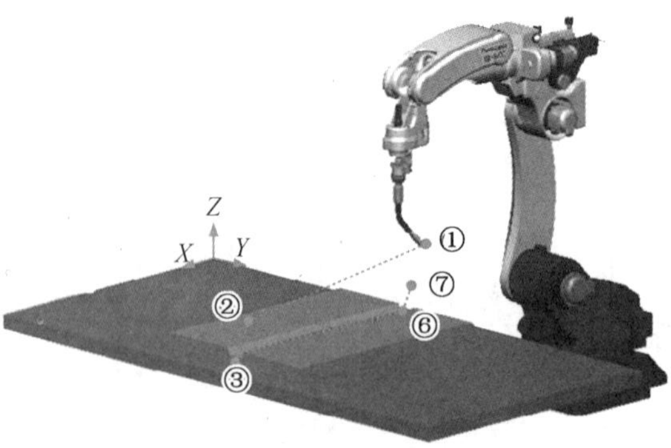

图 4-72　示范点④ 、⑤ 的位置删除

删除示教点④后,机器人打底层正向跟踪轨迹变成①→②→③→⑤→⑥→⑦, 并且③→⑥按“直线”方式运动,无摆动功能;反向跟踪轨迹变成⑦→⑥→⑤→③→②→①。

删除示教点④和⑤后,机器人运动轨迹变成①→②→③→⑥→⑦,并且③→⑥按“直线”方式运动,无摆动功能;反向跟踪轨迹变成⑦→⑥→③→②→①。

(2)示教点的变更

将盖面层摆动振幅点⑨和⑩的位置进行适当的调整,具体步骤如下：

①按【用户功能键 F3】切换程序编辑为模式。

②在机器人动作图标(绿灯灭)状态下,移动光标到示教点⑨所在命令行;或者在机器人跟踪图标(绿灯亮)状态下,跟踪机器人到目标示教点⑨上。

③在机器人动作图标(绿灯亮)状态下,把机器人移动到新的示教点位置。

④按登录更改后的示教点位置数据。

⑤重复步骤②、③、④,即可变更振幅点①的位置。

3. 次序指令的编辑

有关次序指令的追加、修改和删除操作,与直线、圆弧轨迹程序中次序指令的编辑类似,这里不再赘述。

任务实施

项目任务书 2

<table>
<tr><td>任务名称</td><td colspan="3">附加摆动功能的机器人程序编辑</td></tr>
<tr><td>小组成员</td><td></td><td></td><td></td></tr>
<tr><td>指导教师</td><td></td><td>计划用时</td><td></td></tr>
<tr><td>实施时间</td><td></td><td>实施地点</td><td></td></tr>
<tr><td colspan="4">任务内容与目标</td></tr>
<tr><td colspan="4">使用示教器对任务 1 输入的机器人直线摆动程序进行编辑，包括示教点的删除、变更，摆动参数的修改及次序指令的编辑等</td></tr>
<tr><td rowspan="4">考核项目</td><td colspan="3">示教点的删除</td></tr>
<tr><td colspan="3">示教点的变更</td></tr>
<tr><td colspan="3">摆动参数的修改</td></tr>
<tr><td colspan="3">次序指令的编辑</td></tr>
<tr><td colspan="4">任务准备</td></tr>
<tr><td>主要设备</td><td>辅助工具</td><td colspan="2">学习资料</td></tr>
<tr><td>Panasonic 弧焊机器人</td><td>焊接护具</td><td colspan="2">焊接机器人操作指导书</td></tr>
<tr><td>YD-350GR3 数字弧焊电源</td><td>常用工具</td><td colspan="2">机器人安全操作规程</td></tr>
<tr><td>备注</td><td colspan="3"></td></tr>
</table>

项目任务完成报告 2

完成时间：　年　月　日

<table>
<tr><td>任务名称</td><td colspan="3">附加摆动功能的机器人程序编辑</td></tr>
<tr><td>小组成员</td><td></td><td></td><td></td></tr>
<tr><td>具体分工</td><td></td><td></td><td></td></tr>
<tr><td>计划用时</td><td></td><td>实际用时</td><td></td></tr>
<tr><td>备注</td><td colspan="3"></td></tr>
</table>

1. 如何使用示教器完成图 4-2 中示教点⑤的删除？

2. 如何使用示教器完成图 4-2 中示教点⑩的位置变更？

3. 如何使用示教器完成本项目中直线摆动类型和频率的修改？

【扩展与提高】

焊接机器人的示教设定

在焊接机器人的示教过程中，经常会碰到一些界面，如程序内容画面、示教设定画面、示教点登录画面等，下面着重介绍示教设定画面。选择菜单图标【扩展功能】下的【示教设定】，即可弹出图 4-73 所示的界面。在示教设定窗口中，若预先设定好焊接开始结束程序、焊接条件、收弧处理条件等，当登录焊接开始点、焊接结束点时可同时将设定好的焊接条件一起登录。

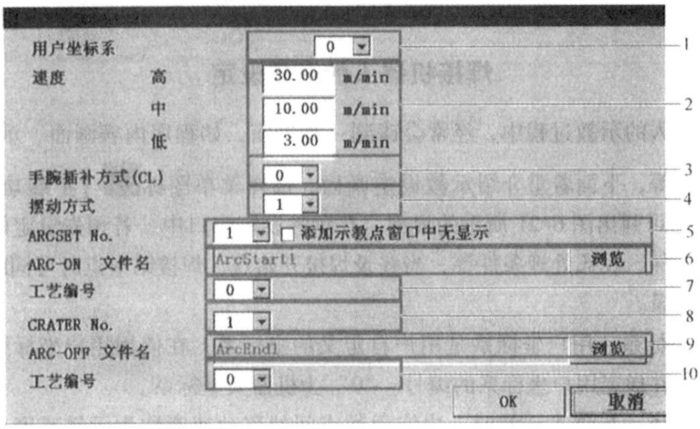

图 4-73　GⅢ机器人示教设定画面

(1)用户坐标系

用户坐标系是用户自定义的坐标系。在使用用户坐标系前，需先定义用户坐标系，并指定用户坐标系的编号。“0” 为机器人坐标系。

(2)示教速度

机器人示教时，决定示教点间的移动速度称为示教速度。在此可设定高、中、低三个档次的机器人移动速度。

(3)手腕插补方式

指定机器人末端工具变换位姿时腕部轴的插补算法，以编号形式设定。CL 编号共有五个，通常设定为“0” (自动计算)。

(4)摆动类型

摆动是指机器人在振幅点之间一边摆动一边向前移动的作业动作，以编号形式设定。默认设定为“1”(低速单摆)。

(5)焊接开始规范

用于配置焊接开始操作的工艺参数(焊接电流、电弧电压和焊接速度)，以编号形式设定(设定范围 0~5)。

(6)焊接开始条件

设定机器人开始焊接的动作次序，以文件形式设定(AreStart1 ~ ArcStart5)。

(7)电弧搭接功能

也称为再启动功能。在弧焊开始时,一旦未能起弧的话,机器人将自动移动一段距离,再重新起弧,如图 4-74 所示,以编号形式设定(设定范围 0~5)。

(8)焊接收弧规范

用于配置焊接结束操作的工艺参数(收弧电流、收弧电压和填坑时间),以编号形式设定(设定范围 0~5)。

(9)焊接收弧条件

设定机器人焊接结束时的动作次序,以文件形式设定(ArcEnd1 ~ AreEnd5)。

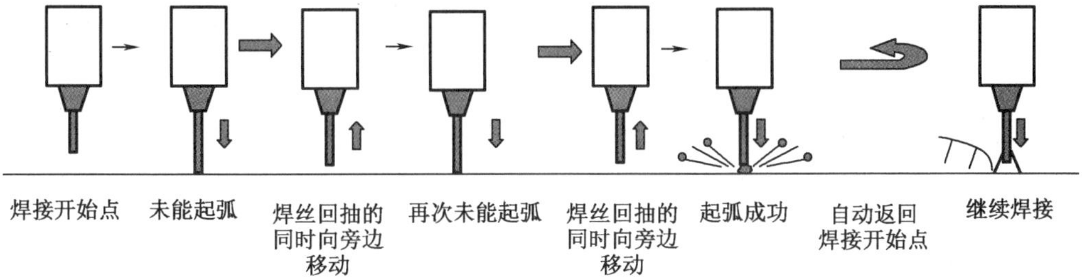

图 4-74　焊接机器人的电弧搭接功能

(10)粘丝解除功能

为了防止熄弧时焊丝与工件粘在一起,在焊接结束时,焊机会输出瞬间相对高电压以进行防粘丝处理,但有时仍旧会粘丝,此时可利用自动粘丝解除功能,如图 4-75 所示。该功能在粘丝发生并被检出的瞬间,并不马上输出“已粘丝”信号,而是将电压升高,以进行自动解除粘丝,在设定的次数还不能解除粘丝时,才输出“已粘丝”信号,机器人停止运行,以编号形式设定(设定范围 0~5)。

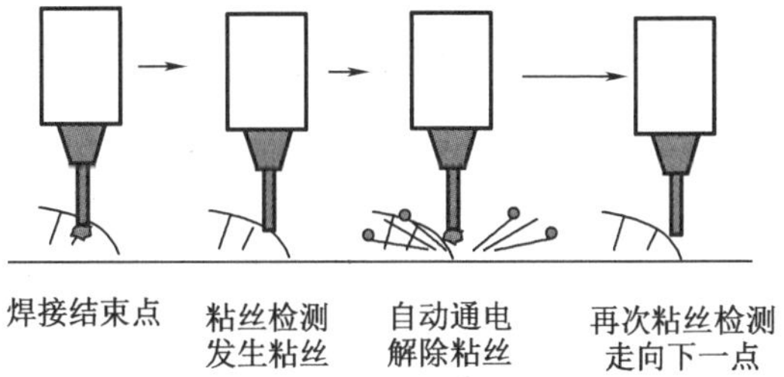

图 4-75　焊接机器人的粘丝解除功能

【检测与评价】

项目任务综合评价表

任务名称:焊接机器人的摆动功能示教　　　　　　测评时间:　　年　　月　　日

考核明细		标准分	实得分								
			小组成员								
			小组自评	小组互评	教师评价	小组自评	小组互评	教师评价	小组自评	小组互评	教师评价
团队(60分)	小组是否能在总体上把握学习目标与进度	10									
	小组成员是否分工明确	10									
	小组是否具有合作意识	10									
团队(60分)	小组是否具有创新想(做)法	10									
	小组是否如实填写任务完成报告	10									
	小组是否存在问题和具有解决问题的方案	10									
个人(40分)	个人是否服从团队安排	10									
	个人是否完成团队分配任务	10									
	个人是否能与团队成员及时沟通和交流	10									
	个人是否能够认真描述困难、错误和修改内容	10									
合计		100									

测评人签名:

知识测评

一、填空题

1. Panasonic 机器人完成直线焊缝的焊接需示教________个特征点（直线的________点），插补方式选________。

2. Panasonic 机器人程序内容画面主要由________、________、________及________等几部分组成，其中●（蓝色）表示________点、●（红色）表示________点、○（黄色）表示________点。

3. 弧焊机器人作业条件的登录，主要涉及以下几个方面：①在________命令中设定焊接开始规范；②在________命令中设定焊接结束规范；③在________命令中指定焊接开始动作次序（以文件形式给定）；④在________命令中指定焊接结束动作次序（以文件形式给定）；⑤手动调节保护气体流量。

4. 请将下表中填入各图标的名称或定义，然后选取以下图标中的一个或几个按照一定的组合填入空中完成所指定的操作。

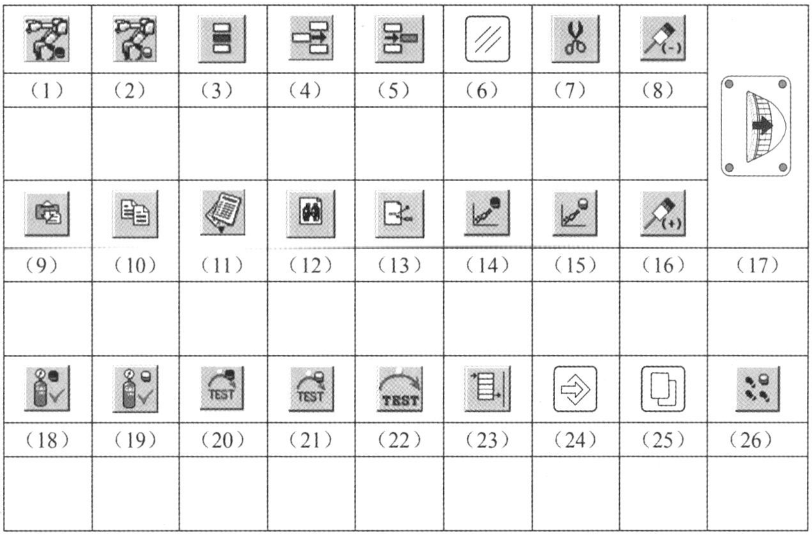

①关闭机器人动作功能，复制光标当前所在行命令。________→________→________

②关闭机器人动作功能，删除光标当前所在行命令。________→________→________

③伺服电源接通的状态下，从光标当前所在程序行进行程序测试操作。________→________→________+________

④打开送丝・检气功能，手动送丝。________ → ________ → ________

⑤在光标当前所在程序行下插入一条“等待 2 s”的次序指令。________ → ________ → ________ → ________→选择“DELAY”命令，设定参数→________

5. Panasonic 机器人完成圆周焊缝的焊接（如管焊接）通常需示教________个以上特征点（圆弧________圆弧________和圆弧________），插补方式选________。

6. 请在下表中选取合适的示教点属性图标及作业条件，完成图 4-76 所示轨迹示教。

1	2	3	4	5
ARC-SET　AMP = 120　VOLT = 19.2　S = 0.50 ARC-ON　ArcStart1……				
6				
CRATER　AMP = 100　VOLT = 18.2　T = 0.00 ARC-OFF　ArcEnd1……				
7				

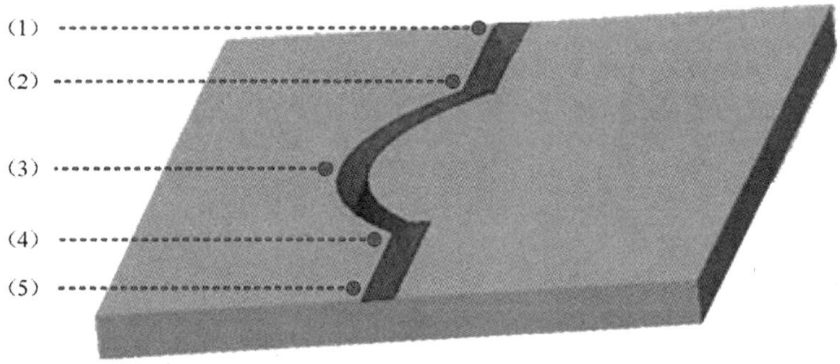

图 4-76　机器人运动轨迹图示

(1)________________

(2)________________

(3)________________

(4)________________

(5)________________

7. Panasonic 机器人完成直线焊缝的摆动焊接通常需示教________个摆动振幅点（1 个________、________个摆动振幅点和 1 个________），插补方式选________，振幅点设置用________指令。

8. 请在下表中选取合适的示教点属性图标及作业条件，完成图 4-77 所示的板-板对接接头单面焊双面成形（附加摆动）示教。

1	2	3	4	5	6	7

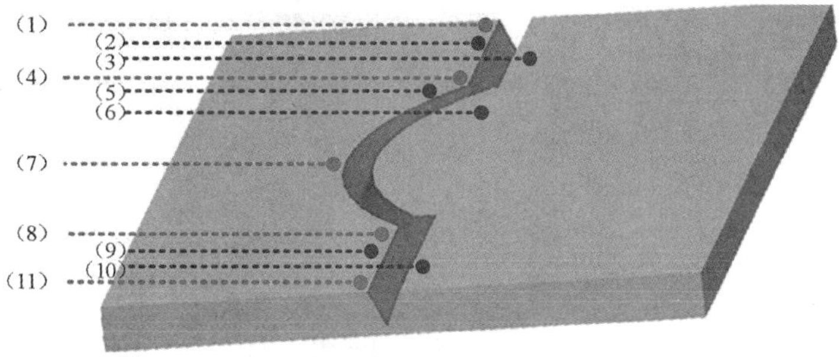

图 4-77　机器人运动轨迹图示

(1)________________________
(2)________________________
(3)________________________
(4)________________________
(5)________________________
(6)________________________
(7)________________________
(8)________________________
(9)________________________
(10)_______________________
(11)_______________________

并回答下列问题：

①振幅点(2)、(3)、(5)、(6)、(9)和(10)间可否采用复制操作？说明理由。

二、实践题

1. 用 Panasonic 机器人在钢板表面堆焊图 4-78 所示的图案，简述其操作过程。

图 4-78　机器人堆焊图案示例 1

2. 用 Panasonic 机器人在钢板表面堆焊图 4-79 所示的图案，简述其操作过程。

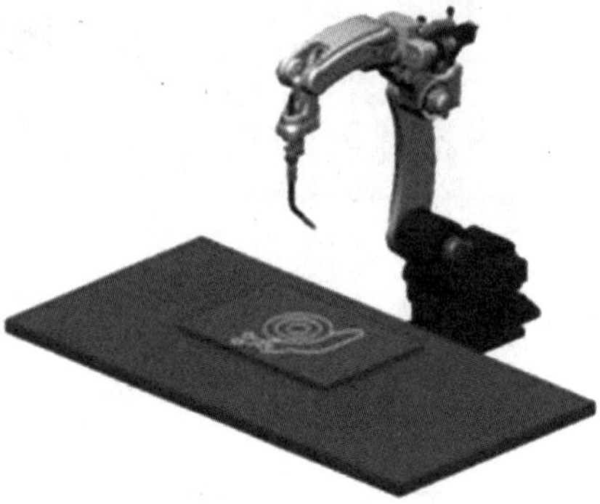

图 4-79　机器人堆焊图案示例 2

3. 用 Panasonic 机器人在钢板表面堆焊如图 4-80 所示的图案，要求附加摆动，简述其操作过程。

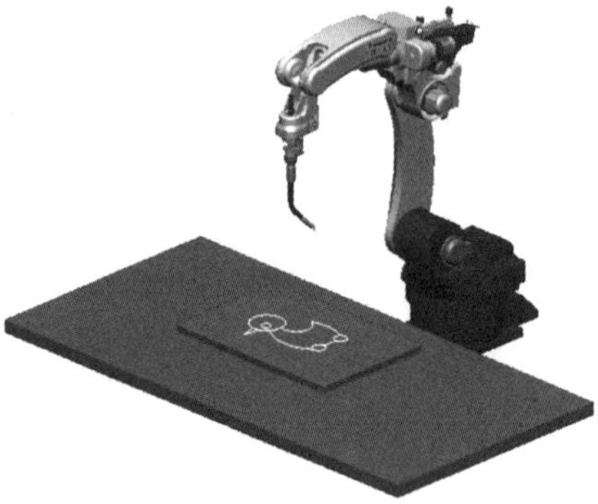

图 4-80　机器人堆焊图案示例

项目5

简单焊件的编程与应用

焊接机器人的应用体现出很强的工艺性，要求操作员既要懂机器人操作，又要懂机器人焊接工艺，懂得如何匹配好机器人的轨迹、姿态、速度、焊接参数，以获得合格焊缝。焊接机器人虽然是一种自动化程度很高的智能装备，但在现阶段的技术条件下，还是要操作者通过眼、脑、手的配合进行示教和编程，这就需要操作员不仅要掌握正确的操作方法，而且要有精益求精的工作责任感，培养“精准、快速、协同、规范”的职业素养，从而使机器人设备在工业生产中发挥更大的作用。

本项目设计了四个图文并茂的技能考核项目，力求以焊接机器人的基本示教焊接为基础，通过操作图示，进行机器人姿态及焊枪角度正确示教，从而理解机器人编程操作的实质，便于学习和掌握。

学习目标

认知目标

1. 熟悉典型焊件的编程特点。
2. 掌握焊接机器人对简单焊件的应用。

能力目标

1. 能够利用横向摆动模式进行打底、填充和盖面焊。
2. 能够进行机器人大电流厚板组合件焊接。
3. 能够进行管-板组合件焊接操作。
4. 能够进行方形厚板组合件内外周平角焊接操作。

素养目标

1. 培养工匠精神，形成精益求精的工匠精神。
2. 培养“精准、快速、协同、规范”的职业素养。

导入案例

2022“中焊杯”全国机器人焊接技能竞赛

2022年“中焊杯”全国机器人焊接技能竞赛在云南曲靖举行，该赛项主要考察：根据试件结构特征及比赛技术要求，结合弧焊机器人、焊接电源特点，合理运用机器人焊接工艺及相关知识的能力；根据试件结构和接头特征，结合机器人焊接的特点编程，合理规划和示教机器人运动轨迹、焊接轨迹点的能力；根据各焊缝设置焊接的轨迹点，结合焊接质量要求，合理设置焊枪的姿态和角度，选取合适的焊接工艺参数进行焊接的能力，等等。竞赛包含两个科目：操作技能考核、理论知识考核，分值占比分别为80%和20%。其中竞赛试件如图5-1所示。

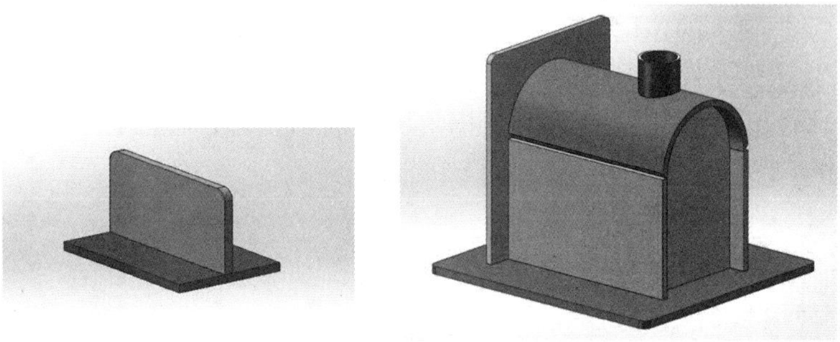

图 5-1　2022年“中焊杯”竞赛试件示意图

(1)比赛用设备。钱江焊接机器人、奥太焊机、宾采尔焊枪；只允许使用机器人的六轴(焊接过程不使用变位器)。

(2)比赛用焊丝、气体。直径1.2 mm的ER50-6焊丝(常熟市龙腾焊材)、80%Ar+20% CO_2 的混合气体。

(3)竞赛试件。由低碳钢板、管组件组装焊接成的全封闭压力容器。钢板(Q235B/Q345B)厚度有8 mm、10 mm两种，钢管(20 g)规格为 ϕ52 mm×3 mm。

(4)操作时间。机器人焊接实操竞赛时间为180 min，包括试件在工作台放置、装夹、调试、编程、焊接、清理(焊枪、工件、场地等)、休息、饮水和上洗手间等时间(试件打磨、组对时间另计)。

从焊接顺序、轨迹点设置、焊接参数的选择分析该竞赛试件机器人焊接的技术要点。

资料来源：中焊杯组委会

任务5.1 平板对接多层焊焊接工艺

5.1.1 设备、工具及工件准备

设备及工具准备明细如表5-1表示。

表5-1 设备及工具准备明细

序号	名称	型号与规格	单位	数量
1	弧焊机器人	臂伸长1 400 mm	台	1
2	焊丝	ER50-6、ϕ1.2 mm	盒	1
3	混合气	80%Ar+20%CO_2	瓶	1
4	头戴式面罩	自定	个	1
5	纱手套	自定	副	1
6	钢丝刷	自定	把	1
7	尖嘴钳	自定	把	1
8	扳手	自定	把	1
9	钢直尺	自定	把	1
10	十字螺钉旋具	自定	个	1
11	敲渣锤	自定	把	1
12	定位块	自定	个	2
13	焊缝测量尺	自定	把	1
14	粉笔	自定	根	1
15	角向磨光机	自定	台	1
16	劳保用品	帆布工作服、工作鞋等	套	1

工件材料为Q235钢,尺寸为300 mm(长)×100 mm(宽)×12 mm(厚),对接V形坡口,如图5-2所示。

装配间隙起始端约为3 mm,收尾端约为4 mm。装配定位焊在工件两端15 mm范围内,如图5-3所示。定位焊缝的长度约为15~20 mm,定位焊后应预置反变形量为3°,如图5-4所示。

【实操建议】

利用机器人横向摆动模式进行打底、填充和盖面焊。钢板在焊接过程中会发生变形,分打底、填充、盖面三次示教和三次焊接。焊接质量要求如下:

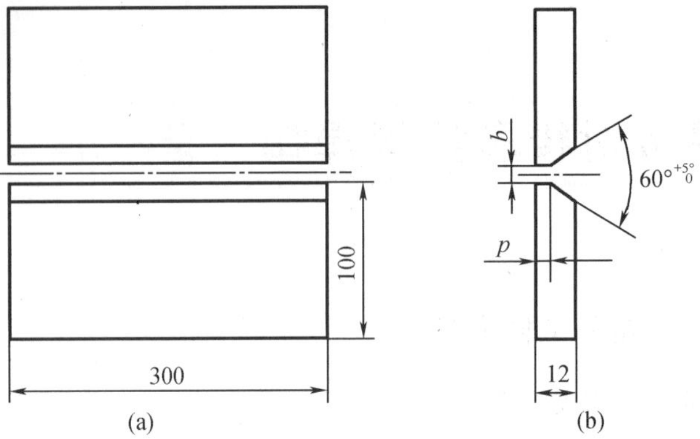

图 5-2　V 形坡口对接工件尺寸

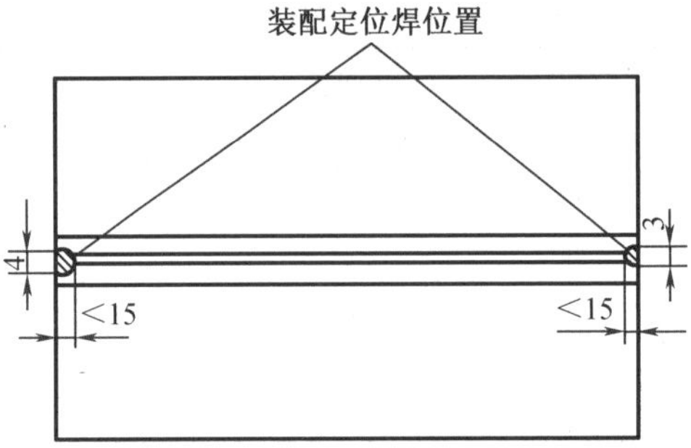

图 5-3　V 形坡口对接平焊装配

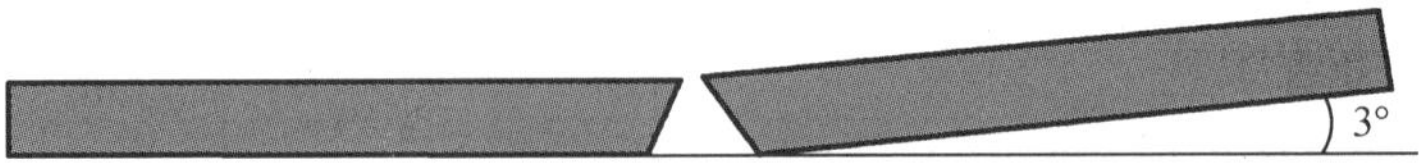

图 5-4　预置反变形量

(1)水平位单面焊双面成形。

(2)根部间隙 $b=3\sim4$ mm，钝边 $p=1\sim1.5$ mm 坡口角度 $x=60°^{+5°}_{0}$

(3)焊后变形量≤3°。

(4)焊缝表面平整、无缺陷。

(5)三层三道，横向摆动，如图 5-5 所示。

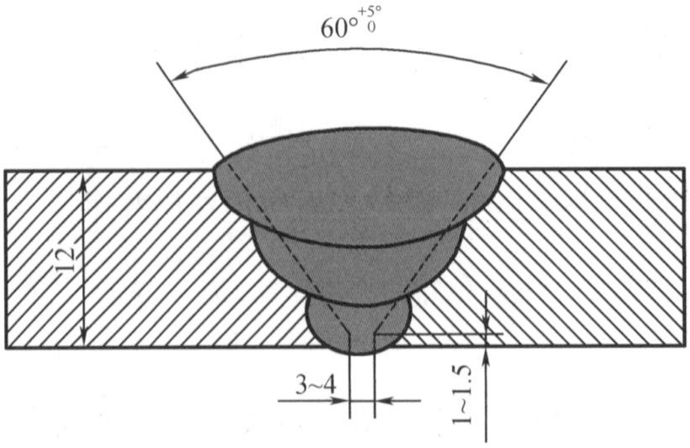

图 5-5　焊道分布示意图

板-板对接单面焊双面成形(动画)

平板对接多层焊焊接参数如表 5-2 所示。

表 5-2 平板对接多层焊焊接参数

焊道层次	焊接电流/A	焊接电压/V	焊接速度/(m·min^{-1})	摆幅点停留时间/s	摆动频率/Hz	气体流量/(L·min^{-1})
打底层	90~120	17~20	0.08~0.10	0.3~0.4	0.5~0.7	12~15
填充层	120~150	19~22	0.10~0.15	0.1~0.2	0.6~0.8	12~15
盖面层	120~140	19~23	0.10~0.12	0.2~0.3	0.6~0.8	12~15

操作要点及注意事项如下：

采用推焊法，三层三道焊。焊枪角度如图 5-6 所示。摆焊示意图如图 5-7 所示，图中左右摆动两侧为摆幅点。

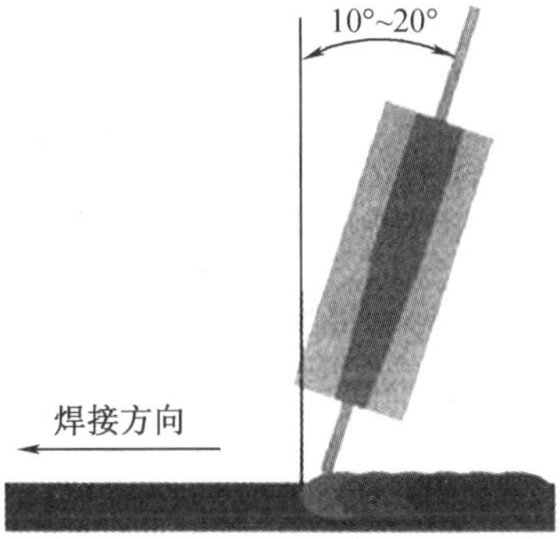

图 5-6 焊枪角度

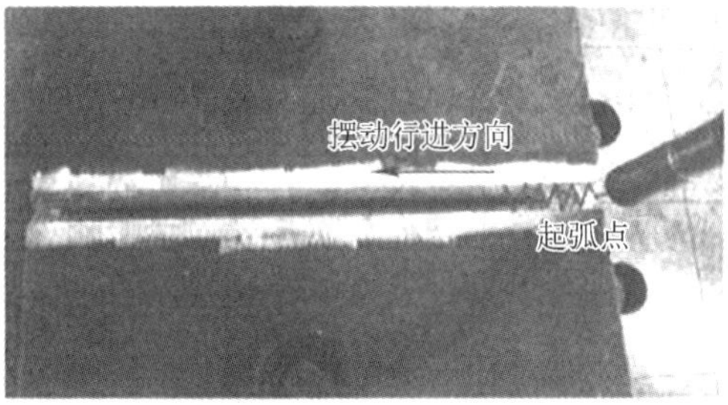

图 5-7 摆焊行进方向和起弧点位置

板-板对接单面焊双面成形焊接(实操)

(1)将工件定位焊组对好，放在机器人焊枪位置的正下方并固定好。将工件始焊端放于右侧，对准端部定位焊点中心位置引弧，然后开始向左摆动进行打底焊，摆焊行进方向和起弧点位置如图 5-7 所示。

(2)焊枪沿坡口两侧做小幅度横向摆动，控制电弧离底边 2~3 mm，保证打底层厚度不超过 4 mm，并在坡口两侧稍微停留 0.2~0.3 s。设定横向摆动幅度和焊接速度，维持熔孔直径不变，以获得宽度和余高均匀的背面成形，焊缝严防烧穿。

(3)采用简单摆动，控制好干伸长，同一层焊缝的枪姿不要变化。

5.1.2 实操步骤

平板对接多层焊的操作步骤及方法如表 5-3 所示。

表 5-3 平板对接多层焊的操作步骤及方法

操作步骤	操作方法	操作图示	补充说明
打底层焊接起始点	在工件底部 2~3 mm 中心位置示教焊接起始点，指令为 MOVELW，此时，示教器弹出提示信息“是否设两端摆幅点?”单击【YES 按钮】	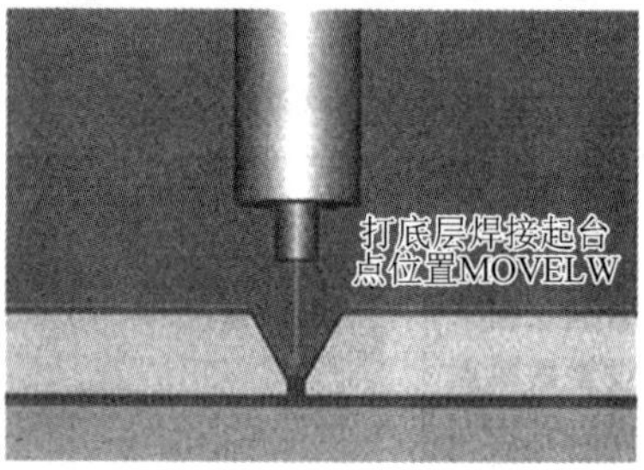	应注意电弧不能长时间对准间隙中心加热，否则工件容易烧穿
打底层左侧摆幅点	将焊枪平移至左侧工件边缘处，设置摆幅点插补指令 WEAVEP	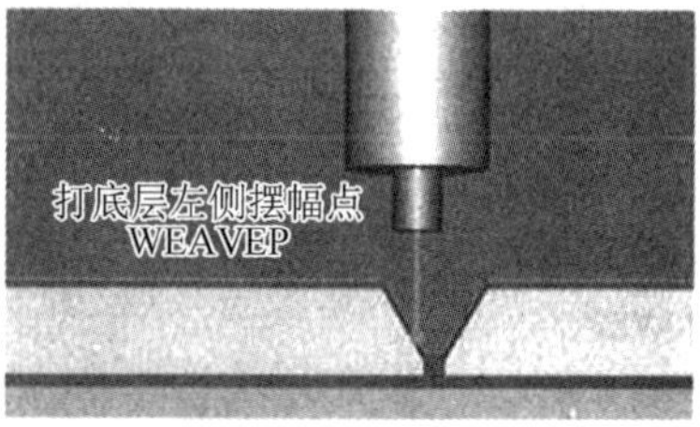	摆幅点的位置应选在焊缝边缘的内侧，即摆动幅度应略小于焊缝宽度
打底层右侧摆幅点	将焊枪平移至右侧工件边缘处，设置摆幅点插补指令 WEAVEP	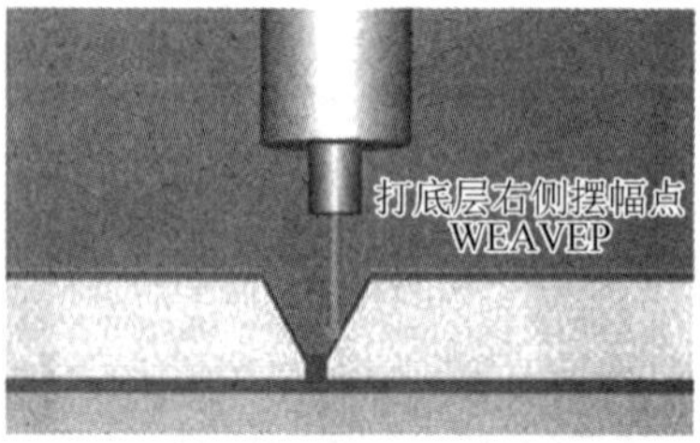	保证坡口两侧熔合良好，使打底焊道两侧与坡口结合处稍下凹，焊道表面平整
打底层焊接结束点	在工件底部 2~3 mm 中心位置示教焊接结束点，指令为 MOVELW，此时，示教器弹出提示信息：“是否设两端摆幅点?”单击【NO 按钮】	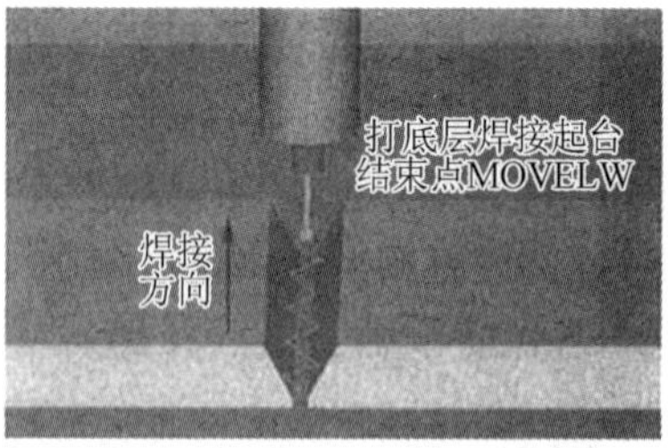	焊接时，焊接电流和速度调整好，以保证焊缝背面焊透，焊缝与母材熔合良好
打底焊		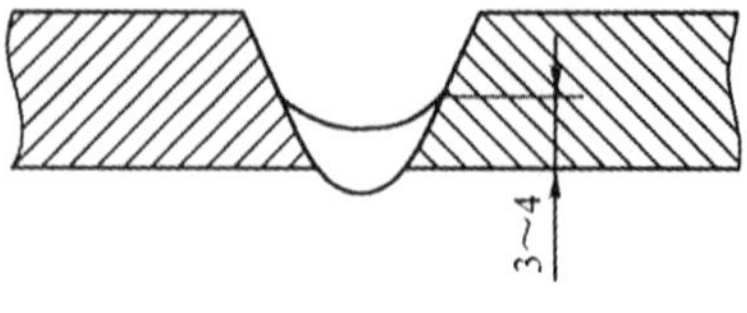	

表 5-3(续)

操作步骤	操作方法	操作图示	补充说明
填充层焊接起始点	在工件底部 5~6 mm 中心位置示教焊接起始点，指令为 MOVELW，此时，示教器弹出提示信息：“是否设两端摆幅点?”单击【YES 按钮】		
填充层左侧摆幅点	将焊枪平移至左侧工件边缘处，设置摆幅点插补指令 WEAVEP	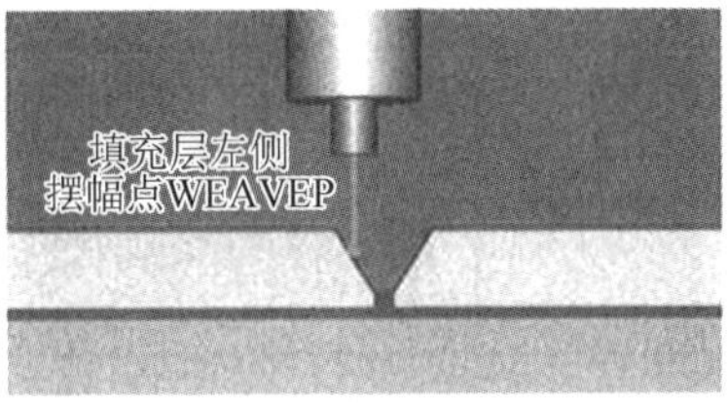	
填充层右侧摆幅点	将焊枪平移至右侧工件边缘处，设置摆幅点插补指令 WEAVEP	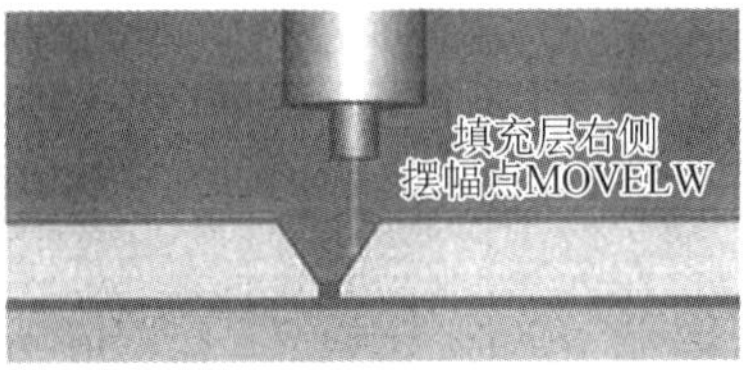	
填充层焊接结束点	在工件底部 5~6 mm 中心位置示教焊接结束点，指令为 MOVELW，此时，示教器弹出提示信息：“是否设两端摆幅点?”单击【NO 按钮】	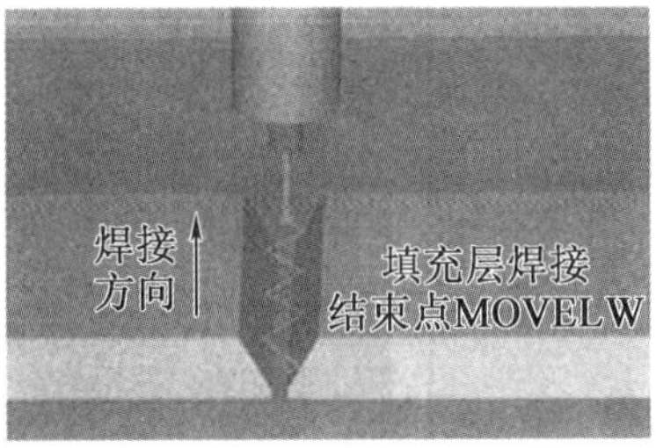	填充层的高度应低于母材表面 1.5~2.0 mm，焊接时不允许熔化坡口棱边，保证焊道表面平整并稍下凹
填充焊		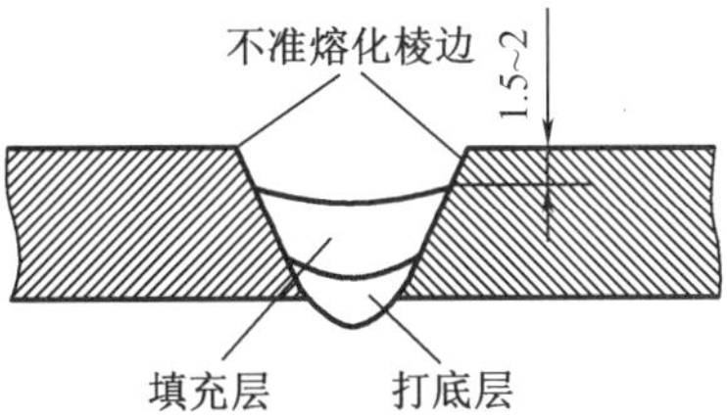	

表 5-3(续)

操作步骤	操作方法	操作图示	补充说明
盖面层焊接起始点	在工件底部 9 ~ 10 mm 中心位置示教焊接起始点，指令为 MOVELW，此时，示教器弹出提示信息："是否设两端摆幅点?" 单击【YES 按钮】	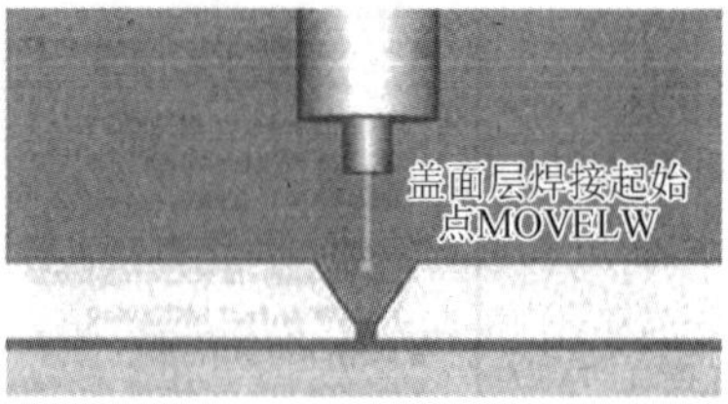	摆动幅度应比填充焊时稍大，保持焊接速度均匀，使焊缝外观成形平滑
盖面层左侧摆幅点	将焊枪平移至左侧工件边缘处，设置摆幅点插补指令 WEAVEP	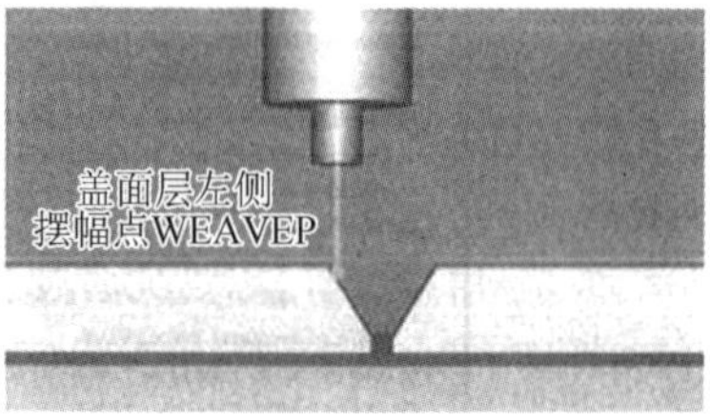	焊接熔池边缘应超过坡口棱边 0.5 ~ 2.5 mm，并防止咬边
盖面层右侧摆幅点	将焊枪平移至右侧工件边缘处，设置摆幅点插补指令 WEAVEP	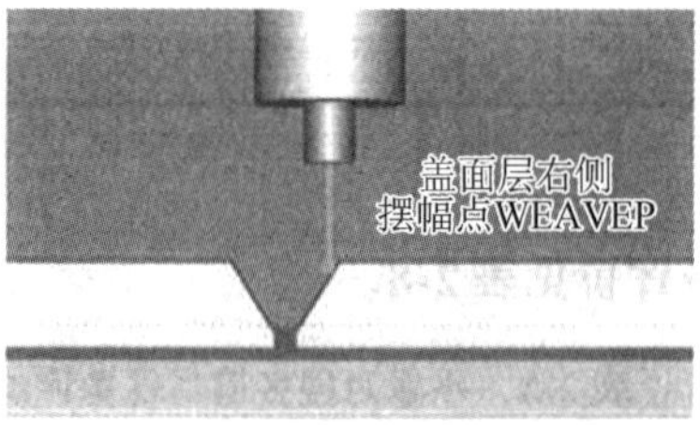	需注意保持喷嘴高度
盖面层焊接结束点	在工件底部 9 ~ 10 mm 中心位置示教焊接结束点 MOVELW，此时，示教器弹出提示信息："是否设两端摆幅点?" 单击【NO 按钮】	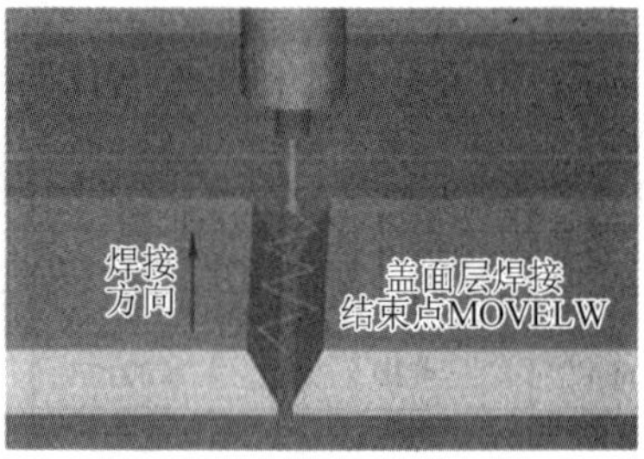	收弧时要填满弧坑，以免产生弧坑裂纹和气孔
焊接工件正面成形		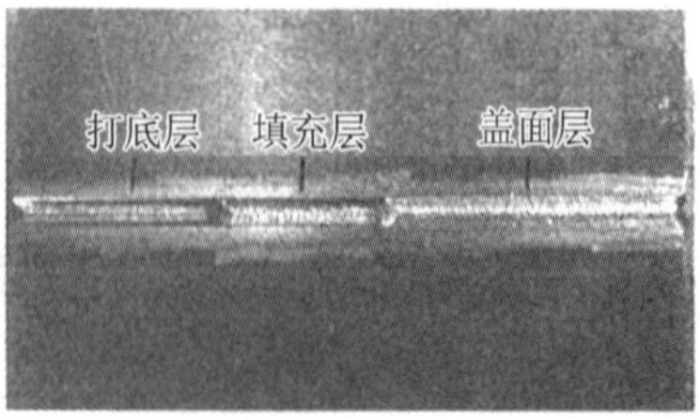	采用编一道程序、焊一道的方法完成。每层焊道完成后用钢丝刷做表面清理

表 5-3(续)

操作步骤	操作方法	操作图示	补充说明
焊接工件背面成形		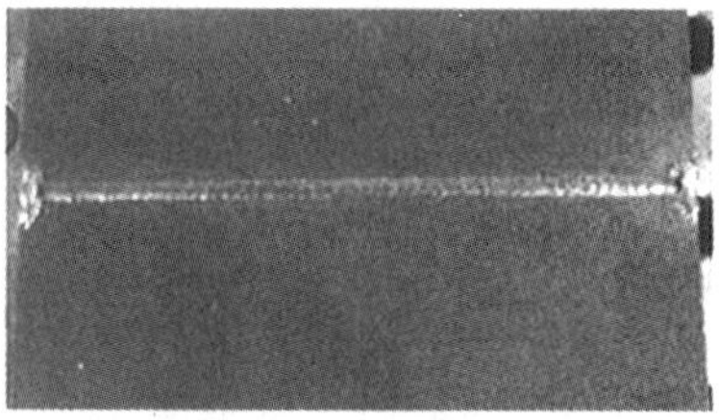	
焊接程序		● MOVELW P077 20.00m/min Ptn=1 F=0.6 ARC-SET AMP=100 VOLT=17.0 S=0.08 ARC-ON ArcStart1 PROCESS=0 ○ WEAVEP P078 0.30m/min r=0.3 ○ WEAVEP PO79 0.30m/min T=0.3 ● MOVELW P080 0.30m/min Ptn=1 F=0.6 CRATER AMP=70 VOLT=15.5 T=0.20 ARC-OFF ArcEnd1 PROCESS=0 打底层 ● MOVEL P081 20.00m/min ● MOVELW P082 20.00m/min Ptn=1 F=0.7 ARC-SE1 AMP=140 VOLT=19.5 S=0.75 ARC-ON ArcStart1 PROCESS=0 ○ WEAVEP P083 0.10m/min t=0.3 ○ WEAVEP P084 0.30m/min t=0.3 ● MOVELW P085 0.30m/min Ptn=1 F=0.7 CRATER AMP=95 VOLT=17.0 T=0.20 ARC-OFF ArcEnd1 PROCESS=0 填充层 ● MOVEL P087 20.00m/min ● MOVELW P090 20.00m/min Ptn=1 F=0.7 ARC-SET AMP=1.30 volt=19.5 s=0.10 ACR-ON ArcStart1 PROCESS=0 ○ WEAVEP P088 0.30m/min T=0.2 ○ WEAVEP P089 0.30m/min T=0.2 ● MOVELW P091 0.30m/min Ptn=1 F=0.7 CRATER AMP=90 VOLT=16.5 T=0.40 ARC-OFF ArcEnd1 PROCESS=0 盖面层	

5.1.3　任务评价

平板对接多层焊任务评价如表 5-4 所示。

表 5-4　平板对接多层焊任务评价(100 分)

检查项目	标准、分数	评价等级				实际得分
焊缝宽度	标准/mm	>15~17	>17,≤15	>14,≤18	>18,≤14	
	分数	20	14	8	0	
焊缝余高	标准/mm	0~1	1~2	2~3	>3	
	分数	10	7	4	0	
背面凹坑	标准/mm	≤10	≤20	≤30	>30	
	分数	20	14	8	0	
变形量	标准/(°)	≤1	≤2	≤3	>3	
	分数	10	7	4	0	
错边量	标准/mm	≤0.4	≤0.8	≤1.2	>1.2	
	分数	10	7	4	0	

表 5-4(续)

检查项目	标准、分数	评价等级				实际得分
咬边	标准/mm	0	深度≤0.5		深度>0.5 或总长度>30	
	分数	10	长度每 2 mm 减 0.5 分		0	
焊缝表面成形		优	良	一般	差	
	标准	成形美观,焊纹均匀细密,高低宽窄一致	成形较好,焊纹均匀,焊缝平整	成形尚可,焊缝平直	焊缝弯曲,高低宽窄明显,有表面焊接缺陷	
	分数	20	14	8	0	
焊缝表面如有修补,该工件为 0 分 焊缝表面有裂纹、夹渣、未熔合、气孔、焊瘤等缺陷之一的,该工件为 0 分					总分	

任务5.2　厚板组合件焊接工艺

5.2.1　设备、工具及工件准备

设备及工具准备明细如表5-5所示。

表5-5　设备及工具准备明细

序号	名称	型号与规格	单位	数量
1	弧焊机器人	臂伸长1 400 mm	台	1
2	焊丝	ER50-6、ϕ1.2 mm	盒	1
3	混合气	80%Ar+20%CO_2	瓶	1
4	头戴式面罩	自定	个	1
5	纱手套	自定	副	1
6	钢丝刷	自定	把	1
7	尖嘴钳	自定	把	1
8	扳手	自定	把	1
9	钢直尺	自定	把	1
10	十字螺钉旋具	自定	个	1
11	敲渣锤	自定	把	1
12	定位块	自定	个	2
13	焊缝测量尺	自定	把	1
14	粉笔	自定	根	1
15	角向磨光机	自定	台	1
16	劳保用品	帆布工作服、工作鞋等	套	1

工件及尺寸标注如图5-8所示。

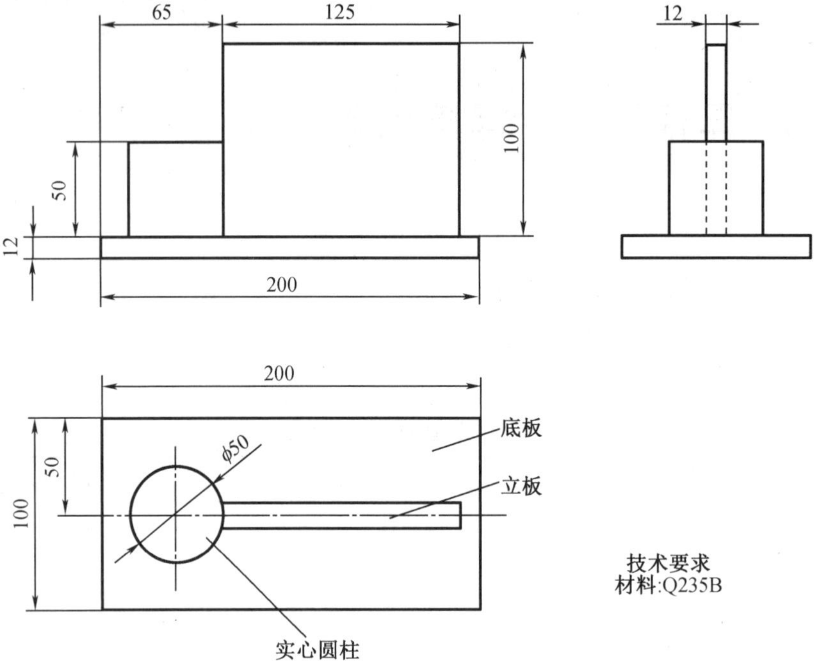

注:学员焊前自行定位焊,公差尺寸和变形量自行确定

图 5-8　工件及尺寸标注

焊接要求如图 5-9 所示。

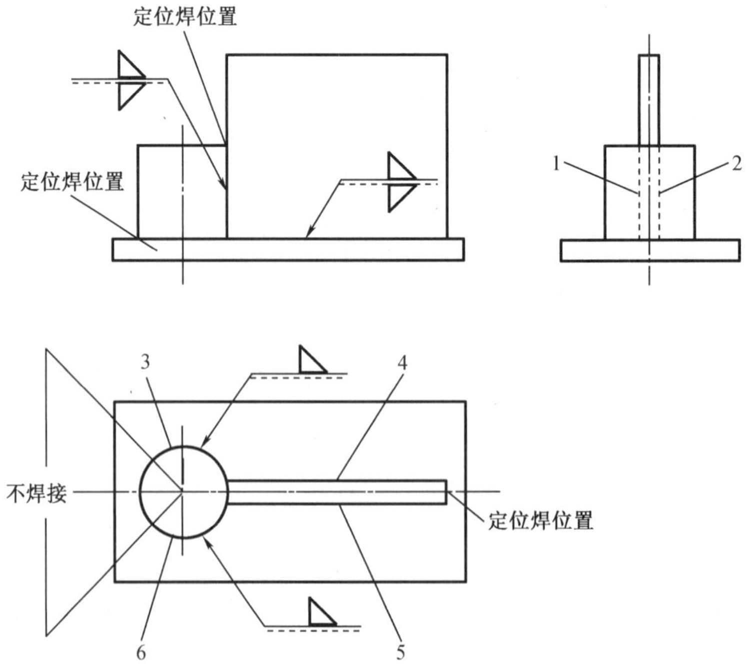

1,2—点焊缝(两条直线轨迹);3~6—平角焊缝(3 和 4 焊缝、5 和 6 焊缝分别由一段直线和三段圆弧形成,连续焊接)。

图 5-9　焊接要求

【实操建议】

厚板组:合件焊接焊接参数如表 5-6 所示。

表 5-6　厚板组合件焊接焊接参数

焊接参数	参数值	
	1,2(点焊缝)	3~6(平角焊缝)
焊接电流/A	200~210	280~290
焊接电压/V	21~22	28~29
焊接速度/(cm·min^{-1})	40	40
焊枪行进角度/(°)	80	80
焊枪工作角度/(°)	90	45
干伸长/mm	18	20
气体流量/(L·min^{-1})	18~20	18~20
收弧电流/A	140~150	200~210
收弧电压/V	18.0~18.5	21~22
收弧时间/s	0.2	0.4

5.2.2　实操步骤

厚板组合件焊接的操作步骤及方法如表 5-7 所示。

表 5-7　厚板组合件焊接的操作步骤及方法

操作步骤	操作方法	操作图示	补充说明
原点	保存原点位置	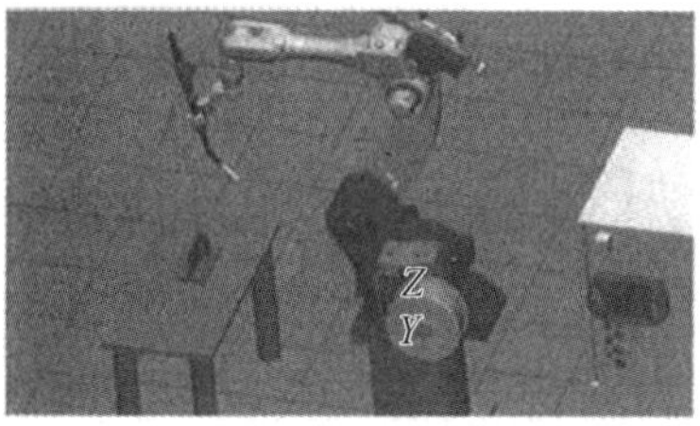	MOVEP（空走点）
过渡点	过渡点示教	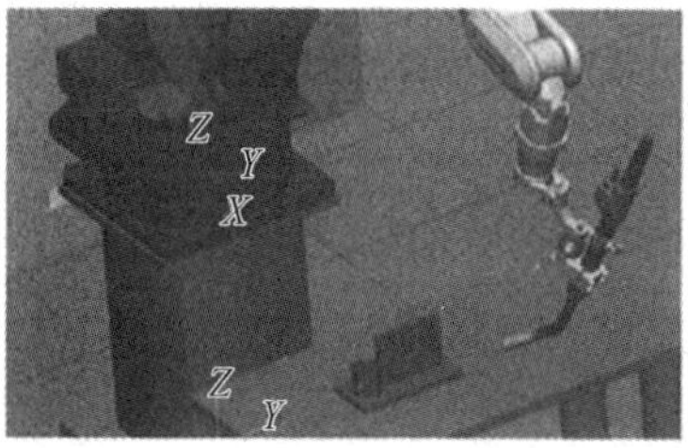	MOVEP（空走点）

表 5-7(续)

操作步骤	操作方法	操作图示	补充说明
焊缝 1 焊接起始点	焊缝 1 焊接起始点示教	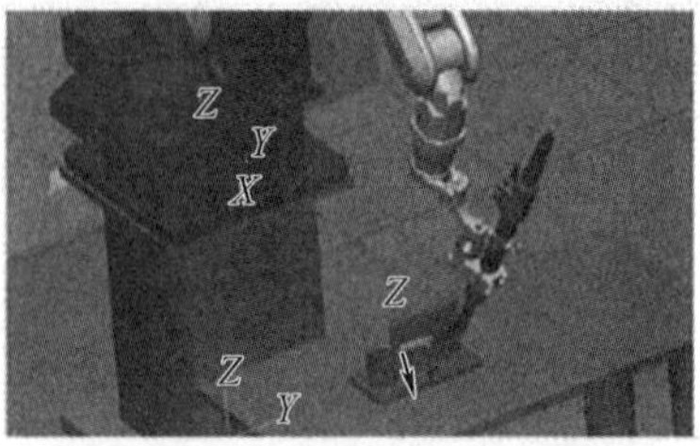	MOVEL（焊接点）
焊缝 1 焊接结束点	焊缝 1 焊接结束点示教	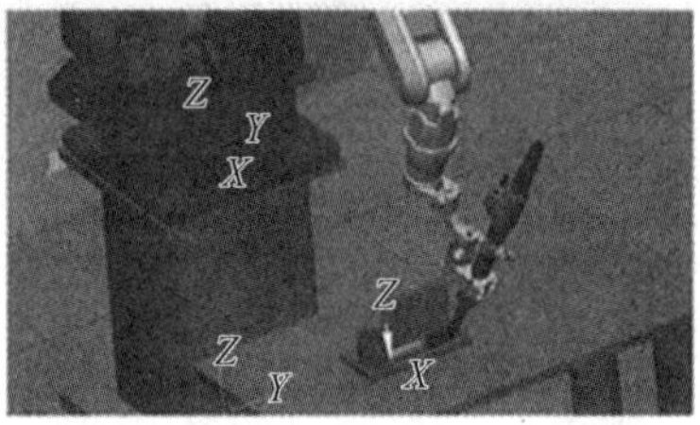	MOVEL（空走点）
过渡点	过渡点示教	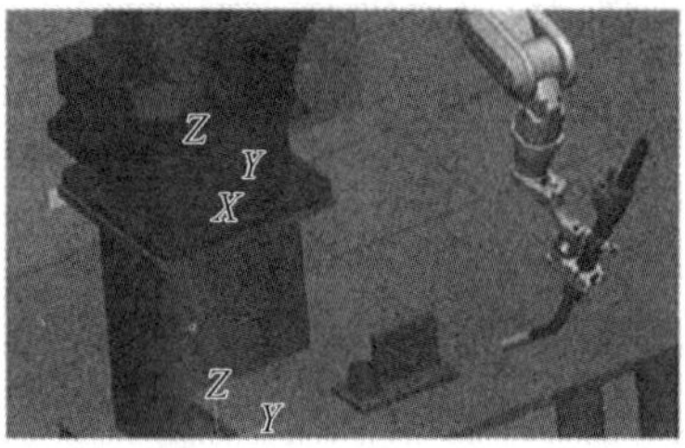	MOVEP（空走点）
过渡点	过渡点示教		MOVEP（空走点）
焊缝 2 焊接起始点	焊缝 2 焊接起始点示教		MOVEL（焊接点）
焊缝 2 焊接结束点	焊缝 2 焊接结束点示教	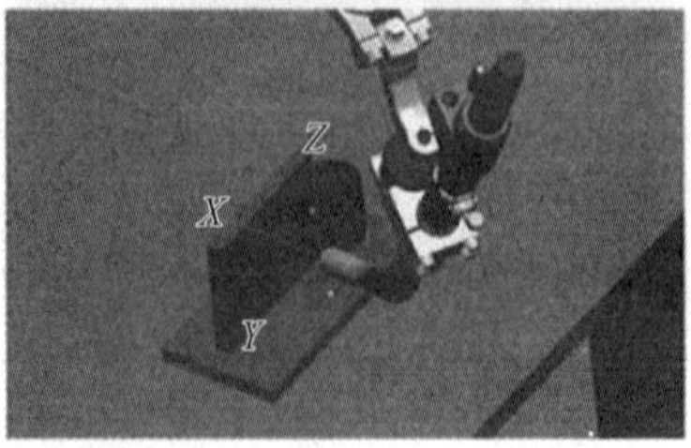	MOVEL（空走点）

表 5-7(续)

操作步骤	操作方法	操作图示	补充说明
过渡点	过渡点示教		MOVEP（空走点）
焊缝 5,6 焊接起始点	焊缝 5,6 焊接起始点示教	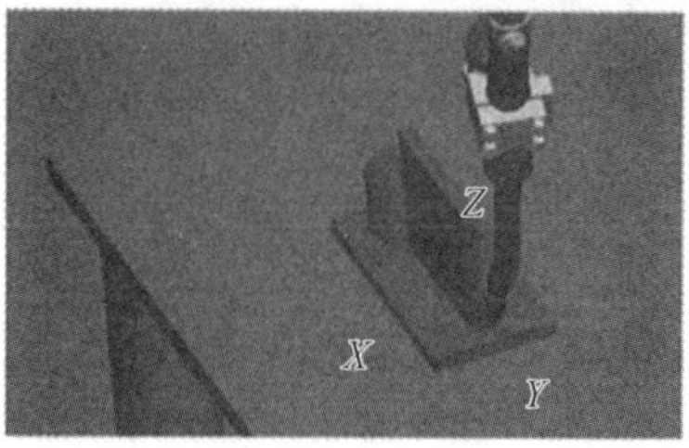	MOVEP（空走点）
焊缝 5,6 焊接中间点	焊缝 5,6 焊接中间点示教	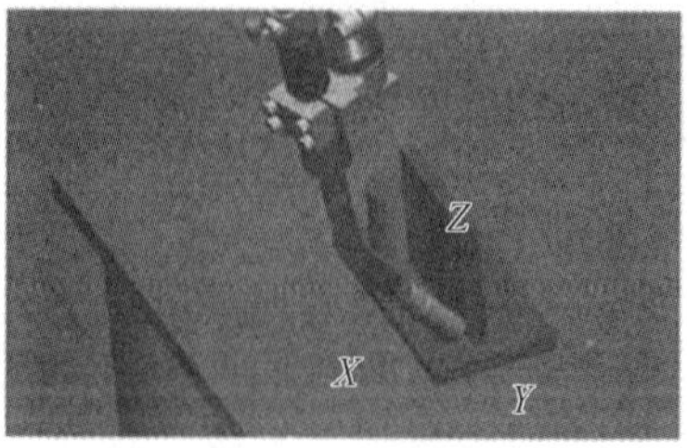	示教第一段圆弧三个连续的 MOVEC（焊接点），使焊枪圆滑经过转角位置
焊缝 5,6 焊接中间点	焊缝 5,6 焊接中间点示教	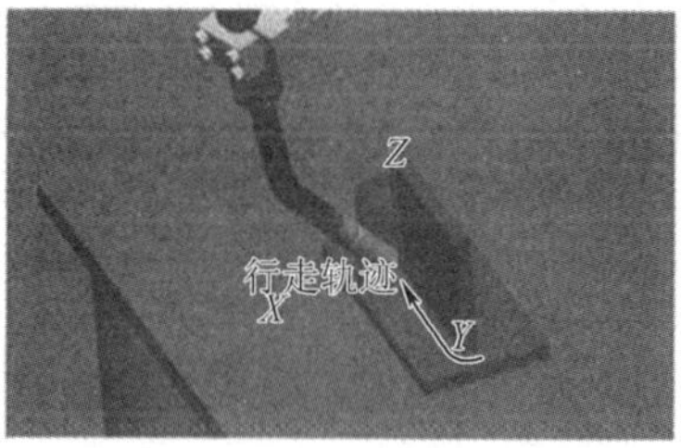	由于第一段圆弧连接直线，需要在第二段圆弧的第一点先示教一个 MOVEL（焊接点），再在同一点登录设置圆弧点 MOVEC（焊接点）
焊缝 5,6 焊接中间点	焊缝 5,6 焊接中间点示教	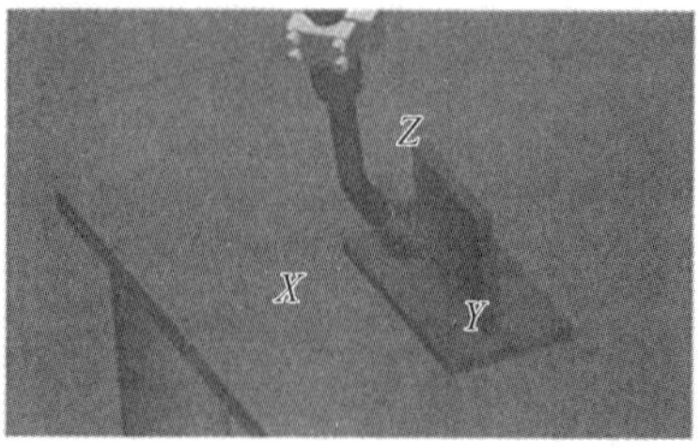	示教第二段圆弧的第二点，设为 MOVEC（焊接点）
焊缝 5,6 焊接中间点	焊缝 5,6 焊接中间点示教	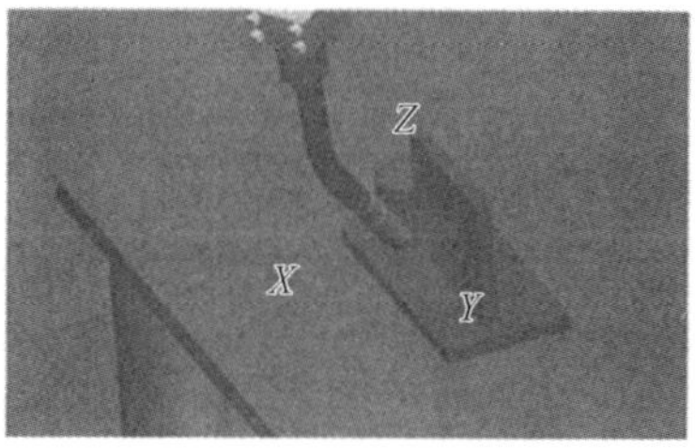	示教第二段圆弧的第三点，设为 MOVEC（焊接点），由于第二段圆弧与第三段圆弧不是一个圆心，所以，圆弧之间要设置一个分离点 MOVEL(焊接点)

表 5-7(续)

操作步骤	操作方法	操作图示	补充说明
焊缝 5,6 焊接结束点	焊缝 5,6 焊接结束点示教	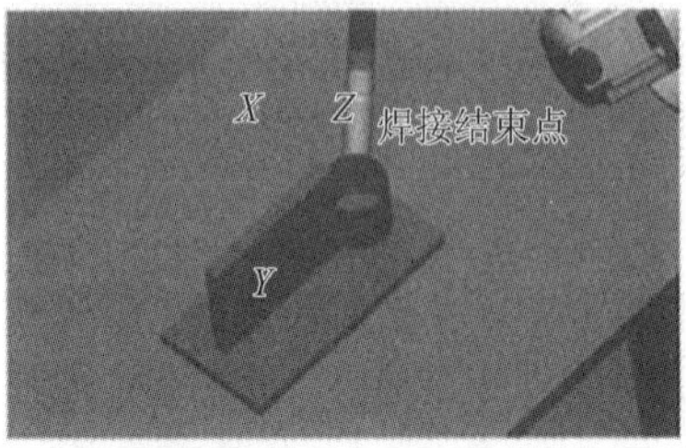	然后,再示教第三段圆弧的三个 MOVEC,其中,焊接结束点设为空走点
过渡点	过渡点示教	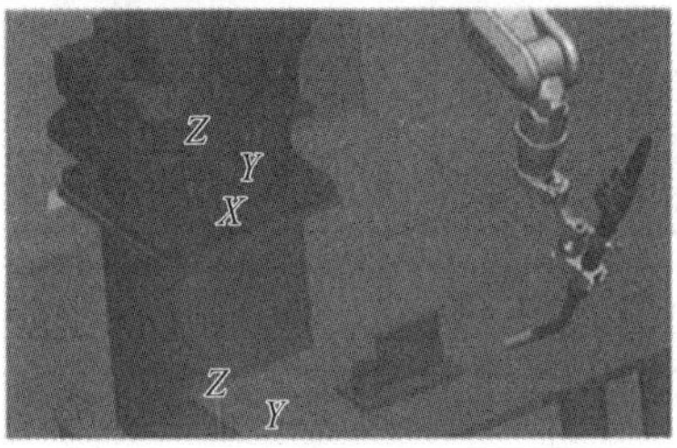	MOVEP（空走点）
焊缝 3,4 焊接起始点	焊缝焊接起始点示教		MOVEL（焊接点）,与上一个起弧点搭接
焊缝 3,4 焊接中间点	焊缝 3,4 焊接中间点示教	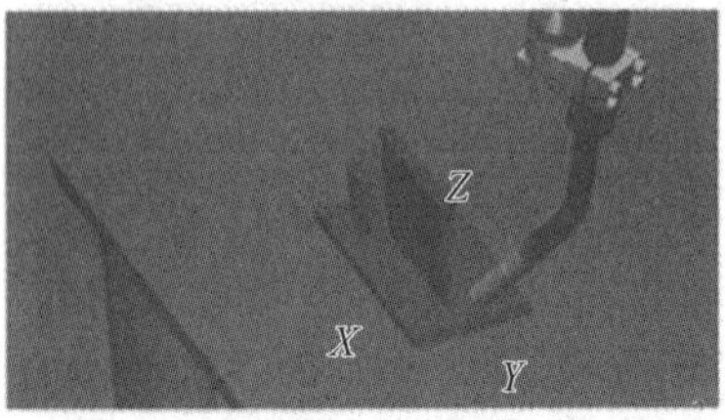	示教第一段圆弧三个连续的 MOVEC（焊接点）,使焊枪圆滑经过转角位置
焊缝 3,4 焊接中间点	焊缝 3,4 焊接中间点示教		由于第一段圈弧连接直线,因此需要在第二段圆弧开始处先示教一个 MOVEL（焊接点）,再在同一点登录设置圆弧点 MOVEC（焊接点）
焊缝 3,4 焊接中间点	焊缝 3,4 焊接中间点示教	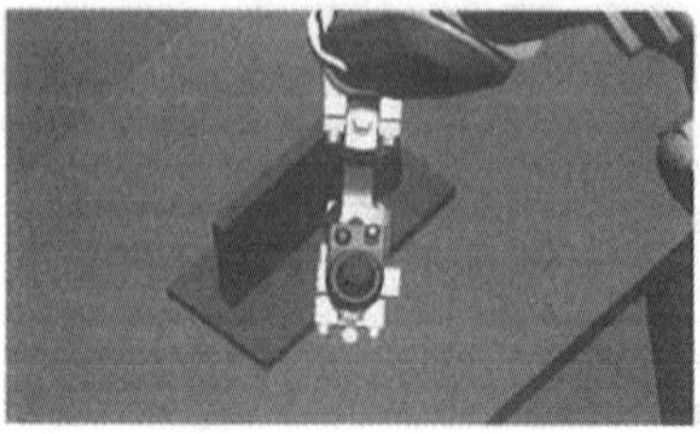	示教第二段圆弧的第二点设为 MOVEC(焊接点)

表 5-7(续)

操作步骤	操作方法	操作图示	补充说明
焊缝 3,4 焊接中间点	焊缝 3,4 焊接中间点示教回到原点	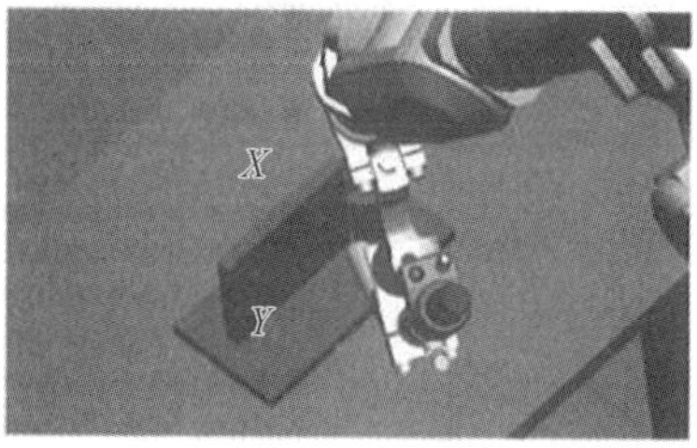	示教第二段圆弧的第三点,设为 MOVEC(焊接点),由于第二段圆弧与第三段圆弧不是一个圆心,所以,圆弧之间要设置一个分离点 MOVEL(焊接点)
焊缝 3,4 焊接结束点	焊缝 3,4 焊接结束点示教	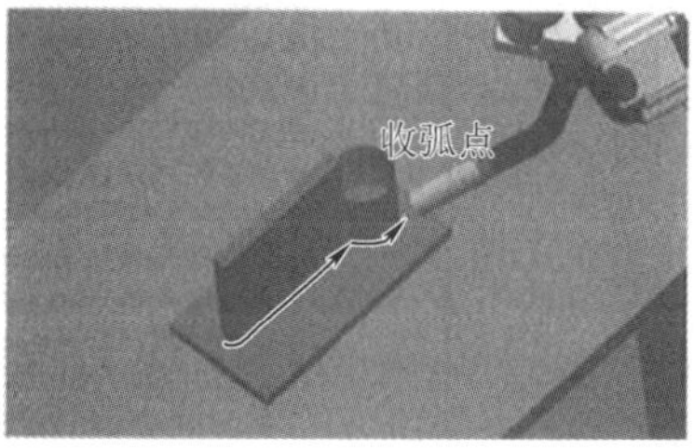	示教第三段圆弧的三个点,MOVEC,其中,焊接结束点设为空走点
过渡点	过渡点示教	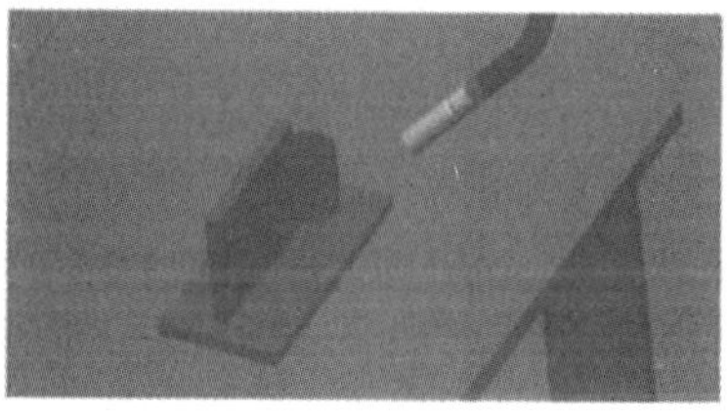	MOVEP（空走点）
回到原点	机器人回到原点	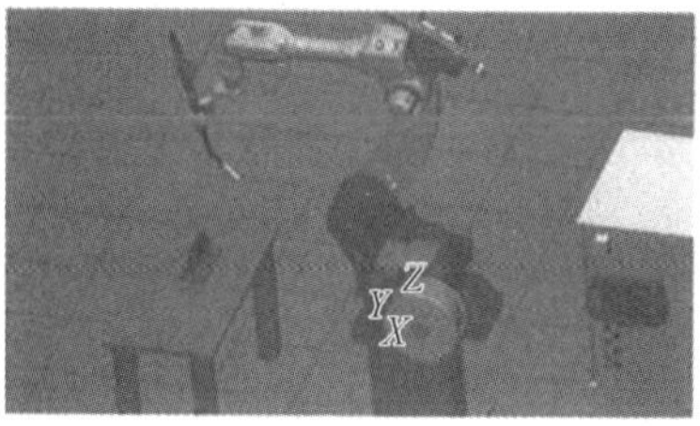	MOVEP（空走点）
焊后工件			要求一次运行程序完成全部焊接

表 5-7(续)

操作步骤	操作方法	操作图示	补充说明
焊缝 1,2 焊接程序		● MOVEP P0001 10.00 m/min ● MOVEP P0002 10.00 m/min ●MOVEP P0003 10.00 m/min ARC-SET AMP=200 VOLT=21.0 S=0.40 ARC-ON ArcStart1 PROCESS=1 ●MOVEP P0004 10.00 m/min CRATER AMP=140 VOLT=18.0 T=0.20 ARC-OFF ArcEnd1 PROCESS=1 ● MOVEP P0005 10.00 m/min ● MOVEP P0006 10.00 m/min ●MOVEP P0007 10.00 m/min CRATER AMP=140 VOLT=18.0 T=0.20 ARC-OFF ArcEnd1 PROCESS=1 ● MOVEP P0008 10.00 m/min	
焊缝 5,6 焊接程序		● MOVEP P0009 10.00 m/min ●MOVEP P0010 10.00 m/min ARC-SET AMP=280 VOLT=28.0 S=0.40 ARC-ON ArcStart1 PROCESS=1 ● MOVEP P0011 10.00 m/min ● MOVEP P0012 10.00 m/min ● MOVEP P0013 10.00 m/min ● MOVEP P0014 10.00 m/min ● MOVEP P0015 10.00 m/min ● MOVEP P0016 10.00 m/min ● MOVEP P0017 10.00 m/min ● MOVEP P0018 10.00 m/min ● MOVEP P0019 10.00 m/min ● MOVEP P0020 10.00 m/min ●MOVEP P0021 10.00 m/min CRATER AMP=200 VOLT=21.0 T=0.40 ARC-OFF ArcEnd1 PROCESS=1 ● MOVEP P0022 10.00 m/min	

表 5-7(续)

操作步骤	操作方法	操作图示	补充说明
焊缝 3、4 焊接程序		● MOVEP P0023 10.00 m/min ● MOVEP P0024 10.00 m/min ●MOVEP P0025 10.00 m/min ARC-SET AMP=280 VOLT=28.0 S=0.40 ARC-ON ArcStart1 PROCESS=1 ● MOVEP P0026 10.00 m/min ● MOVEP P0027 10.00 m/min ● MOVEP P0028 10.00 m/min ● MOVEP P0029 10.00 m/min ● MOVEP P0030 10.00 m/min ● MOVEP P0031 10.00 m/min ● MOVEP P0032 10.00 m/min ● MOVEP P0033 10.00 m/min ● MOVEP P0034 10.00 m/min ● MOVEP P0035 10.00 m/min ●MOVEP P0036 10.00 m/min CRATER AMP=200 VOLT=21.0 T=0.40 ARC-OFF ArcEnd1 PROCESS=1 ● MOVEP P0037 10.00 m/min ● MOVEP P0038 10.00 m/min	

5.2.3　任务评价

厚板组合件焊接任务评价如表 5-8 所示。

表 5-8　厚板组合件焊接任务评价（100 分）

检查项目	标准、分数	评价等级				实际得分
焊脚尺寸	标准/mm	>7.6~8.3	>8.3,≤7.6	>8.7,≤7.1	>9.2,≤6.8	
	分数	10	7	4	0	
焊缝高低差	标准/mm	≤1	>1~2	>2~3	>3	
	分数	10	7	4	0	
焊缝宽窄差	标准/mm	≤1.5	>1.5~2	>2~3	>3	
	分数	10	7	4	0	
咬边	标准/mm	0	深度≤0.5 长度≤15	深度≤0.5 长度>15~30	深度>0.5 长度>30	
	分数	10	7	4	0	

表 5-8(续)

检查项目	标准、分数	评价等级				实际得分
未焊透	标准/mm	0	深度≤0.5 长度≤15	深度≤0.5 长度>15~30	深度>0.5 长度>30	
	分数	10	7	4	0	
角变形	标准/(°)	≤1	>1~3	>3~5	>5	
	分数	10	7	4	0	
错边量	标准/mm	0	≤0.7	>0.7~1.2	>1.2	
	分数	10	7	4	0	
焊缝边缘直线度	标准/mm	≤0.5	>0.5~1	>1~2	>2	
	分数	10	7	4	0	
焊缝表面成形		优	良	一般	差	
	标准	成形美观，焊纹均匀细密，高低宽窄一致	成形较好，焊纹均匀，焊缝平整	成形尚可，焊缝平直	焊缝弯曲，高低宽窄明显，有表面焊接缺陷	
	分数	20	14	8	0	
焊缝表面如有修补,该工件为0分 焊缝表面有裂纹、夹渣、未熔合、气孔、焊瘤等缺陷之一的,该工件为0分					总分	

任务5.3　管-板组合件焊接工艺

5.3.1　设备、工具及工件准备

设备及工具准备明细如表5-9所示。

表5-9　设备及工具准备明细

序号	名称	型号与规格	单位	数量
1	弧焊机器人	臂伸长1 400 mm	台	1
2	焊丝	ER50-6、ϕ1.2 mm	盒	1
3	混合气	80%Ar+20%CO_2	瓶	1
4	头戴式面罩	自定	个	1
5	纱手套	自定	副	1
6	钢丝刷	自定	把	1
7	尖嘴钳	自定	把	1
8	扳手	自定	把	1
9	钢直尺	自定	把	1
10	十字螺钉旋具	自定	个	1
11	敲渣锤	自定	把	1
12	定位块	自定	个	2
13	焊缝测量尺	自定	把	1
14	粉笔	自定	根	1
15	角向磨光机	自定	台	1
16	劳保用品	帆布工作服、工作鞋等	套	1

工件材料及规格如表5-10所示。

表5-10　工件材料及规格

类型	材料	底板/mm	管/mm	立板/mm	侧板/mm
管-板组合件	Q235	200(长)×200(宽)×6(厚)	ϕ56×3(厚)×50(高)	120(长)×50(宽)×2(厚)	80(长)×50(宽)×2(厚)

装配尺寸如图5-10所示。

组合件外四周全部平角满焊，四条立焊缝满焊，如图5-11所示。

示教编程时间+焊接时间为 60 min;超时每 2 min 减 1 分(该项仅作为参考)。每条焊缝只能进行一次起收弧。组合件装夹图如图 5-12 所示。

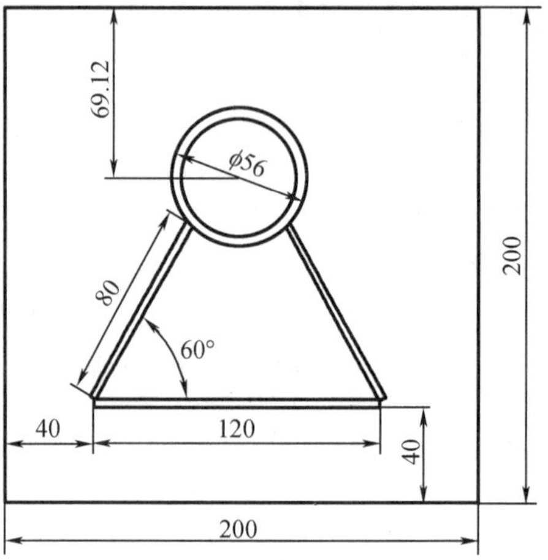

图 5-10　装配尺寸

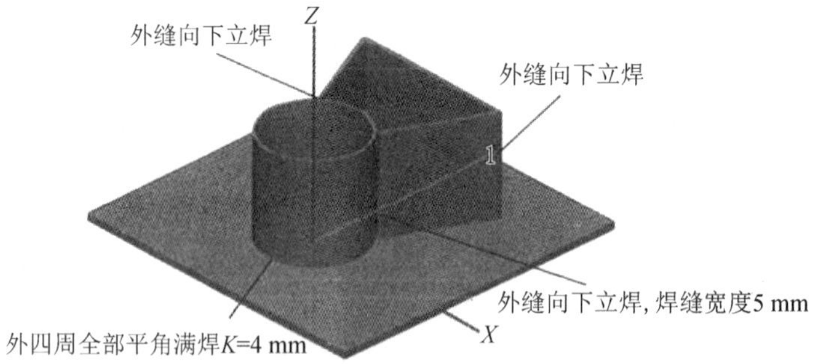

图 5-11　焊接示意图

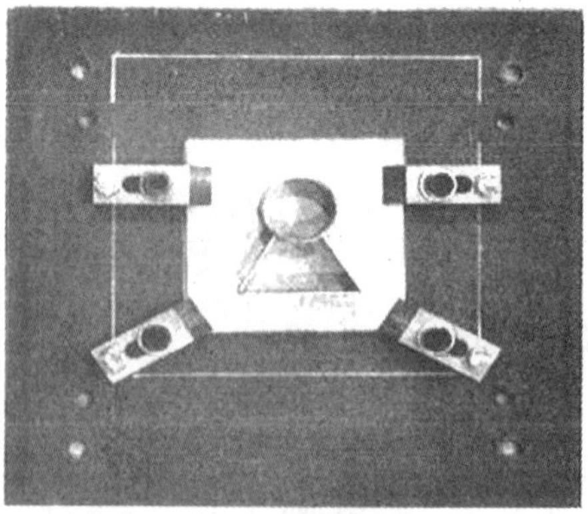

图 5-12　组合件装夹图

【实操建议】

处理好转角位置点的枪姿变化并注意干伸长的变化。

采用 MAG 焊接,管-板组合件焊接焊接参数如表 5-11 所示。

表 5-11　管-板组合件焊接焊接参数

焊接位置	焊接电流 /A	焊接电压 /V	气体流量 /(L·min^{-1})	焊接速度 /(m·min^{-1})	收弧电流 /A	收弧时间 /s
外立缝 ABC、JKL	120~130	17~18	14~15	0.5~0.6	80~90	0.0~0.1
内立缝 DEF、GHI	130~140	17~18	14~15	0.45~0.55	90~100	0.0~0.1
底板平角 焊缝	140~150	21~18	14~15	0.3~0.4	100~110	0.2~0.4

5.3.2　实操步骤

先焊四条立焊缝，再焊底板平角焊缝。

1. 四条立焊缝的示教

四条立焊缝的示教顺序是 A~L 点，焊丝伸出长度始终保持在 13~14 mm，如图 5-13 所示。

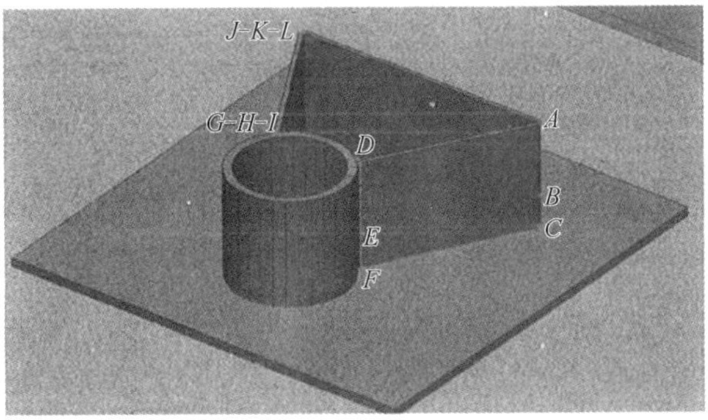

图 5-13　四条立焊缝的示教点

管-板组合件立焊焊缝顺序（动画）

立焊位置主要考虑焊缝宽度（尺寸），采用由上至下焊接（向下立焊），但在根部容易产生焊瘤，因此，分成两段示教，如第一段 *ABC*，将焊缝分成 *AB* 和 *BC* 段，焊枪与工件以接近 90°夹角由上至下移动，由于这种枪姿无法焊到底部，第二段 *BC* 应逐渐转换枪姿向下推焊。*B* 点的位置尽量靠下，*C* 点应注意因立焊缝焊接参数和枪姿不当而产生焊瘤。*BC* 段的焊枪夹角由 90°逐渐转为 45°。

管-板组合件焊接（动画）

管-板组合件四条立焊缝的操作步骤及方法如表 5-12 所示。

表 5-12　管-板组合件四条立焊缝的操作步骤及方法

操作步骤	操作方法	操作图示	补充说明
原点	将工件定位焊组对好，放在焊枪位置的正下方并固定好，设置原点		注意装夹位置
过渡点（进枪点）	设置过渡点（进枪点）	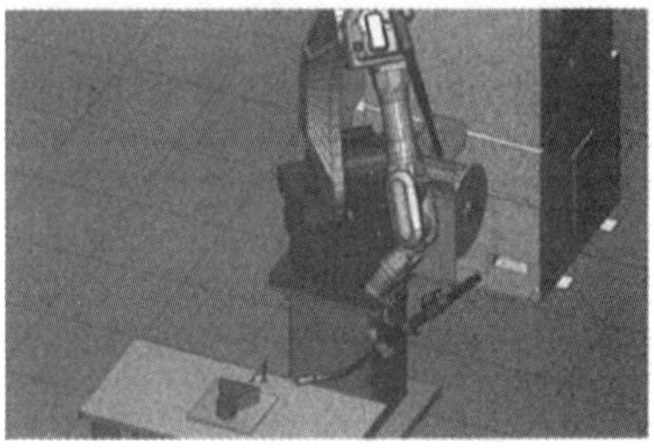	设置过渡点（进枪点）的目的主要是避免焊枪与工件发生干涉（碰撞）
立焊缝 *ABC* 焊接起始点	示教 *A* 点		注意枪姿
立焊缝 *ABC* 焊接中间点	示教 *B* 点	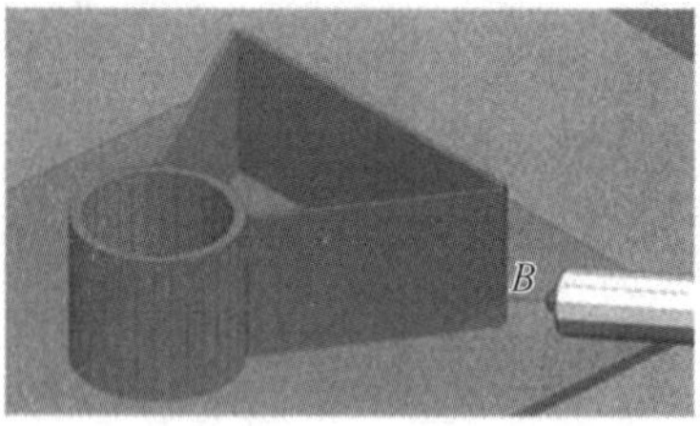	注意枪姿
立焊缝 *ABC* 焊接结束点	示教 *C* 点	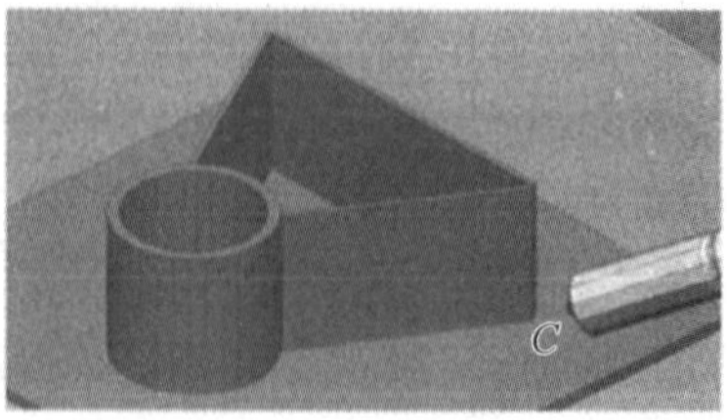	注意枪姿

表 5-12(续)

操作步骤	操作方法	操作图示	补充说明
退避点	沿焊枪轴向退枪至退避点,退避距离 50 mm 左右为宜		
立焊缝 *DEF* 焊接起始点	将焊枪由退避点移动至 *D* 点,示教 *D* 点	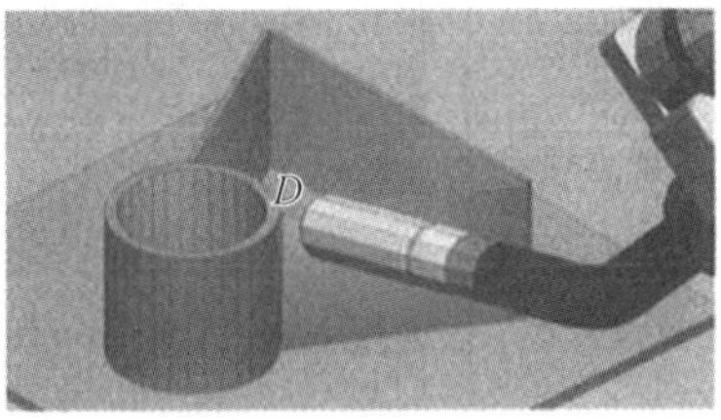	注意枪姿
立焊缝 *DEF* 焊接中间点	示教 *E* 点	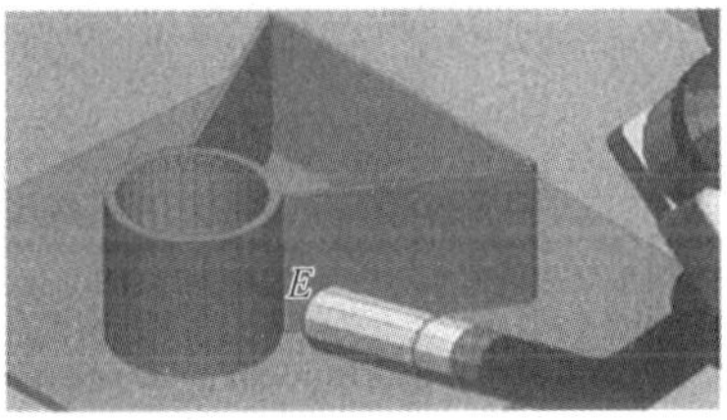	注意枪姿
立焊缝 *DEF* 焊接结束点	示教 *F* 点	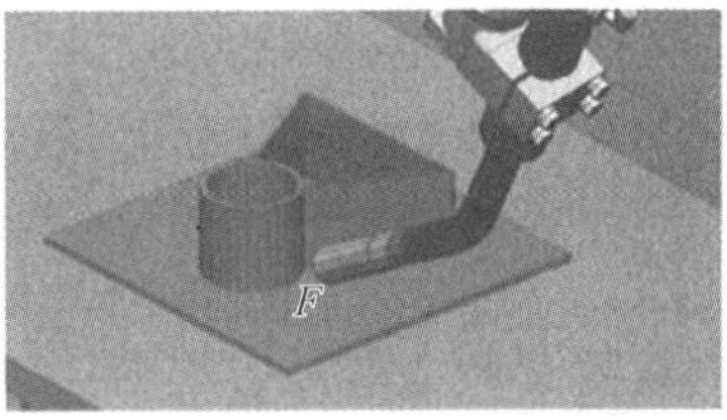	注意枪姿
退避点	设置退避点的焊枪姿态,即将焊枪轴向退至高于工件的位置点	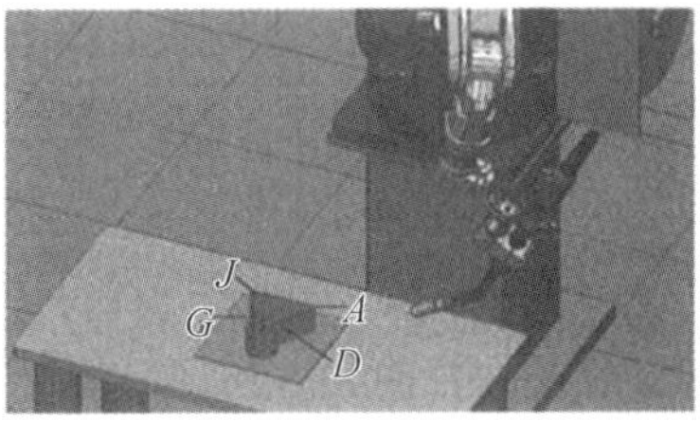	

表 5-12(续)

操作步骤	操作方法	操作图示	补充说明
过渡点 (进枪点)	焊枪由上一退避点移动至过渡点,应注意焊枪缠绕、干涉、姿态错误、超限等情况发生	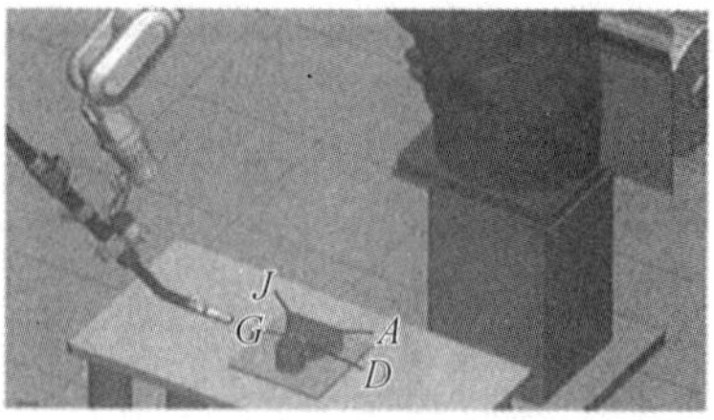	焊枪由工件一边移动到另一边时,由于机器人姿态发生较大变化,应避免焊枪在移动中碰撞工件
立焊缝 GHI 焊接起始点	将焊枪由过渡点移动至 G 点	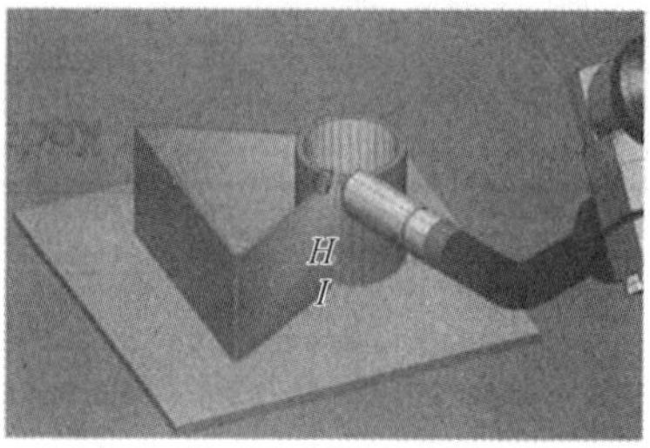	注意枪姿
立焊缝 GHI 焊接中间点	示教 H 点	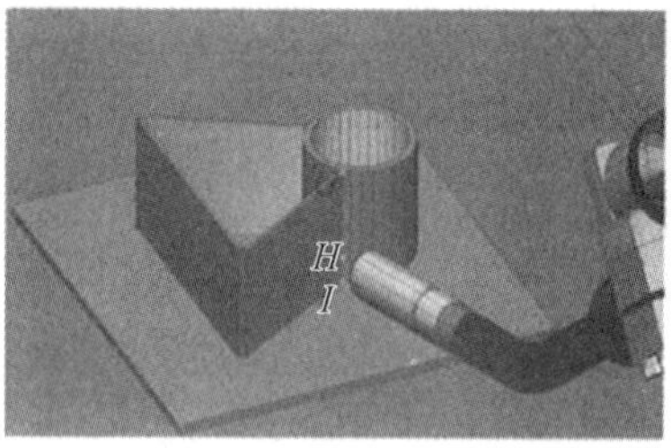	注意枪姿
立焊缝 GHI 焊接结束点	示教 I 点		注意枪姿
过渡点	枪焊枪移至过渡点,将焊枪轴向退至高于工件的位置点	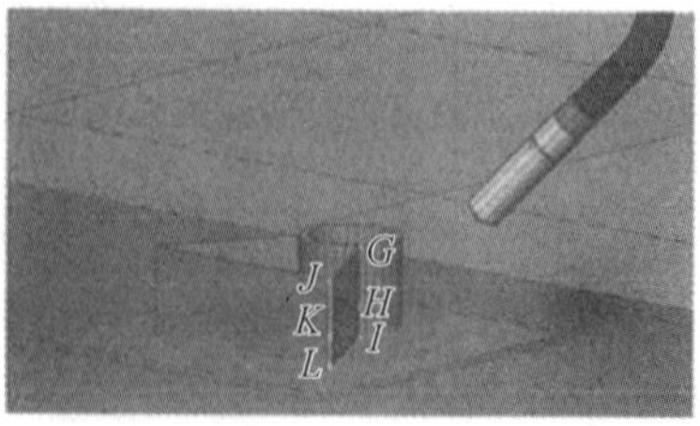	

表 5-12(续)

操作步骤	操作方法	操作图示	补充说明
立焊缝 *JKL* 焊接起始点	示教 *J* 点	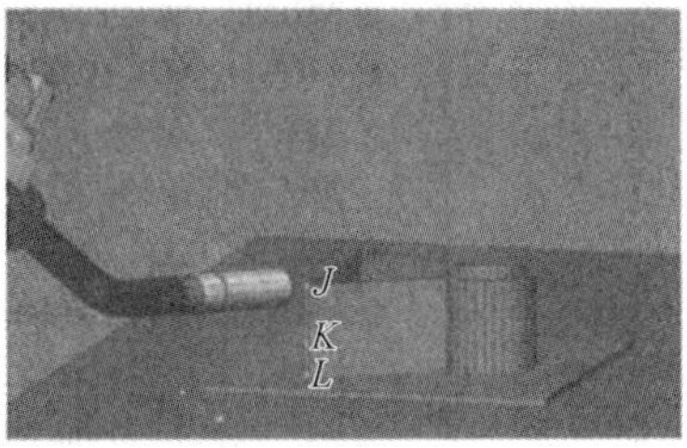	注意枪姿
立焊缝 *JKL* 焊接中间点	示教 *K* 点	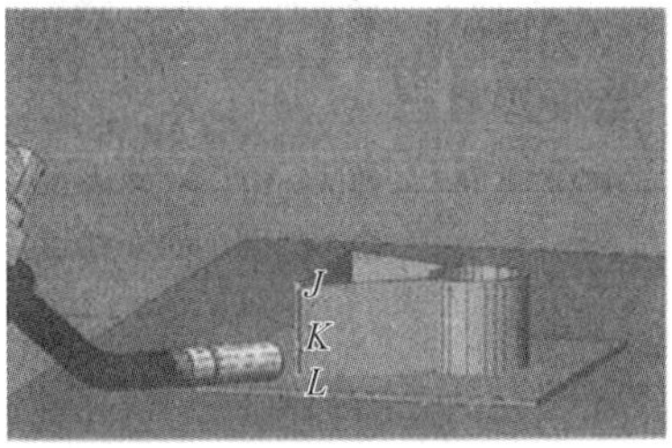	注意枪姿
立焊缝 *JKL* 焊接结束点	示教 *L* 点	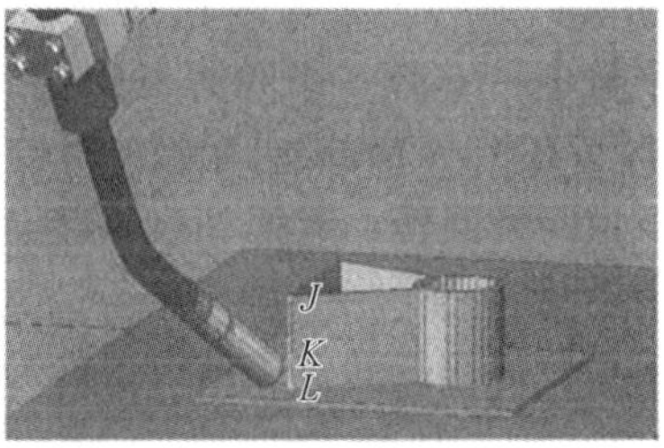	注意枪姿
退避点	沿焊枪沿轴向退枪至退避点，退避距离 50 mm 左右为宜	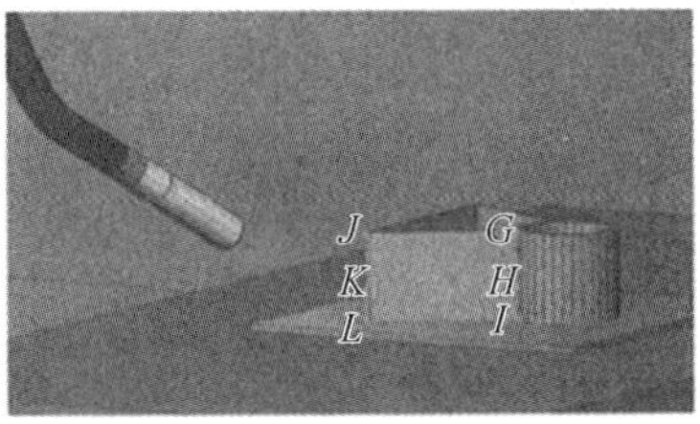	
回到原点	回到原点	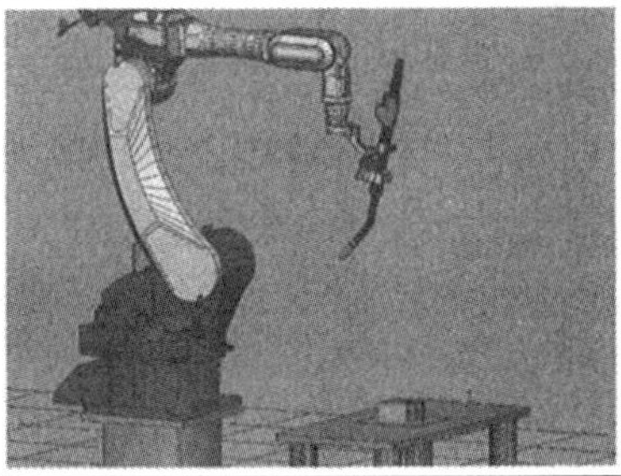	

表 5-12(续)

操作步骤	操作方法	操作图示	补充说明
焊接程序		● MOVEP P0001 10.00 m/min ● MOVEP P0002 10.00 m/min ●MOVEP P0003 10.00 m/min ARC-SET AMP=120 VOLT=17.5 S=0.60 ARC-ON ArcStart1 PROCESS=1 ● MOVEP P0004 10.00 m/min ●MOVEP P0005 10.00 m/min CRATER AMP=90 VOLT=16.0 T=0.00 ARC-OFF ArcEnd1 PROCESS=1 ● MOVEP P0006 10.00 m/min ●MOVEP P0007 10.00 m/min ARC-SET AMP=130 VOLT=17.8 S=0.50 ARC-ON ArcStart1 PROCESS=1 ● MOVEP P0008 10.00 m/min ●MOVEP P0009 10.00 m/min CRATER AMP=100 VOLT=17.0 T=0.00 ARC-OFF ArcEnd1 PROCESS=1 ● MOVEP P010 10.00 m/min	

2. 底板平角焊缝的示教

平角焊缝的焊接顺序是 1~16 点；平角焊的焊枪工作角应始终保持为 45°，行进角为 80°；焊丝伸出长度始终保持在 13~14 mm；起弧从机器人近点开始，焊枪顺时针扭转 180°，示教时，焊枪绕 Z 轴逐点逆时针回转；起弧和收弧部位有 2~3 mm 的搭接；平角位示教点及焊接方向示意图如图 5-14 所示。

图 4-15 中：1、16 平角位焊接起始点和结束点设为 MOVEL，2~4 转角位设为 MOVEC、5~7 转角位设为 MOVEC、7~10 转角位设为 MOVEC、10~12、13~15 转角位设为 MOVEC。

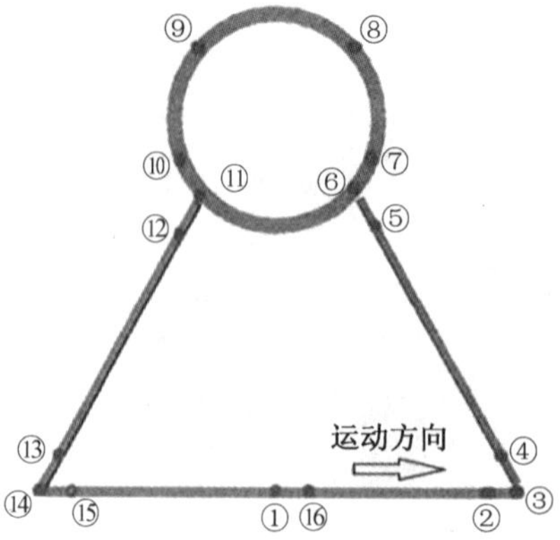

图 5-14　平角位示教点及焊接方向示意图

管-板组合件焊接(实操)

平角焊的直线段枪姿不要变，应在圆弧段的示教点匀速变换枪姿。除第 16 点为空走点外,其他均为焊接点。其中第 5 点和第 12 点重复登录 2 次增设一个 MOVEL 点;第 7 点和第 10 点设置圆弧分离点。

平角焊缝的操作步骤及方法如表 5-13 所示。

表 5-13　平角焊缝的操作步骤及方法

操作步骤	操作方法	操作图示	补充说明
原点	将工件定位焊组对好,放在焊枪位置的正下方并固定好,设置原点		注意装夹位置
过渡点(进枪点)	焊枪沿 Z 轴顺时针旋转 180°,在焊接开始点上方设置过渡点(进枪点)		
平角焊起始点	示教平角焊起始点①,焊枪工作角为 45°	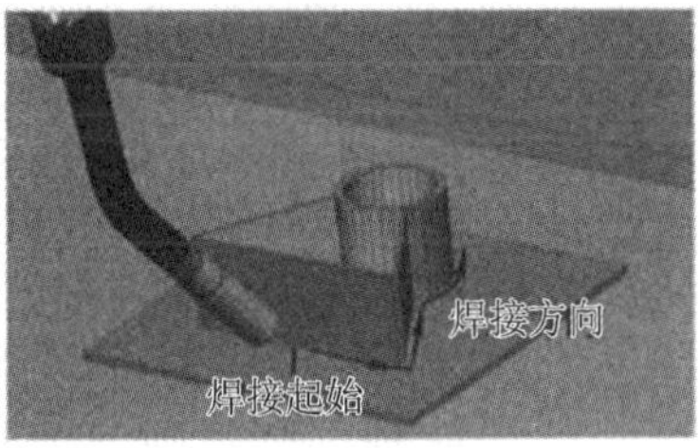	
平角焊起始点	示教平角焊起始点①,焊枪工作角为 45°	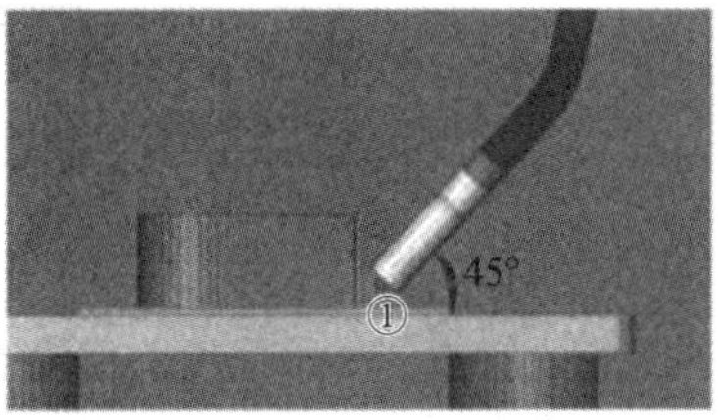	
②~④圆弧起始点	示教②~④圆弧起始点		圆弧示教点 MOVEC

表 5-13(续)

操作步骤	操作方法	操作图示	补充说明
②~④圆弧中间点	示教②~④圆弧中间点	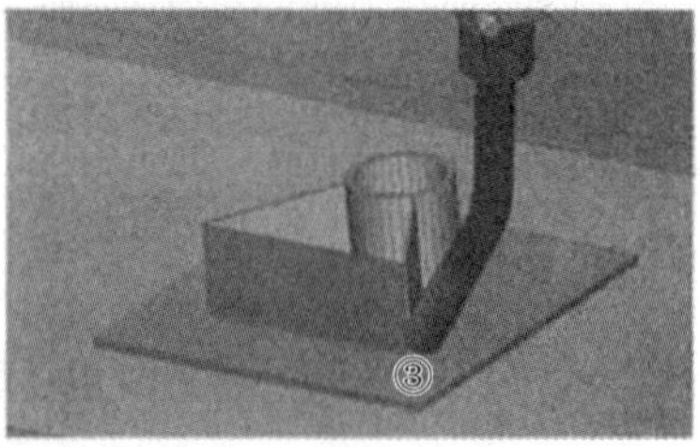	圆弧示教点 MOVEC
②~④圆弧结束点	示教②~④圆弧结束点		圆弧示教点 MOVEC,同一点登录示教点 MOVEL
⑤~⑦圆弧起始点	示教⑤~⑦圆弧起始点		圆弧示教点 MOVEC
⑤~⑦圆弧中间点	示教⑤~⑦圆弧中间点		圆弧示教点 MOVEC
⑤~⑦圆弧结束点	示教⑤~⑦圆弧结束点,同时又是⑦~⑩圆弧起始点		圆弧示教点 MOVEC,同一点登录示教点 MOVEL,设圆弧分离点,再在同一点登录设 MOVEC

表 5-13(续)

操作步骤	操作方法	操作图示	补充说明
⑦~⑩圆弧中间点	示教⑦~⑩圆弧中间点		圆弧示教点 MOVEC
⑦~⑩圆弧中间点	如果管子的圆度好,⑧、⑩两点可以合为一点	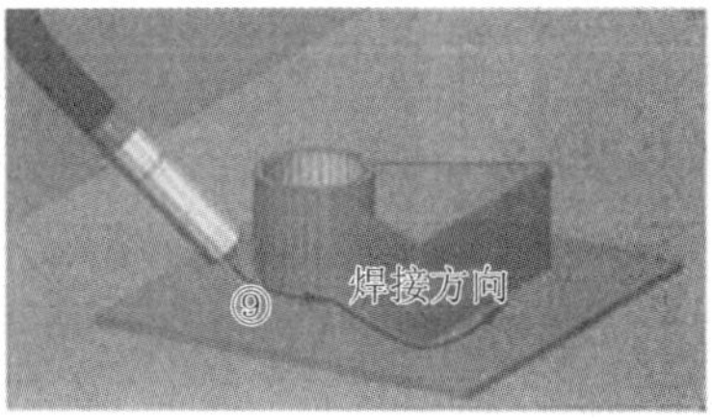	圆弧示教点 MOVEC
⑦~⑩圆弧结束点	示教⑦~⑩圆弧结束点,同时又是⑩~⑫的圆弧起始点		圆弧示教点 MOVEC,同一点登录示教点 MOVEL,设圆弧分离点,再在同一点登录设 MOVEC
⑩~⑫圆弧中间点	示教⑩~⑫圆弧中间点	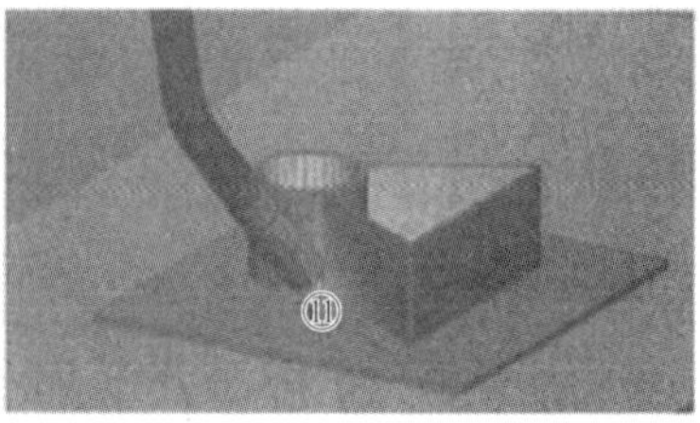	圆弧示教点 MOVEC
⑩~⑫圆弧结束点	示教⑩~⑫圆弧结束点	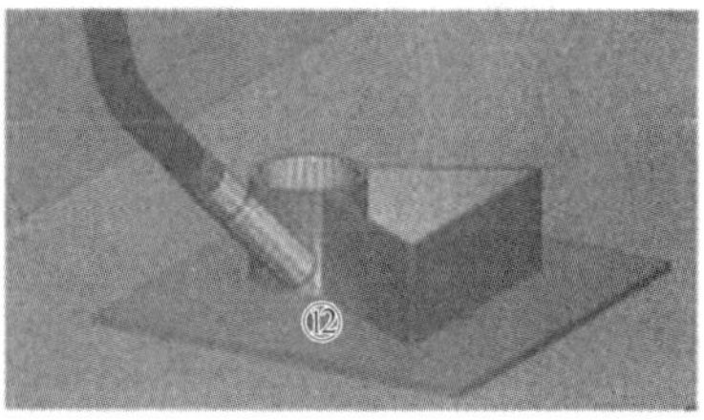	圆弧示教点 MOVEC,同一点登录示教点 MOVEL

表 5-13(续)

操作步骤	操作方法	操作图示	补充说明
⑬~⑮圆弧起始点	示教⑬~⑮圆弧起始点	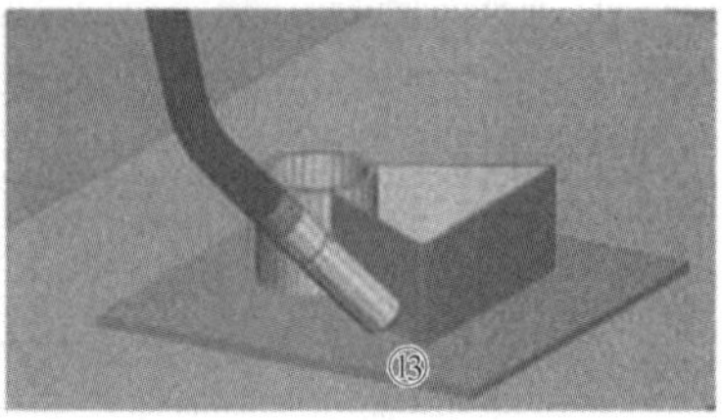	圆弧示教点 MOVEC
⑬~⑮圆弧中间点	示教⑬~⑮圆弧中间点		圆弧示教点 MOVEC
⑬~⑮圆弧结束点	示教⑬~⑮圆弧结束点		圆弧示教点 MOVEC
焊接结束点⑯	示教焊接结束点⑯		注意开始点①与结束点⑯枪姿
过渡点	示教过渡点		注意:最后一个过渡点“不能复制”第 1 个过渡点,否则会出现“位置错误”报警,或不动作,因为两个过渡点位置虽然一样,但焊枪转角相反

表 5-13(续)

操作步骤	操作方法	操作图示	补充说明
回到原点	采用复制粘贴功能,使机器人回到原点		
成品			
焊接程序		●MOVEL P024 10.00 m/min ARC-SET AMP=145 VOLT=21.0 S=0.40 ARC-ON ArcStart1 PROCESS=1 ● MOVEL P025 10.00 m/min ● MOVEL P026 10.00 m/min ● MOVEL P027 10.00 m/min ● MOVEL P028 10.00 m/min ● MOVEL P029 10.00 m/min ● MOVEL P030 10.00 m/min ● MOVEL P031 10.00 m/min ● MOVEL P032 10.00 m/min ● MOVEL P033 10.00 m/min ● MOVEL P034 10.00 m/min ● MOVEL P035 10.00 m/min ● MOVEL P036 10.00 m/min ● MOVEL P037 10.00 m/min ● MOVEL P038 10.00 m/min ● MOVEL P039 10.00 m/min ● MOVEL P040 10.00 m/min ● MOVEL P041 10.00 m/min ● MOVEL P042 10.00 m/min ● MOVEL P043 10.00 m/min ●MOVEL P044 10.00 m/min CRATER AMP=100 VOLT=16.0 T=0.40 ARC-OFF ArcEnd1 PROCESS=1	

5.3.3 任务评价

管-板组合件焊接任务评价如表 5-14 所示。

表 5-14　管-板组合件焊接任务评价(100 分)

<table>
<tr><td>检查项目</td><td>标准、分数</td><td colspan="4">评价等级</td><td>实际得分</td></tr>
<tr><td rowspan="2">焊脚尺寸</td><td>标准/mm</td><td>>3.6~5.3</td><td>>4.3,≤3.6</td><td>>4.7,≤3.1</td><td>>5.2,≤2.8</td><td rowspan="2"></td></tr>
<tr><td>分数</td><td>10</td><td>7</td><td>4</td><td>0</td></tr>
<tr><td rowspan="2">焊缝宽度</td><td>标准/mm</td><td>>4.5~5.5</td><td>>5.5,≤4.5</td><td>>6,≤4</td><td>>6.5,≤3.5</td><td rowspan="2"></td></tr>
<tr><td>分数</td><td>10</td><td>7</td><td>4</td><td>0</td></tr>
<tr><td rowspan="2">咬边</td><td>准/mm</td><td>0</td><td>深度≤0.5
长度≤15</td><td>深度>0.5
长度>15</td><td></td><td rowspan="2"></td></tr>
<tr><td>分数</td><td>10</td><td>长度每 1 mm
减 1 分</td><td>0</td><td></td></tr>
<tr><td rowspan="3">焊缝表面
成形</td><td rowspan="2">标准</td><td>优</td><td>良</td><td>一般</td><td>差</td><td rowspan="3"></td></tr>
<tr><td>成形美观,焊纹均匀细密,高低宽窄一致</td><td>成形较好,焊纹均匀,焊缝平整</td><td>成形尚可,焊缝平直</td><td>焊缝弯曲,高低宽窄明显,有表面焊接缺陷</td></tr>
<tr><td>分数</td><td>20</td><td>14</td><td>8</td><td>0</td></tr>
<tr><td colspan="5">焊缝表面如有修补,该工件为 0 分;焊缝表面有裂纹、夹渣、未熔合、气孔、焊瘤等缺陷之一的,该工件为 0 分</td><td>总分</td><td></td></tr>
<tr><td colspan="7">项目总分(100)</td></tr>
<tr><td>操作规程(20)</td><td colspan="2">示教编程效率(30)</td><td colspan="2">外观质量(50)</td><td colspan="2">总分</td></tr>
<tr><td></td><td colspan="2"></td><td colspan="2"></td><td colspan="2"></td></tr>
</table>

任务5.4　方形厚板组合件内外周平角焊接工艺

方形厚板组合件焊接示意图如图 5-15 所示。训练学生操作机器人焊接厚板平角焊缝，掌握转角位置机器人手臂姿态和焊枪角度配合以及焊接参数的设置。

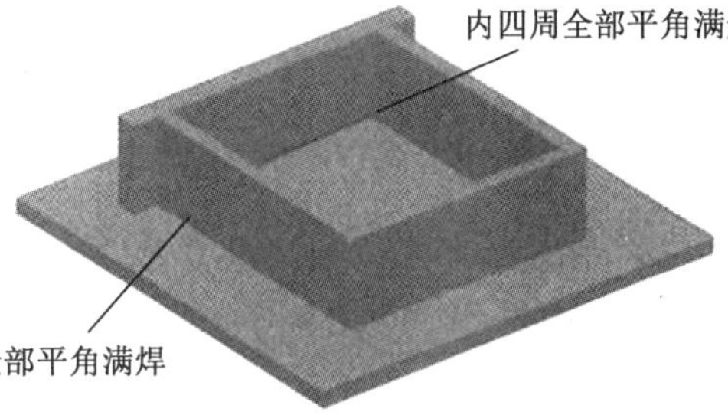

图 5-15　方形厚板组合件焊接示意图

5.4.1　设备、工具及工件准备

设备及工具准备明细如表 5-15 所示。

表 5-15　设备及工具准备明细

序号	名称	型号与规格	单位	数量
1	弧焊机器人	臂伸长 1 400 mm	台	1
2	焊丝	ER50-6、ϕ1.2 mm	盒	1
3	混合气	80% A1+20% CO_2	瓶	1
4	头戴式面罩	自定	个	1
5	纱手套	自定	副	1
6	钢丝刷	自定	把	1
7	尖嘴钳	自定	把	1
8	扳手	自定	把	1
9	钢直尺	自定	把	1
10	十字螺钉旋具	自定	个	1
11	敲渣锤	自定	把	1
12	定位块	自定	个	2
13	焊缝测量尺	自定	把	1
14	粉笔	自定	根	1

表 5-15(续)

序号	名称	型号与规格	单位	数量
15	角向磨光机	自定	台	1
16	劳保用品	帆布工作服、工作鞋等	套	1

工件材料及规格见表 5-16。

表 5-16　工件材料及规格

类型	材料	规格/mm		
方形厚板组合件	Q235B	底板 250×250×12	200×50×12	150×50×10

方形厚板组合件装配尺寸如图 5-16 所示。

【实操建议】

将工件定位焊固定并夹持好。为方便说明示教点所在位置,在工件转角位置做了 1~6 数字的标记,如图 5-17 所示。

由于垂直侧钢板散热能力差,示教时,焊丝对准焊缝位置并向水平侧钢板外侧移出 0.5~1 mm,防止咬边。焊枪工作角和行进角如图 5-18 和图 5-19 所示。

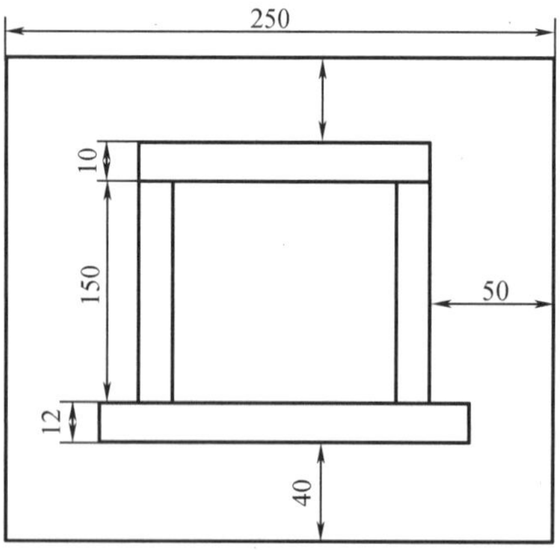

图 5-16　方形厚板组合件装配尺寸

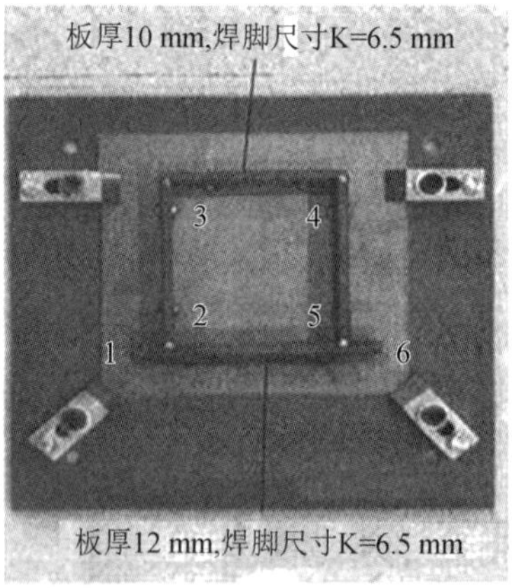

图 5-17　工件装夹图

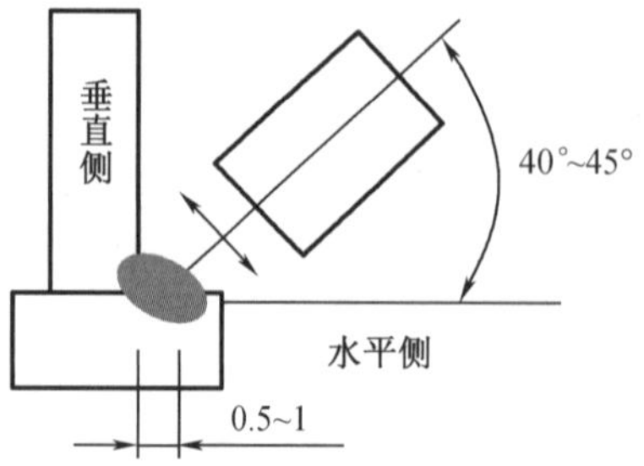

图 5-18　焊枪工作角

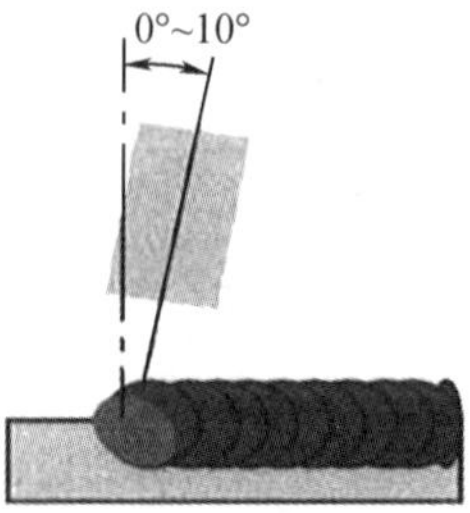

图 5-19　焊枪行进角

焊接方法为 MAG 焊。方形厚板组合件内、外周平角焊焊接参数如表 5-17 所示。

表 5-17　方形厚板组合件内、外周平角焊焊接参数

焊接类型	焊接类型 /A	焊接电压 /V	焊接速度 /(m·min^{-1})	收弧电流 /A	收弧电压 /V	收弧时间 /s	气体流量 /(L·min^{-1})
外四周平角焊缝	280~290	24.5~25.2	0.3~0.4	190~200	21.2~21.5	0.3~0.5	18~20
内四周平角焊缝	270~280	24.0~24.5	0.35~0.4	180~190	21.0~21.2	0.3~0.4	18~20

5.4.2　实操步骤

方形厚板组合件内、外周平角焊的操作方法及步骤如表 5-18 所示。

表 5-18　方形厚板组合件内、外周平角焊的操作方法及步骤

操作步骤	操作方法	操作图示	补充说明
外四周平角焊缝焊接起始点	先将机器人手臂逆时针旋转 180°，示教焊接起始点，选在直线段中部，设为 MOVEL（焊接点）	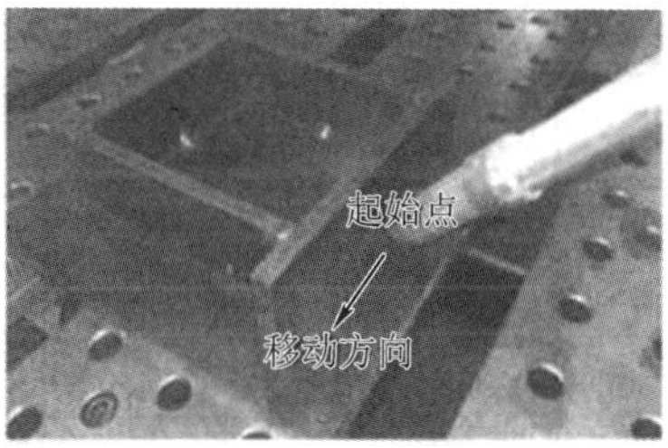	工件位置在焊枪正下方，夹具压紧、压实，焊枪行进角 80°，焊枪工作角 45°
外四周平角焊缝转角 1 位置	外转角位置，圆弧段，设为 MOVEC（焊接点）		
外四周平角焊缝转角 2 位置	内转角位置，圆弧段，设为 MOVEC（焊接点）	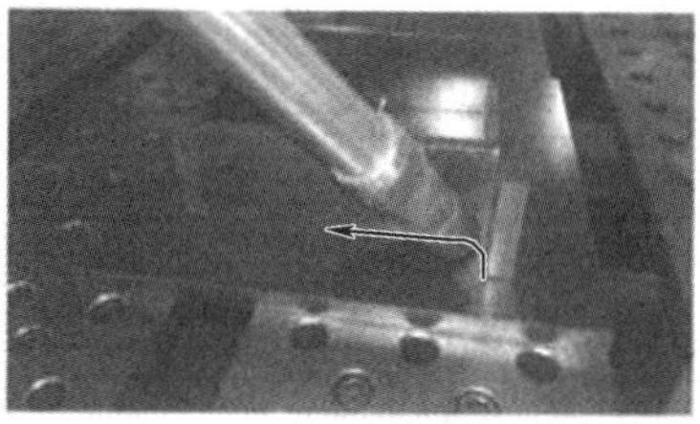	

表 5-18(续)

操作步骤	操作方法	操作图示	补充说明
外四周平角焊缝转角 3 位置	外转角位置,圆弧段,设为 MOVEC(焊接点)	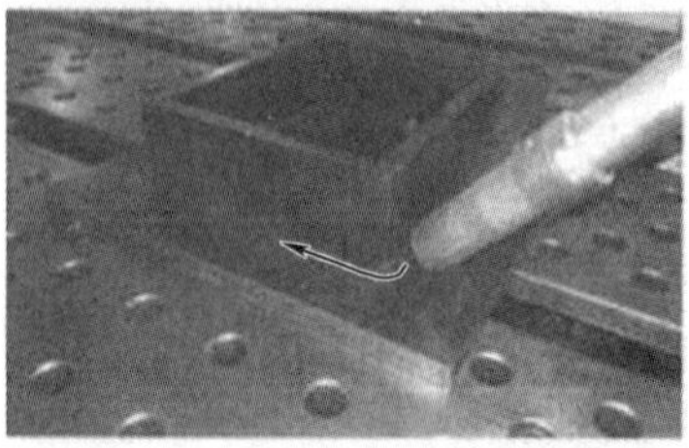	
外四周平角焊缝转角 4 位置 1	外转角位置,圆弧段,设为 MOVEC(焊接点)	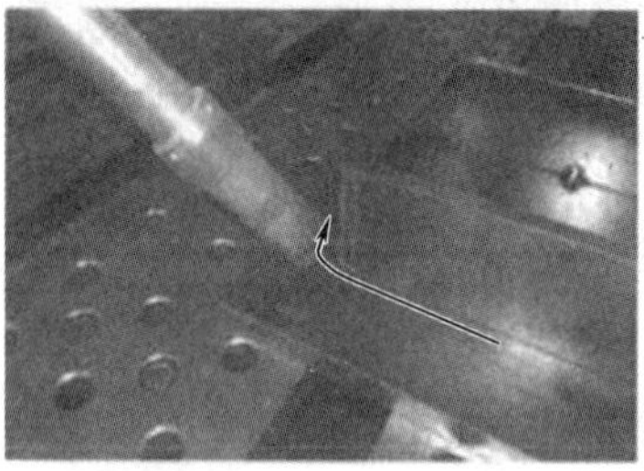	
外四周平角焊缝转角 4 位置 2	外转角位置转为直线位置,直线段,设为 MOVEL(焊接点)		
外四周平角焊缝转角 5 位置	内转角位置转为外转角位置,圆弧段,设为 MOVEC(焊接点),交点位置设置分离点	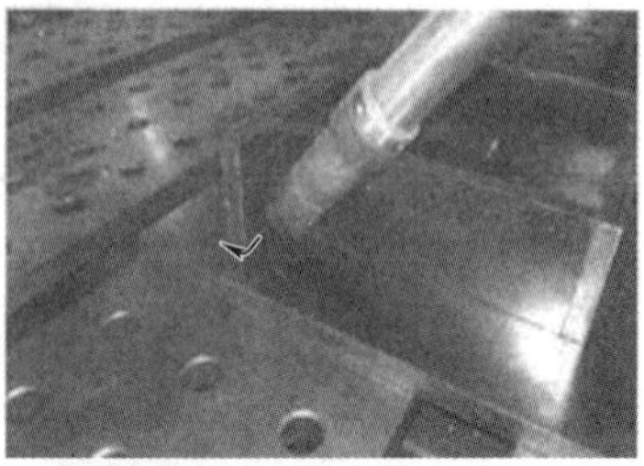	
外四周平角焊缝转角 6 位置	外转角位置转为直线位置,圆弧段,设为 MOVEC(焊接点)	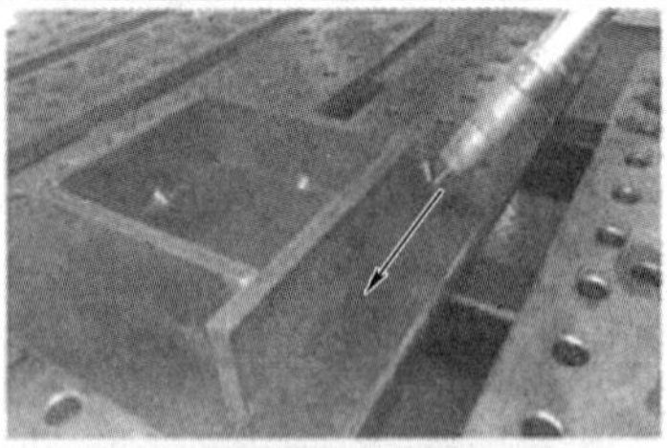	
外四周平角焊缝焊接结束点	此时,机器人手臂顺时针旋转 180°,直线段,焊接结束点,设为 MOVEL(空走点)		外四周平角焊缝焊接结束点后应增设过渡点(退避点),图略

表 5-18(续)

操作步骤	操作方法	操作图示	补充说明
内四周平角焊缝焊接起始点	先将机器人手臂逆时针旋转 180°，示教焊接起始点，选在直线段中部，MOVEL（焊接点），保持焊枪行进角 80°，焊枪工作角 45°	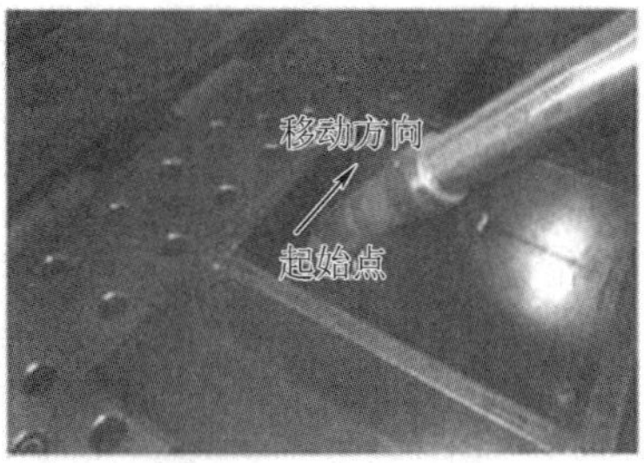	内四周平角焊缝焊接开始点前应增设过渡点(进枪点)，图略
内四周平角焊缝转角 4 位置	直线转圆弧，设为 MOVEC(焊接点)	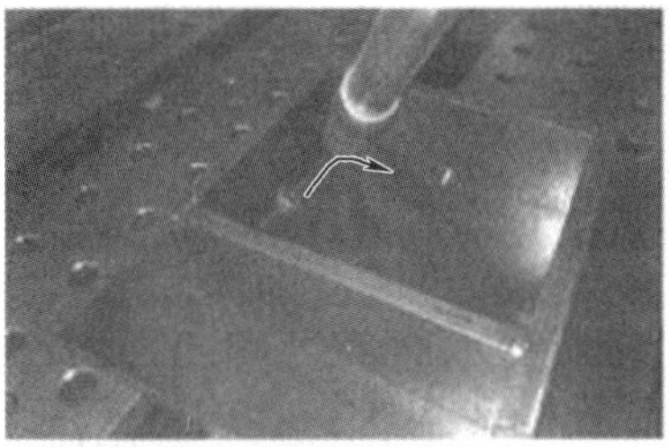	
内四周平角焊缝转角 5 位置	直线转圆弧，设为 MOVEC(焊接点)	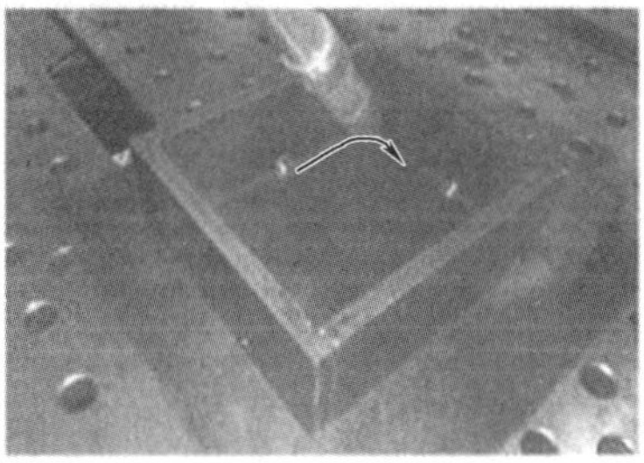	
内四周平角焊缝转角 2 位置	直线转圆弧，设为 MOVEC(焊接点)	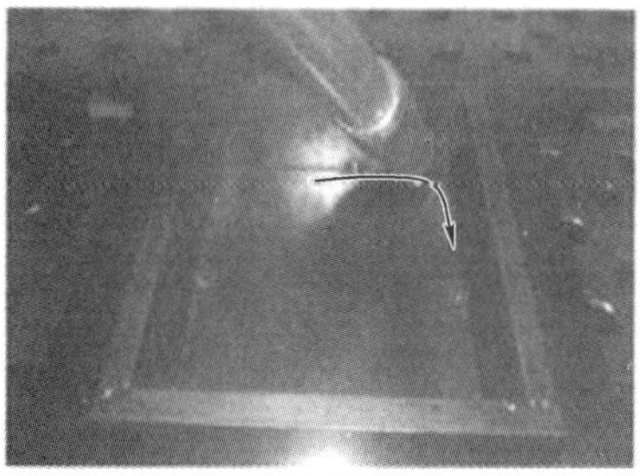	
内四周平角焊缝转角 3 位置	直线转圆弧，设为 MOVEC(焊接点)		

表 5-18(续)

操作步骤	操作方法	操作图示	补充说明
内四周平角焊缝焊接结束点	圆弧转直线,设为 MOVEL (空 走 点),此时,机器人手臂顺时针旋转 180°	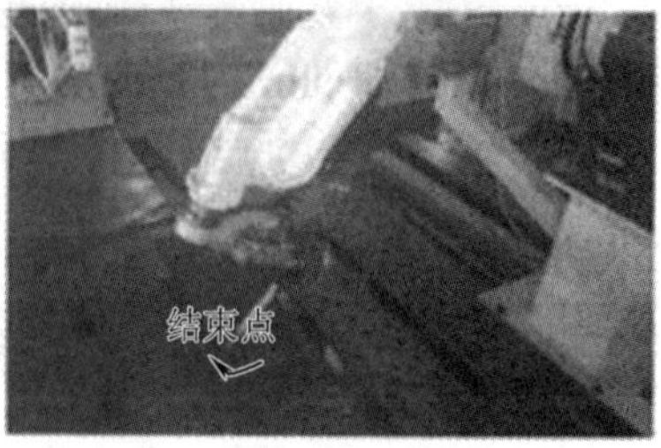	
焊接后的工件			
外四周平角焊缝焊接程序		●MOVEL P011 20. 00 m/min ARC-SET AMP=290 VOLT=25. 2 S=0. 4 ARC-ON ArcStart1 PROCESS=0 ● MOVEL P012 30. 00 m/min ● MOVEL P013 30. 00 m/min ● MOVEL P014 30. 00 m/min ● MOVEL P015 30. 00 m/min ● MOVEL P016 30. 00 m/min ● MOVEL P017 30. 00 m/min ● MOVEL P018 30. 00 m/min ● MOVEL P019 30. 00 m/min ● MOVEL P020 30. 00 m/min ● MOVEL P021 30. 00 m/min ● MOVEL P022 30. 00 m/min ● MOVEL P023 30. 00 m/min ● MOVEL P024 30. 00 m/min ● MOVEL P025 30. 00 m/min ● MOVEL P026 30. 00 m/min ●MOVEL P027 30. 00 m/min CRATER AMP=200 VOLT=21. 5 T=0. 50 ARC-OFF ArcEnd1 PROCESS=0	

表 5-18(续)

操作步骤	操作方法	操作图示	补充说明
内四周平角焊缝焊接程序		●MOVEL P030 20.00 m/min ARC-SET AMP=280 VOLT=24.5 S=0.35 ARC-ON ArcStart1 PROCESS=0 ● MOVEL P031 30.00 m/min ● MOVEL P032 30.00 m/min ● MOVEL P033 30.00 m/min ● MOVEL P034 30.00 m/min ● MOVEL P035 30.00 m/min ● MOVEL P036 30.00 m/min ● MOVEL P037 30.00 m/min ● MOVEL P038 30.00 m/min ● MOVEL P039 30.00 m/min ● MOVEL P040 30.00 m/min ● MOVEL P041 30.00 m/min ● MOVEL P042 30.00 m/min ● MOVEL P043 30.00 m/min ● MOVEL P044 30.00 m/min ● MOVEL P045 30.00 m/min ●MOVEL P046 30.00 m/min CRATER AMP=190 VOLT=21.2 T=0.30 ARC-OFF ArcEnd1 PROCESS=0	

5.4.3 任务评价

示教编程时间+焊接时间,每件 60 min 内完成。方形厚板组合件内、外周平角焊任务评价如表 5-19 所示。

表 5-19　方形厚板组合件内、外周平角焊任务评价(100 分)

检查项目	标准、分数	评价等级				实际得分
焊脚尺寸	标准/mm	>6.5~7.0	>7.0,<6.5	>7.5,≤6.0	>8.0,≤5.5	
	分数	10	7	4	0	
焊缝高低差	标准/mm	≤1	>1~2	>2~3	>3	
	分数	10	7	4	0	
焊缝宽窄差	标准/mm	≤1.5	>1.5~2	>2~3	>3	
	分数	10	7	4	0	
咬边	标准/mm	0	深度≤0.5 长度≤15	深度≤0.5 长度>15~30	深度>0.5 长度>30	
	分数	10	7	4	0	

表 5-4(续)

检查项目	标准、分数	评价等级				实际得分
未焊透	标准/mm	0	深度≤0.5 长度≤15	深度≤0.5 长度>15~30	深度>0.5 长度>30	
	分数	10	7	4	0	
角变形	标准/(°)	≤1	>1~3	>3~5	>5	
	分数	10	7	4	0	
错边量	标准/mm	0	≤0.7	>0.7~1.2	>1.2	
	分数	10	7	4	0	
焊缝边缘直线度	标准/mm	≤0.5	>0.5~1	>1~2	>2	
	分数	10	7	4	0	
焊缝表面成形	标准	优	良	一般	差	
	分数	成形美观,焊纹均匀细密,高低宽窄一致	成形较好,焊纹均匀,焊缝平整	成形尚可,焊缝平直	焊缝弯曲,高低宽窄明显,有表面焊接缺陷	
	分数	20	14	8	0	
焊缝表面如有修补,该工件为 0 分 焊缝表面有裂纹、夹渣、未熔合、气孔、焊瘤等缺陷之一的,该工件为 0 分					总分	

知识测评

一、判断题

1. 咬边是指沿着焊趾，在母材部分形成的凹陷或沟槽。（　　）

2. 弧坑是电弧焊时在焊缝的末端（收弧处）或焊道接续处（引弧处）低于焊道基体表面的凹坑，在这种凹坑中不容易产生气孔和微裂纹。（　　）

3. 焊接电流过大，焊接速度太慢，电弧在焊缝处停留过久，工件间隙太大，钝边太小都容易引起烧穿缺陷。（　　）

4. 采用较大的焊接参数和正确的焊接速度可以降低未焊透缺陷产生的概率。（　　）

5. 焊接保护气体不纯，焊接过程中由于防风措施不严格，熔池中混入气体会产生夹渣。（　　）

二、问答题

1. 试述机器人弧焊缺陷中“咬边”的产生原因及其防止措施。

项目6

复杂焊件的编程与应用

本项目设计了两个复杂焊件的技能训练任务，进一步锻炼操作者通过眼、脑、手的配合进行示教和编程的能力，力求以焊接机器人的示教焊接为基础，通过操作图示，进行机器人姿态及焊枪角度正确示教，从而理解机器人编程操作的实质，便于学习和掌握。

学习目标

认知目标

1. 熟悉典型焊件的编程特点。
2. 掌握焊接机器人对复杂焊件的应用。

能力目标

1. 能够进行薄板密封组合件机器人焊接工艺。
2. 能够进行厚板密封容器机器人焊接工艺。

素养目标

1. 培养工匠精神，形成追求卓越的工匠精神。
2. 培养自主学习能力，养成开拓创新的探索精神。

导入案例

坚持智能制造主攻方向不动摇

智能制造转型的内涵是实现整个制造业价值链的数字化和智能化，帮助制造业通过实现生产流程及业务运作的信息化、可视化、透明化、柔性化，实现降本增效、节能减排以及更加敏捷快速地应对市场波动，实现精准高效决策。推进智能制造转型，需要坚持智能制造主攻方向不动摇。

党的二十大报告指出“推动制造业高端化、智能化、绿色化发展”。制造业高端化是一个国家核心竞争力的重要标志。当前,我国已转向高质量发展阶段,正处于转变发展方式,优化经济结构,转换增长动力的攻关期,但制造业供给与市场需求适配性不高,产业链、供应链稳定面临挑战,资源环境要素约束趋紧等问题凸显。站在新一轮科技革命和产业变革与我国加快高质量发展的历史性交汇点,要坚定不移地以智能制造为主攻方向,推动产业技术变革和优化升级,推动制造业产业模式和企业形态根本性转变,以"鼎新"带动"革故",提高质量、效率、效益,减少资源能源消耗,畅通产业链供应链,助力碳达峰和碳中和,促进我国制造业迈向全球价值链中高端。

推进智能制造,要全面落实《"十四五"智能制造发展规划》,以新一代信息技术与先进制造技术深度融合为主线,深入实施智能制造工程,着力提升创新能力、供给能力、支撑能力和应用水平,加快构建智能制造发展生态,持续推进制造业数字化转型、网络化协同、智能化变革,为促进制造业高质量发展、加快制造强国建设、发展数字经济、构筑国际竞争新优势提供有力支撑。

在习近平新时代中国特色社会主义思想指导下,要深刻领会高质量发展的精神实质和丰富内涵,从长远大势出发制定正确的重大战略,持之以恒推进发展数字经济、推进数字化转型、坚持智能制造。我国已经踏上全面建设社会主义现代化国家的新征程,要紧紧围绕这一伟大历史目标,把落实党的二十大决策部署作为政治任务,勇挑重担,敢于担当,结合实际创造性推动产业高质量发展。

——资料来源:网络资料整理摘选

任务6.1　薄板密封组合件焊接工艺

6.1.1　设备、工具及工件准备

设备及工具准备明细如表 6-1 所示。

表 6-1　设备及工具准备明细

序号	名称	型号与规格	单位	数量
1	弧焊机器人	臂伸长 1 400 mm	台	1
2	焊丝	ER50-6、ϕ1.2 mm	盒	1
3	混合气	80%Ar+20%CO_2	瓶	1
4	头戴式面罩	自定	个	1
5	纱手套	自定	副	1
6	钢丝刷	自定	把	1
7	尖嘴钳	自定	把	1
8	扳手	自定	把	1
9	钢直尺	自定	把	1
10	十字螺钉旋具	自定	个	1
11	敲渣锤	自定	把	1
12	定位块	自定	个	2
13	焊缝测量尺	自定	把	1
14	粉笔	自定	根	1
15	角向磨光机	自定	台	1
16	劳保用品	帆布工作服、工作鞋等	套	1

薄板密封组合件视图如图 6-1 所示。

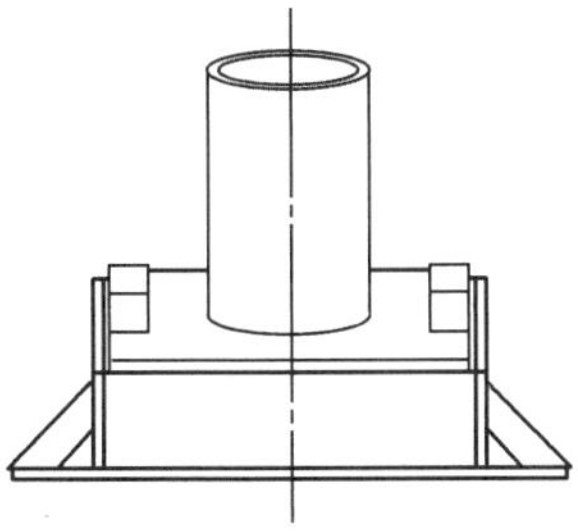

(a)主视图

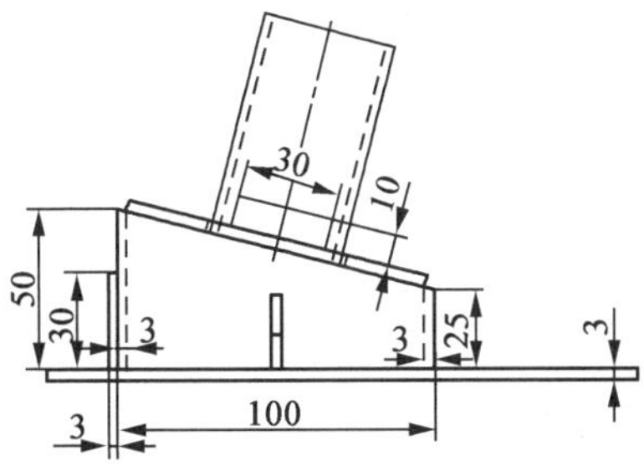

(b)左视图

图 6-1　薄板密封组合件视图

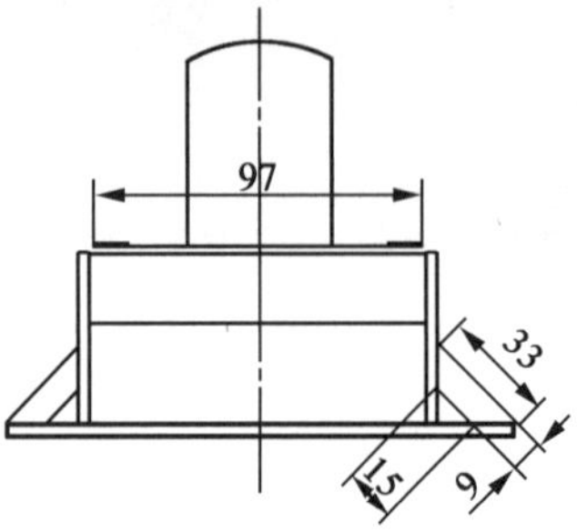

(c)后视图

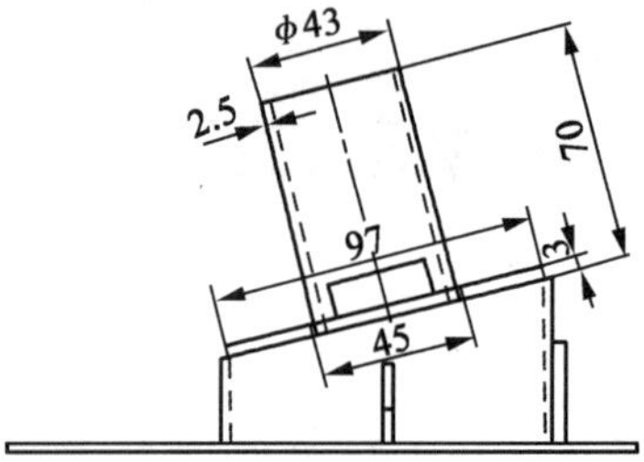

(d)右视图

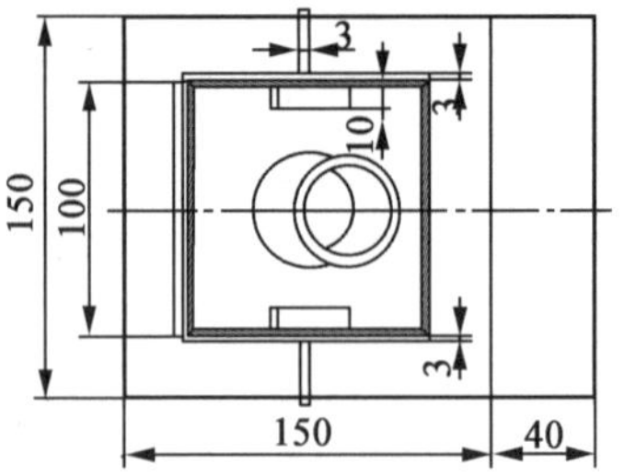

(e)俯视图

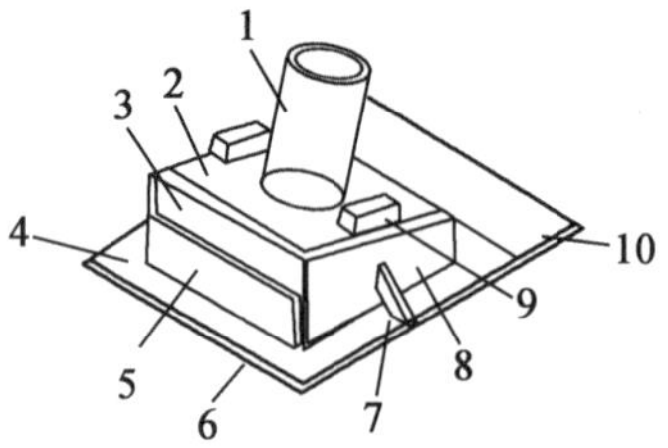

(f)三维图

图 6-1(续)

图 6-1(f)中数字标注的工件尺寸要求如下。

1—管:φ43 mm(外径)×2.5 mm(厚)×70 mm(高),一根。

2—上盖板:97 mm(长)×97 mm(宽)×3 mm(厚),(板中心开 φ45 mm 的孔),一块。

3—大立板:100 mm(长)×50 mm(高)×3 mm(厚),一块。

4—小立板:100 mm(长)×25 mm(宽)×3 mm(厚),一块。

5—加立板:100 mm(长)×30 mm(高)×3 mm(厚),一块。

6—底板:150 mm(长)×150 mm(宽)×3 mm(厚),一块。

7—等边梯形障碍板:33 mm(下底长)×15 mm(上底长)×9 mm(高)×3 mm(厚),二块。

8—两侧立板:100 mm(长)×50 mm(高侧)×25(低侧)×3 mm(厚),二块。

9—障碍挡块:30 mm×10 mm×10 mm,二块。

10—底板对接板:150 mm(长)×40 mm(宽)×3 mm(厚),一块。

【实操建议】

1. 板对接平焊,要求单面焊双面成形。板对接平焊焊接参数如表 6-2 所示。

表 6-2　板对接平焊焊接参数

焊接类型	焊接电流 /A	焊接电压 /V	气体流量 /($L\cdot min^{-1}$)	焊接速度 /($m\cdot min^{-1}$)	收弧电流 /A	收弧电压 /V	收弧时间 /s
板对接平焊	130~140	19~20	12~15	0.4~0.5	80~90	16~17	0~0.1

2. 小立板立角焊,采用向下立焊,收弧位置改变焊枪角度,焊接参数如表 6-3 所示。

表 6-3　小立板立角焊焊接参数

焊接类型	焊接电流/A	焊接电压/V	气体流量/(L·min^{-1})	焊接速度/(m·min^{-1})	收弧电流/A	收弧电压/V	收弧时间/s
立角焊	120~130	18~19	12~15	0.5~0.6	80~90	16~17	0~0.1

3. 大立板立角焊焊接参数如表 6-4 所示。

表 6-4　大立板立角焊焊接参数

焊接类型	焊接电流/A	焊接电压/V	气体流量/(L·min^{-1})	焊接速度/(m·min^{-1})	收弧电流/A	收弧电压/V	收弧时间/s
立角焊	120~130	18~19	12~15	0.5~0.6	80~90	16.0~16.5	0~0.1

4. 两侧立板立角焊焊接参数如表 6-5 所示。

表 6-5　两侧立板立角焊焊接参数

焊接类型	焊接电流/A	焊接电压/V	气体流量/(L·min^{-1})	焊接速度/(m·min^{-1})	收弧电流/A	收弧电压/V	收弧时间/s
立角焊	120~130	18~19	12~15	0.5~0.6	80~90	16~16.5	0.0~0.1

5. 加立板角接焊缝焊接参数见表 6-6。

表 6-6　加立板角接焊缝焊接参数

焊接类型	焊接电流/A	焊接电压/V	气体流量/(L·min^{-1})	焊接速度/(m·min^{-1})	收弧电流/A	收弧电压/V	收弧时间/s
加立板角接焊缝焊接	130~140	19~20	12~15	0.4~0.5	90~100	16.0~17	0~0.1

6. 管和上盖板角焊缝。将焊枪逆时针旋转 180°至焊接起始点位置,从起始点开始保持枪姿状态,逐点沿端接角焊缝示教点顺时针旋转焊枪,实现连续焊接。管和上盖板角焊缝焊接参数如表 6-7 所示。

表 6-7　管和上盖板角焊缝焊接参数

焊接类型	焊接电流/A	焊接电压/V	气体流量/(L·min^{-1})	焊接速度/(m·min^{-1})	收弧电流/A	收弧电压/V	收弧时间/s
管和上盖板角焊缝焊接	130~140	19~20	12~15	0.4~0.5	90~100	16~17	0~0.1

7. 上盖板外角焊缝。将焊枪逆时针旋转 180°至焊接起始点位置,从起始点开始保持枪姿状态,逐点沿外角焊缝示教点逆时针旋转焊枪,实现连续焊接。上盖板外角焊缝焊接参

数如表 6-8 所示。

表 6-8　上盖板外角焊缝焊接参数

焊接类型	焊接电流/A	焊接电压/V	气体流量/(L·min^{-1})	焊接速度/(m·min^{-1})	收弧电流/A	收弧电压/V	收弧时间/s
上盖板外角焊缝焊接	120~130	18~19	12~15	0.5~0.6	80~90	16.0~16.5	0~0.1

8. 底板平角焊缝。将焊枪逆时针旋转 180°至焊接起始点位置,从起始点开始保持枪姿状态,逐点沿平角位示教点顺时针旋转焊枪,实现连续焊接。底板平角焊缝焊接参数如表 6-9 所示。

表 6-9　底板平角焊缝焊接参数

焊接类型	焊接电流/A	焊接电压/V	气体流量/(L·min^{-1})	焊接速度/(m·min^{-1})	收弧电流/A	收弧电压/V	收弧时间/s
平角焊	140~150	20~21	12~15	0.35~0.4.0	95~100	16~17	0.2~0.3

6.1.2　实操步骤

薄板密封组合件焊接的操作步骤及方法如表 6-10 所示。

表 6-10　薄板密封组合件焊接的操作步骤及方法

操作步骤	操作方法	操作图示	补充说明
过渡点	将工件定位焊组对好,放在焊枪位置的正下方并固定好,设置过渡点		注意装夹位置

表 6-10（续）

操作步骤	操作方法	操作图示	补充说明
板对接平焊起弧点	示教板对接平焊起弧点		
板对接平焊收弧点	示教板对接平焊收弧点	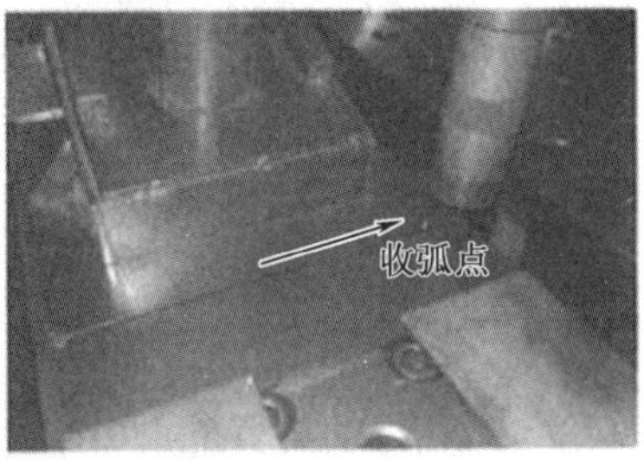	
加立板起弧点	示教加立板起弧点		
加立板收弧点	示教加立板收弧点		
大立板和两侧立板起弧点（右侧）	示教大立板和两侧立板起弧点（右侧）	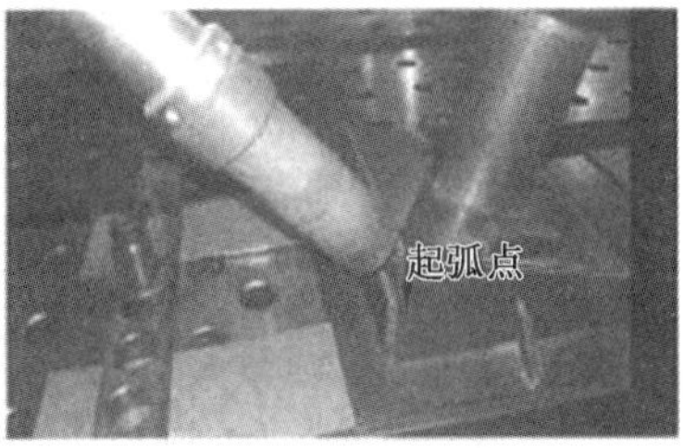	

表 6-10(续)

操作步骤	操作方法	操作图示	补充说明
加立板和两侧立板中间点(右侧)	示教加立板和两侧立板中间点(右侧)		
加立板和两侧立板收弧点(右侧)	示教加立板和两侧立板收弧点(右侧)	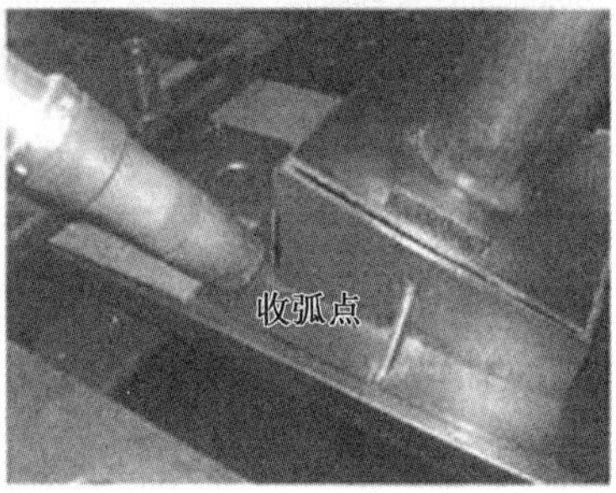	
大立板和两侧立板起弧点(左侧)	示教大立板和两侧立板起弧点(左侧)		
加立板和两侧立板收弧点(左侧)	示教加立板和两侧立板收弧点(左侧)		
小立板和两侧立板起弧点(左侧)	示教小立板和两侧立板起弧点(左侧)	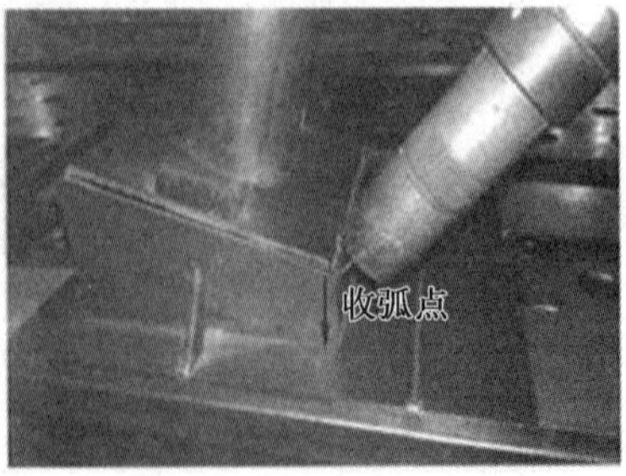	

表 6-10(续)

操作步骤	操作方法	操作图示	补充说明
小立板和两侧立板收弧点(左侧)	示教小立板和两侧立板收弧点(左侧)		
小立板和两侧立板起弧点(右侧)	示教小立板和两侧立板起弧点(右侧)		
小立板和两侧立板收弧点(右侧)	示教小立板和两侧立板收弧点(右侧)	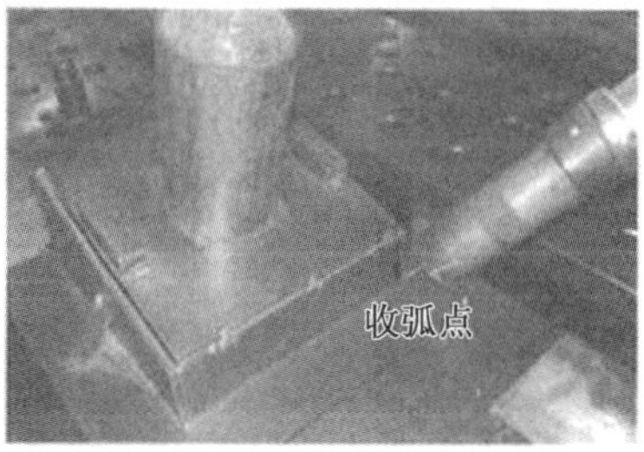	
管和上盖板起弧点	示教管和上盖板起弧点		前进法焊接,焊枪工作角 45°,行进角 90°
管和上盖板中间点	示教管和上盖板中间点		前进法焊接,焊枪工作角 45°,行进角 90°

表 6-10(续)

操作步骤	操作方法	操作图示	补充说明
管和上盖板中间点	示教管和上盖板中间点	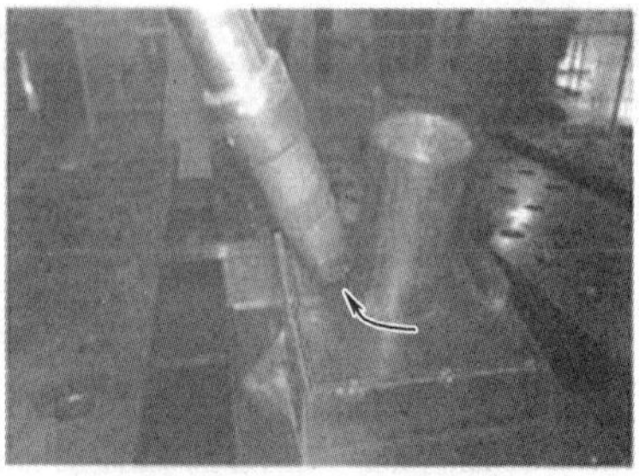	前进法焊接,焊枪工作角 45°,行进角 90°
管和上盖板中间点	示教管和上盖板中间点	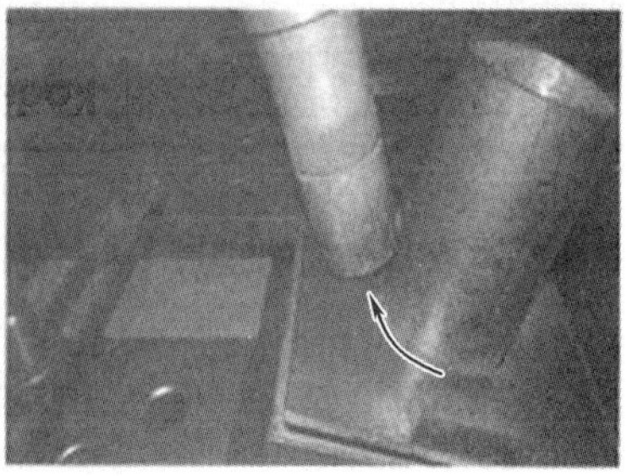	前进法焊接,焊枪工作角 45°,行进角 90°
管和上盖板收弧点	示教管和上盖板收弧点		前进法焊接,焊枪工作角 45°,行进角 90°
上盖板外角焊缝起弧点	示教上盖板外角焊缝起弧点		前进法焊接,焊枪工作角 45°,行进角 90°
上盖板外角焊缝中间点	示教上盖板外角焊缝中间点	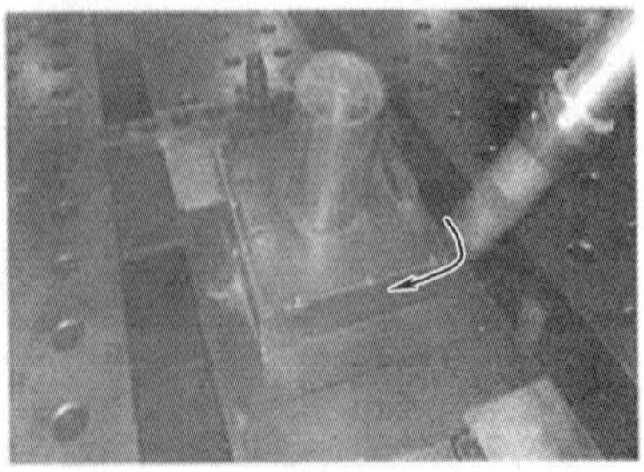	前进法焊接,焊枪工作角 45°,行进角 90°

表 6-10(续)

操作步骤	操作方法	操作图示	补充说明
上盖板外角焊缝中间点	示教上盖板外角焊缝中间点		前进法焊接，焊枪工作角 45°，行进角 90°
上盖板外角焊缝中间点	示教上盖板外角焊缝中间点		前进法焊接，焊枪工作角 45°，行进角 90°
上盖板外角焊缝中间点	示教上盖板外角焊缝中间点		前进法焊接，焊枪工作角 45°，行进角 90°
上盖板外角焊缝中间点	示教上盖板外角焊缝中间点	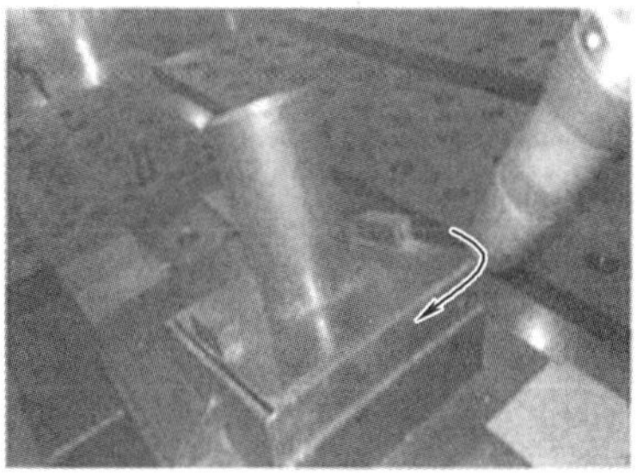	前进法焊接，焊枪工作角 45°，行进角 90°
上盖板外角焊缝中间点	示教上盖板外角焊缝中间点		前进法焊接，焊枪工作角 45°，行进角 90°

表 6-10(续)

操作步骤	操作方法	操作图示	补充说明
上盖板外角焊缝中间点	示教上盖板外角焊缝中间点		前进法焊接，焊枪工作角 45°，行进角 90°
上盖板外角焊缝收弧点	示教上盖板外角焊缝收弧点		
底板平角焊缝（右侧）起弧点	示教底板平角焊缝（右侧）起弧点	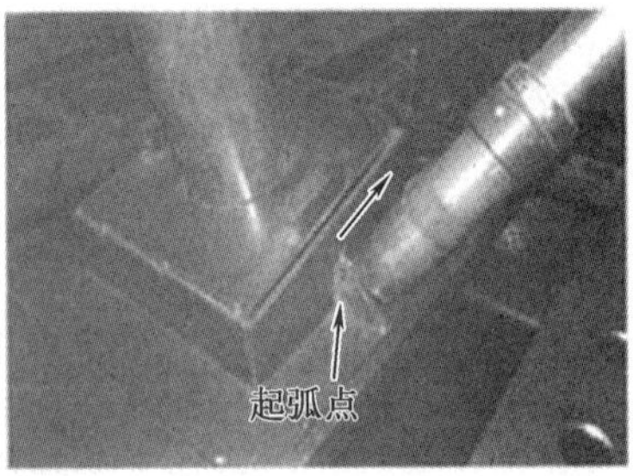	
底板平角焊缝（右侧）中间点	示教底板平角焊缝（右侧）中间点	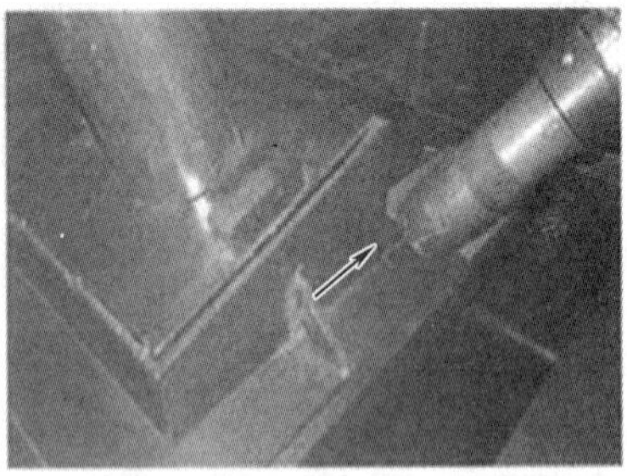	
底板平角焊缝（右侧）中间点	示教底板平角焊缝（右侧）中间点	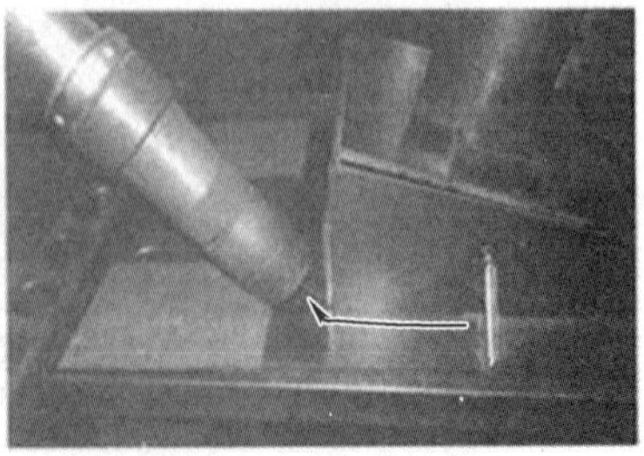	

表 6-10(续)

操作步骤	操作方法	操作图示	补充说明
底板平角焊缝(右侧)中间点	示教底板平角焊缝(右侧)中间点		
底板平角焊缝(右侧)收弧点	示教底板平角焊缝(右侧)收弧点		
底板平角焊缝(左侧)起弧点	示教底板平角焊缝(左侧)起弧点		
底板平角焊缝(左侧)中间点	示教底板平角焊缝(左侧)中间点		
底板平角焊缝(左侧)中间点	示教底板平角焊缝(左侧)中间点		

表 6-10(续)

操作步骤	操作方法	操作图示	补充说明
底板平角焊缝(左侧)中间点	示教底板平角焊缝(左侧)中间点		
底板平角焊缝(左侧)中间点	示教底板平角焊缝(左侧)中间点		
底板平角焊缝(左侧)收弧点	示教底板平角焊缝(左侧)收弧点	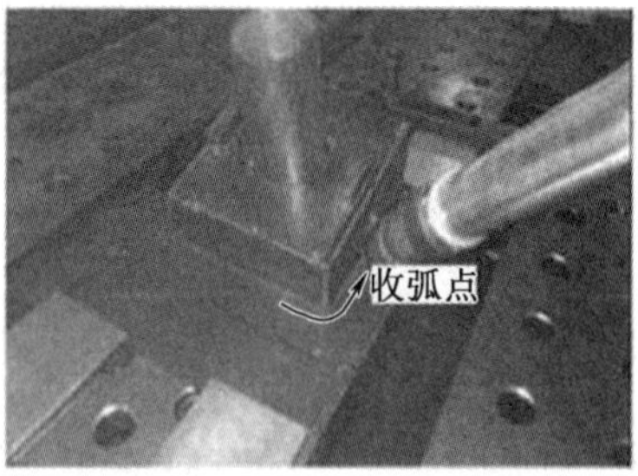	
	底板平角焊缝(左侧)收弧点机器人姿态	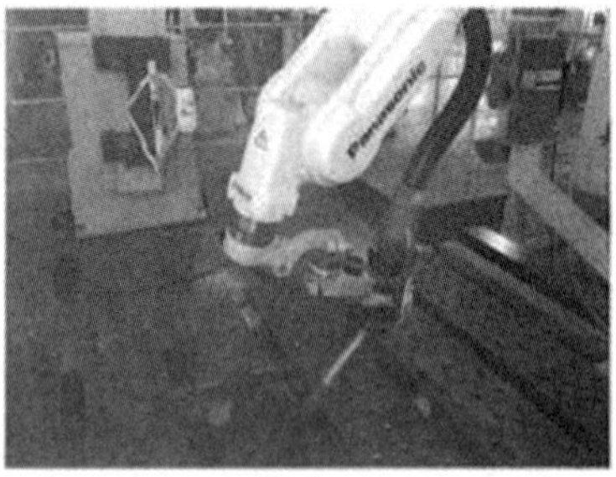	

6.1.3 任务评价

(1)定位焊方法为 TIG 焊,装配定位焊时间为 30 min,示教编程时间+焊接时间,每人 120 min,每超时 2 min 减 1 分。

(2)总成绩:外观检查成绩+密闭性气压检测成绩。

(3)气压检测:用 0.25 MPa 空气充入容器内,以检测有无泄漏为准。无泄漏为 30 分;每 1 处泄漏减 10 分。

(4)外观检查:对接接头的正反面焊缝成形质量和全部角接接头的焊缝成形质量。

薄板密封组合件任务评价如表 6-11 所示。

表 6-11　薄板密封组合件任务评价(100 分)

检查项目	标准、分数	评价等级				实际得分
焊脚尺寸	标准/mm	>2.6~3.3	>3.3,≤2.6	>3.7,≤2.3	>4.0,≤2.0	
	分数	10	7	4	0	
焊缝余高	标准/mm	≤1	>1~2	>2~3	>3	
	分数	10	7	4	0	
咬边	标准/mm	0	深度≤0.5	深度>0.5		
	分数	10	长度每 2 mm 减 1 分	0		
板对接正面成形	标准	优	良	一般	差	
	分数	10	7	4	0	
板对接背面成形	标准	优	良	一般	差	
	分数	10	7	4	0	
未焊透	标准/mm	≤2	>2~4	>4~6	>6	
	分数	10	7	4	0	
焊缝表面成形	标准	优	良	一般	差	
		成形美观,焊纹均匀细密,高低宽窄一致	成形较好,焊纹均匀,焊缝平整	成形尚可,焊缝平直	焊缝弯曲,高低宽窄明显,有表面焊接缺陷	
	分数	10	7	4	0	
焊缝表面如有修补,该工件为 0 分 焊缝表面有裂纹、夹渣、未熔合、气孔、焊瘤等缺陷之一的,该工件为 0 分					总分	
		外观检查分		气压检测		
分数		70		30		
总分						

任务6.2 厚板密封容器焊接工艺

6.2.1 设备、工具及工件准备

设备及工具准备明细如表 6-12 所示。

表 6-12 设备及工具准备明细

序号	名称	型号与规格	单位	数量	备注
1	弧焊机器人	臂伸长 1 400 mm	台	1	
2	焊丝	ER50-6、ϕ1.2 mm	盒	1	
3	混合气	80%Ar+20%CO_2	瓶	1	
4	头戴式面罩	自定	个	1	
5	纱手套	自定	副	1	
6	钢丝刷	自定	把	1	
7	尖嘴钳	自定	把	1	
8	扳手	自定	把	1	
9	钢直尺	自定	把	1	
10	十字螺钉旋具	自定	个	1	
11	敲渣锤	自定	把	1	
12	定位块	自定	个	2	
13	焊缝测量尺	自定	把	1	
14	粉笔	自定	根	1	
15	角向磨光机	自定	台	1	
16	劳保用品	帆布工作服、工作鞋等	套	1	

厚板密封容器如图 6-2 所示。

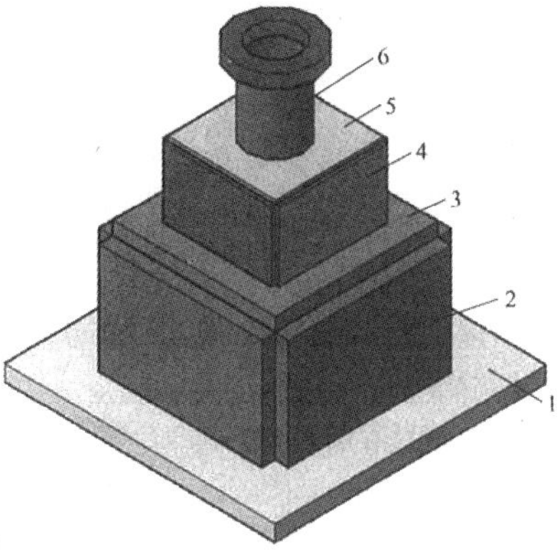

厚板密封容器(动画)

图 6-2　厚板密封容器

图 6-2 中数字标注的工件尺寸要求如下。

1—底板:200 mm(长)×200 mm(宽)×12 mm(厚),一块。

2—侧板 1:120 mm(长)×80 mm(宽)×10 mm(厚),四块。

3—盖板 1:120 mm(长)×120 mm(宽)×10 mm(厚),中间开 ϕ50 mm 的孔,一块。

4—侧板 2:80 mm(长)×50 mm(宽)×3 mm(厚),四块。

5—盖板 2:80 mm(长)×80 mm(宽)×3 mm(厚),中间开 ϕ44 mm 的孔,一块。

6—管:ϕ42 mm(外径)×3 mm(厚)×50 mm(长),一根。

【实操建议】

1. 盖板 2 管-板平角焊缝

将焊枪逆时针旋转 180°至焊接起始点位置,从起始点开始保持枪姿状态,逐点沿圆周平角位示教点顺时针旋转焊枪,实现连续焊接。盖板 2 管-板平角焊缝焊接参数如表 6-13 所示。

表 6-13　盖板 2 管-板平角焊缝焊接参数

焊接类型	焊接电流 /A	焊接电压 /V	焊接速度 /($m \cdot min^{-1}$)	收弧电流 /A	收弧电压 /V	收弧时间 /s	气体流量 /($L \cdot min^{-1}$)
盖板 2 管-板平角焊缝焊接	140~150	20~21	0. 35~0. 40	95~100	16~17	0. 2~0. 3	12~15

2. 侧板 2 立角接焊缝

采用向下立焊,小电流慢速焊接,收弧位置改变焊枪角度,小电流填满,焊接参数如表 6-14 所示。

表 6-14　侧板 2 立角接焊缝焊接参数

焊接类型	焊接电流 /A	焊接电压 /V	焊接速度 /(m/min)	收弧电流 /A	收弧电压 /V	收弧时间 /s	气体流量 /($L \cdot min^{-1}$)
侧板 2 立角接焊缝焊接	120~130	17~18	0. 5~0. 6	85~90	16. 3~16. 5	0~0. 1	12~15

3. 侧板 2 角接焊缝

(1)难点:焊缝为空间斜向角度焊缝,容易焊穿。

(2)解决方案:将焊枪逆时针旋转 180°至焊接起始点位置,从起始点开始保持枪姿状态,逐点沿平角位示教点顺时针旋转焊枪,实现连续焊接(小电流焊接)。侧板 2 角接焊缝焊接参数如表 6-15 所示。

表 6-15　侧板 2 角接焊缝焊接参数

焊接类型	焊接电流/A	焊接电压/V	焊接速度/$(m \cdot min^{-1})$	收弧电流/A	收弧电压/V	收弧时间/s	气体流量/$(L \cdot min^{-1})$
侧板 2 角接焊缝焊接	140~150	18~19	0.4~0.5	100~105	16.9~17.2	0.2~0.3	12~15

4. 侧板 1 立角接焊缝

(1)难点:焊缝为空间斜向角度焊缝,存在振幅点设置问题;焊缝下塌。

(2)解决方案:摆幅点连线垂直于焊缝,小电流盖面焊。侧板 1 立角接焊缝焊接参数如表 6-16 所示。

表 6-16　侧板 1 立角接焊缝焊接参数

焊接类型	焊接电流/A	焊接电压/V	焊接速度/$(m \cdot min^{-1})$	摆幅/mm	频率/Hz	摆幅点停留时间/s	收弧时间/s
打底直焊道(向下立焊)	150~160	20~21	0.3~0.4	—	—	—	—
打底焊收弧	105~112	18~19	—	—	—	—	0.2~0.3
盖面直焊道(向上立摆焊)	100~110	16~17	0.07~0.08	6.0~7.0	0.6~0.7	0.2~0.3	—
盖面焊收弧	80~90	15.5~16.5	—	—	—	—	0.2~0.3

5. 盖板 1 角接焊缝

(1)难点:盖板侧坡口面熔化后,铁液无支承,焊缝下塌。

(2)解决方案:大电流打底焊,小电流盖面焊。盖板 1 角接焊缝焊接参数如表 6-17 所示。

表 6-17　盖板 1 角接焊缝焊接参数

焊接类型	焊接电流/A	焊接电压/V	焊接速度/$(m \cdot min^{-1})$	摆幅/mm	频率/Hz	摆幅点停留时间/s	收弧时间/s
外角接打底焊道	170~180	21~22	0.3~0.4	—	—	—	—

表 6-17(续)

焊接类型	焊接电流/A	焊接电压/V	焊接速度/(m·min^{-1})	摆幅/mm	频率/Hz	摆幅点停留时间/s	收弧时间/s
外角接打底焊收弧	120~130	17~18	—	—	—	—	0.1~0.2
外角接盖面焊道	90~100	16~17	0.07~0.08	7.0~8.0	0.6~0.7	上 0.3~0.4 下 0.1~0.2	—
外角接盖面焊收弧	65~70	15~16	—	—	—	—	0.2~0.3

6. 底板上平角焊缝

(1)难点。焊缝下塌,立板侧容易出现咬边。

(2)解决方案。大电流打底焊,小电流盖面焊。底板上平角焊缝焊接参数如表 6-18 所示。

表 6-18　底板上平角焊缝焊接参数

焊接类型	焊接电流/A	焊接电压/V	焊接速度/(m·min^{-1})	摆幅/mm	频率/Hz	摆幅点停留时间/s	收弧时间/s
打底直焊道	170~180	21~22	0.3~0.4	—	—	—	—
打底焊收弧	120~130	17~18	—	—	—	—	0.1~0.2
盖面直焊道	120~130	17~18	0.07~0.08	8.0~9.0	0.6~0.7	上 0.3~0.4 下 0.1~0.2	—
盖面焊收弧	65~70	15~16	—	—	—	—	0.2~0.3

6.2.2　实操步骤

该工件共 13 条焊缝,焊接顺序如图 6-3 所示。

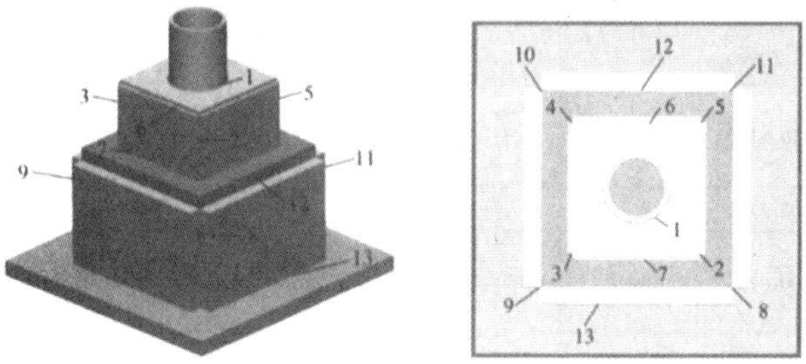

a)三维图　　b)俯视图

图 6-3　工件焊缝焊接顺序

将工件摆放在机器人焊枪位置的正下方,固定好。焊前准备做完后,开始示教。厚板密封容器焊接的操作步骤及方法如表 6-19 所示。

表 6-19 厚板密封容器焊接的操作步骤及方法

操作步骤	操作方法	操作图示	补充说明
原点	将工件定位焊组对好，放在焊枪位置的正下方并固定好，设置原点		注意装夹位置
焊缝 1 进枪点	对于圆周焊缝，通常以近机器人点开始焊接。首先，将机器人焊枪绕 TW 轴方向逆时针旋转 180°，在距焊接点 50 mm 处设过渡点（进枪点）	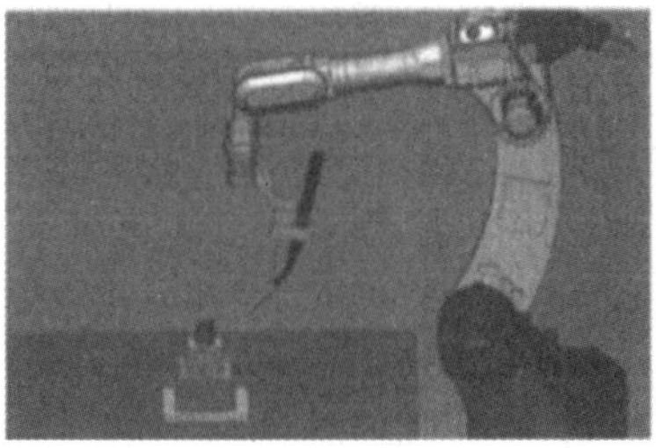	盖板 2 管-板平角焊缝
焊缝 1 起弧点	示教焊缝 1 起弧点，使焊枪的焊丝伸出端对准焊缝起始位置。焊枪工作角为 45°，焊枪行进角为 80°，焊丝伸出长度为 15 mm	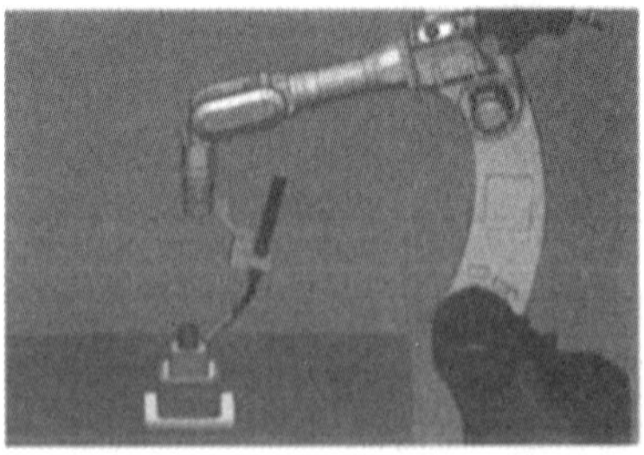	盖板 2 管-板平角焊缝
焊缝 1 中间点	在示教各个点的过程中，应始终保持焊枪工作角、行进角和焊丝伸出长度不变，示教焊缝 1 中间点	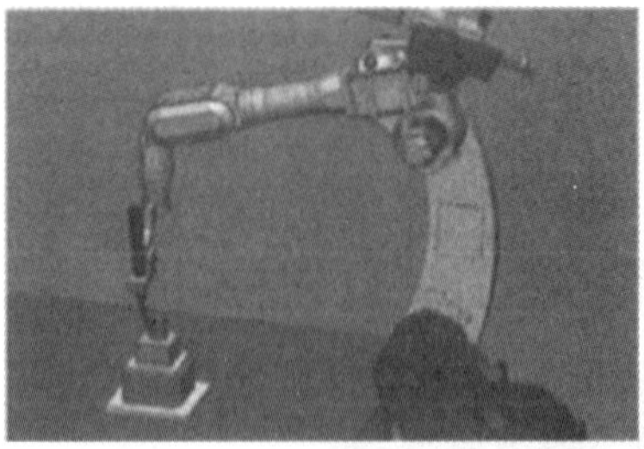	盖板 2 管-板平角焊缝 将机器人焊枪绕 TW 轴方向顺时针旋转 90°

表 6-19(续)

操作步骤	操作方法	操作图示	补充说明
焊缝 1 中间点	示教焊缝 1 中间点	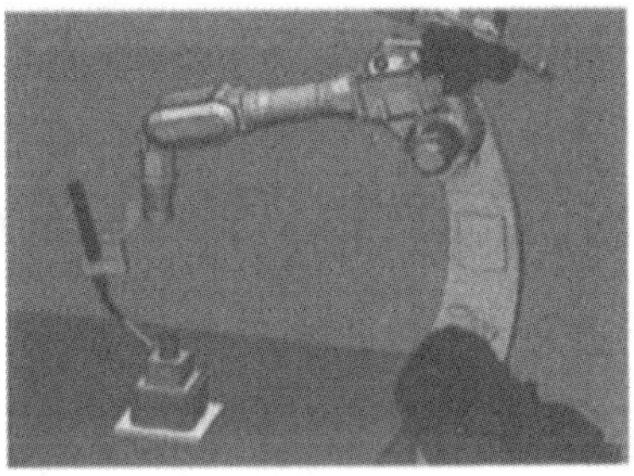	盖板 2 管-板平角焊缝将机器人焊枪绕 TW 轴方向顺时针旋转 90°
焊缝 1 中间点	示教焊缝 1 中间点	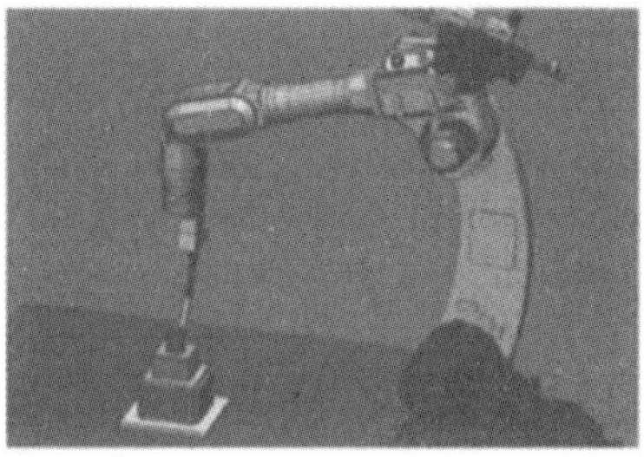	盖板 2 管-板平角焊缝将机器人焊枪绕 TW 轴方向顺时针旋转 90°
焊缝 1 结束点	示教焊缝 1 焊接结束点	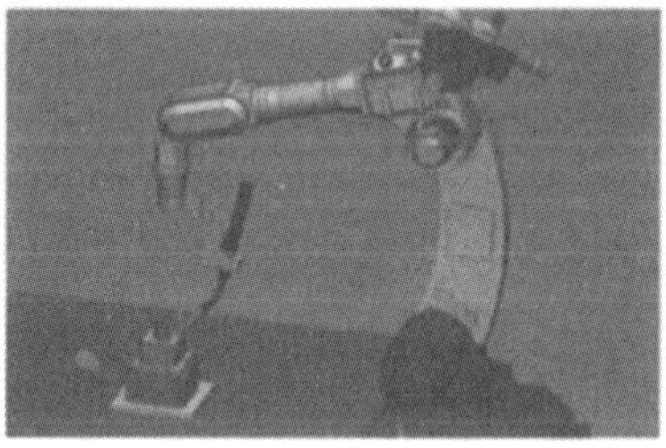	盖板 2 管板平角焊缝将机器人焊枪绕 TW 轴方向顺时针旋转 90°
退避点	示教退避点	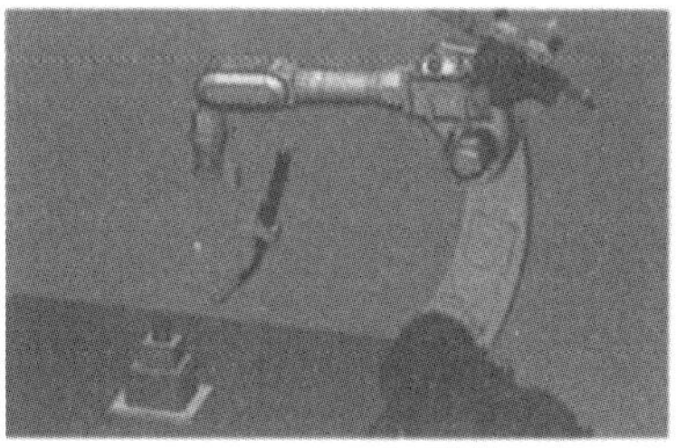	
焊缝 2~5，向下立焊进枪点	示教焊缝 2~5，向下立焊进枪点	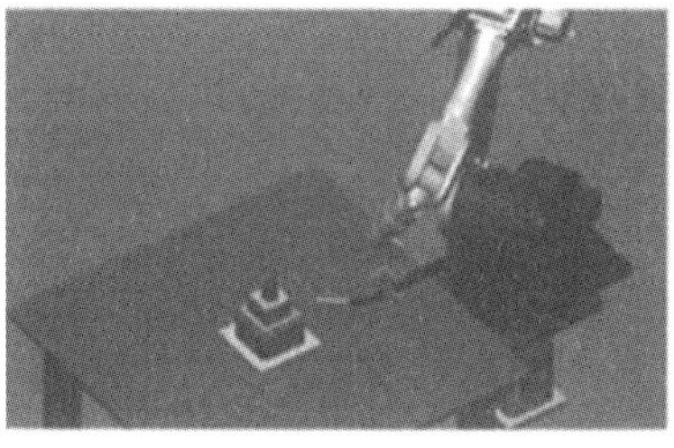	侧板 2 立角接焊缝

表 6-19(续)

操作步骤	操作方法	操作图示	补充说明
焊缝 2 焊接起始点	示教焊缝 2 焊接起始点(采用向下立焊,单道焊)		侧板 2 立角接焊缝
焊缝 2 焊接中间点	示教焊缝 2 焊接中间点,开始变化枪姿	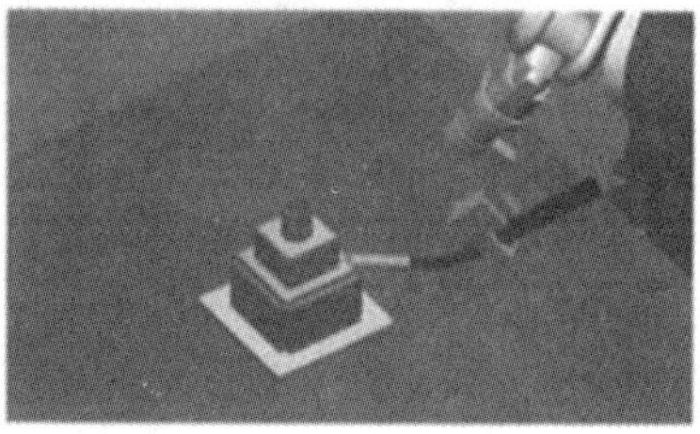	侧板 2 立角接焊缝
焊缝 2 焊接结束点	示教焊缝 2 焊接结束点。焊缝 2~5,向下立焊,行进角 0°转为 20°,避免焊枪碰到工件		侧板 2 立角接焊缝
退避点	设置退避点		
焊缝 3 进枪点	示教焊缝 3 进枪点,焊缝 3~5 示教从略		

表 6-19(续)

操作步骤	操作方法	操作图示	补充说明
焊缝 6	示教焊缝 6 行进角为 80°		
焊缝 7	示教焊缝 7		
焊缝 12 打底层	示教焊缝 12 打底层		
焊缝 8~11 打底层	示教焊缝 8~11 焊接起始点	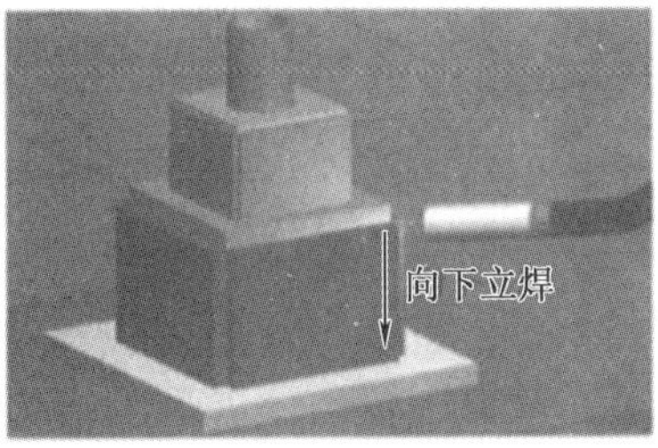	侧板 1 立角接焊缝
	示教焊接结束点	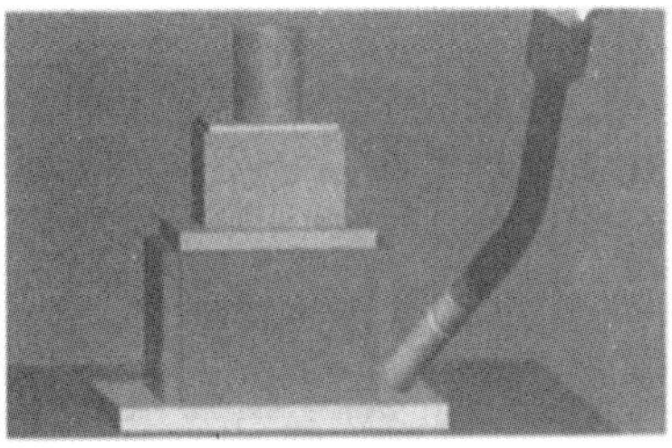	侧板 1 立角接焊缝

表 6-19(续)

操作步骤	操作方法	操作图示	补充说明
焊缝 8~11 盖面层	四条立焊缝(焊两层,打底层采用向下立焊,盖面层采用向上立摆焊)		侧板 1 立角接焊缝
焊缝 8~11 盖面层	在摆动结束点,焊枪处于水平位置,便于上部熔合面填平,利于上面的盖面转角位成形		侧板 1 立角接焊缝
焊缝 12 盖面层	示教焊缝 12 盖面层	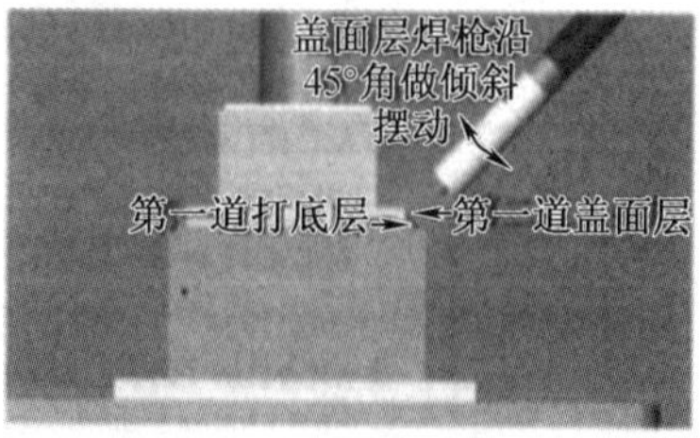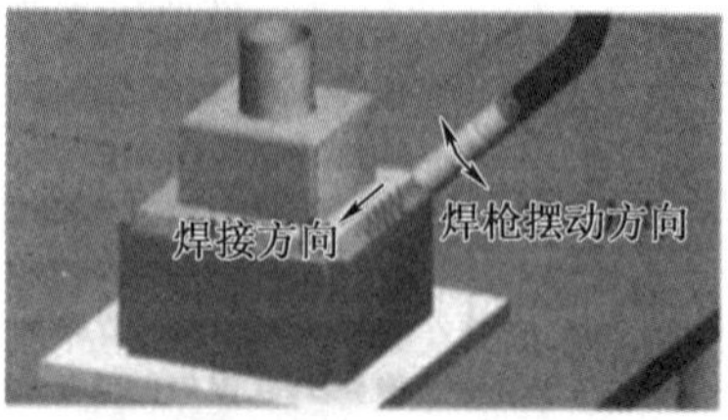	盖板 1 角接焊缝
焊缝 13 盖面层	示教焊缝 13 盖面层	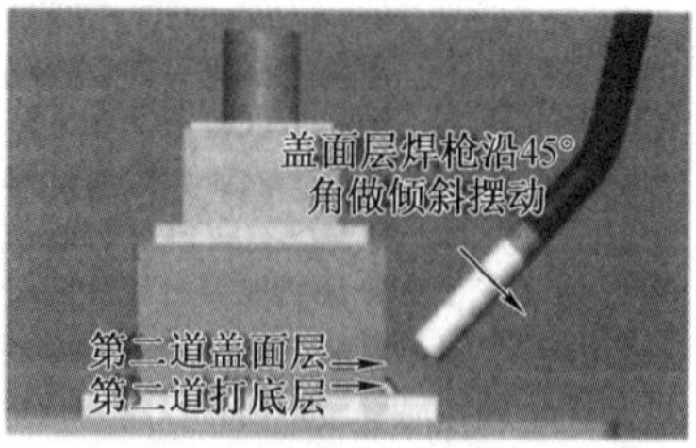	底板上平角焊缝
	底板上平角位盖面层采用倾斜摆动焊接	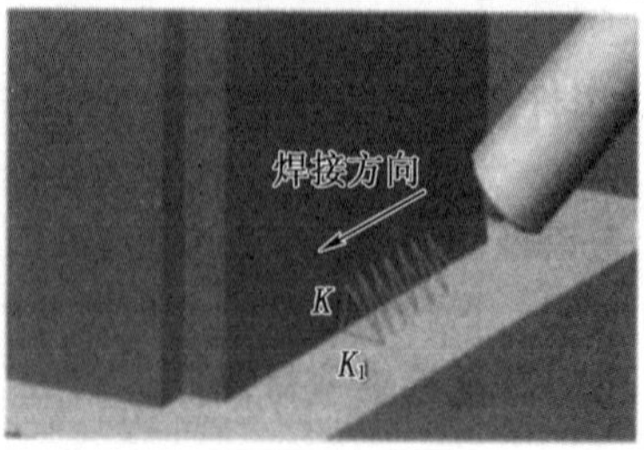	底板上平角焊缝

表 6-19(续)

操作步骤	操作方法	操作图示	补充说明
焊缝 2~5 向下立焊程序		●MOVEL P003 20.00 m/min ARC-SET AMP=120 VOLT=17.0 S=0.50 ARC-ON ArcStart1 PROCESS=0 ● MOVEL P004 0.30 m/min ●MOVEL P005 0.30 m/min CRATER AMP=85 VOLT=16.3 T=0.10 ARC-OFF ArcEnd1 PROCESS=0	
焊缝 8~11 盖面层程序		●MOVEL P085 20.00 m/min Ptn=1 F=0.6 ARC-SET AMP=100 VOLT=16.0 S=0.07 ARC-ON ArcStart1 PROCESS=0 ○ WEAVEP P086 0.30 m/min T=0.2 ○ WEAVEP P087 0.30 m/min T=0.2 ●MOVELW P088 0.30 m/min Ptn=1 F=0.6 CRATER AMP=80 VOLT=15.5 T=0.20 ARC-OFF ArcEnd1 PROCESS=0	
焊缝 12 盖面层摆焊程序		●MOVELW P097 20.00 m/min Ptn=1 F=0.6 ARC-SET AMP=90 VOLT=16.0 S=0.07 ARC-ON ArcStat1 PROCESS=0 ○ WEAVEP P098 0.30 m/min T=0.3 ○ WEAVEP P099 0.30 m/min T=0.1 ● MOVECW P100 0.30 m/min ● MOVECW P101 0.30 m/min ● MOVECW P102 0.30 m/min ● MOVECW P103 0.30 m/min ● MOVECW P104 0.30 m/min ● MOVECW P105 0.30 m/min ● MOVECW P106 0.30 m/min ● MOVECW P107 0.30 m/min ● MOVECW P108 0.30 m/min ● MOVECW P109 0.30 m/min ● MOVECW P110 0.30 m/min ● MOVECW P111 0.30 m/min ● MOVECW P112 0.30 m/min ● MOVECW P113 0.30 m/min ● MOVECW P114 0.30 m/min ●MOVECW P115 0.30 m/min Ptn=1 F=0.6 CRATER AMP=65 VOLT=15.0 T=0.20 ARC-OFF ArcEnd1 PROCESS=0	

由机器人示教编程及工件焊接完成为考核全过程；考核成绩为工件外观检查和水压检测两部分组成。

（1）工件定位焊方法为钨极氩弧焊（TIG 焊）；装配定位焊时间为 30 min。

（2）示教编程及焊接时间：示教编程时间+焊接时间为 120 min。

（3）厚板容器所有焊缝，外观检查项目评分占 75%，水压检测项目评分占 25%。

6.2.3 任务评价

厚板密封容器 $\delta=10$ mm 平角焊缝任务评价如表 6-20 所示。

表 6-20 厚板密封容器 $\delta=10$ mm 平角焊缝任务评价

检查项目	标准、分数	评价等级				实际得分
焊脚尺寸 K_1	标准/mm	8~9	7~10	6~11	>11,<6	
	分数	5	4	3	2	
焊脚尺寸 K	标准/mm	8~9	7~10	6~11	>11,<6	
	分数	5	4	3	2	
焊缝高低差	标准/mm	≤0.5	>0.5~1	>1~2	>2	
	分数	5	4	3	2	
咬边	标准/mm	0	深度≤0.5 长度≤15	深度≤0.5 长度>15~30	深度>0.5 长度>30	
	分数	5	4	3	2	
焊缝表面成形	标准	优	良	一般	差	
		成形美观，焊纹均匀细密，高低宽窄一致	成形较好，焊纹均匀，焊缝平整	成形尚可，焊缝平直	焊缝弯曲，高低宽窄明显，有表面焊接缺陷	
	分数	5	4	3	2	
分数		25	20	15	10	

厚板密封容器 $\delta=10$ mm 角对接焊缝任务评价如表 6-21 所示。

表 6-21 厚板密封容器 $\delta=10$ mm 角对接焊缝任务评价

检查项目	标准、分数	评价等级				实际得分
焊缝高度	标准/mm	9~11	8~12	7~13	>13,<7	
	分数	4	3	2	1	
焊缝宽度	标准/mm	14~15	13~16	12~17	>17,<12	
	分数	4	3	2	1	

表 6-21(续)

检查项目	标准、分数	评价等级				实际得分
焊缝高低差	标准/mm	≤0.5	>0.5~1	>1~2	>2	
	分数	4	3	2	1	
焊缝宽窄差	标准/mm	≤0.5	>0.5~1	>1~1.5	>1.5	
	分数	4	3	2	1	
咬边	标准/mm	0	深度≤0.5 长度≤15	深度≤0.5 长度>15~30	深度>0.5 长度>30	
	分数	4	3	2	1	
焊缝表面成形	标准	优	良	一般	差	
		成形美观，焊纹均匀细密，高低宽窄一致	成形较好，焊纹均匀，焊缝平整	成形尚可，焊缝平直	焊缝弯曲，高低宽窄明显，有表面焊接缺陷	
	分数	4	3	2	1	
分数		25	18	12	6	

厚板密封容器$\delta=3$ mm平角焊缝任务评价如表6-22所示。

表 6-22 厚板密封容器$\delta=3$ mm平角焊缝任务评价

检查项目	标准、分数	评价等级				实际得分
焊脚尺寸 K_1	标准/mm	3~4	2.5~5	2~6	>6,<2	
	分数	5	4	3	2	
焊脚尺寸 K	标准/mm	3~4	2.5~5	2~6	>6,<2	
	分数	5	4	3	2	
焊缝高低差	标准/mm	≤0.5	>0.5~1	>1~2	>2	
	分数	5	4	3	2	
咬边	标准/mm	0	深度≤0.5 长度≤15	深度≤0.5 长度>15~30	深度>0.5 长度>30	
	分数	5	4	3	2	
焊缝表面成形	标准	优	良	一般	差	
		成形美观，焊纹均匀细密，高低宽窄一致	成形较好，焊纹均匀，焊缝平整	成形尚可，焊缝平直	焊缝弯曲，高低宽窄明显，有表面焊接缺陷	
	分数	5	4	3	2	
分数		25	20	15	10	

厚板密封容器 $\delta=3$ mm 角对接焊缝任务评价见表 6-23。

表 6-23　厚板密封容器 $\delta=3$ mm 角对接焊缝任务评价

检查项目	标准、分数	评价等级				实际得分
焊缝高度	标准/mm	3~4	2~5	1~6	>6,<1	
	分数	4	3	2	1	
焊缝宽度	标准/mm	6~7	5~8	4~9	>9,<4	
	分数	4	3	2	1	
焊缝高低差	标准/mm	≤0.5	>0.5~1	>1~2	>2	
	分数	4	3	2	1	
焊缝宽窄差	标准/mm	≤0.5	>0.5~1	>1~1.5	>1.5	
	分数	4	3	2	1	
咬边	标准/mm	0	深度≤0.5 长度≤15	深度≤0.5 长度>15~30	深度>0.5 长度>30	
	分数	5	3	2	1	
焊缝表面成形	标准	优	良	一般	差	
		成形美观，焊纹均匀细密，高低宽窄一致	成形较好，焊纹均匀，焊缝平整	成形尚可，焊缝平直	焊缝弯曲，高低宽窄明显，有表面焊接缺陷	
	分数	4	3	2	1	
分数		25	18	12	6	

注：1. 焊缝表面如有修补，该工件为 0 分。

2. 焊缝表面有裂纹、夹渣、未熔合、气孔、焊瘤等缺陷之一的，该工件为 0 分。

3. 水压检测。用 0.3 MPa 压力水充人容器内，检测有无泄漏点；无泄漏为 25 分；每发现 1 处泄漏减 5 分，25 分减完为止。

4. 总成绩，外观检查成绩(75 分)+水压检测成绩(25 分)= 总成绩(100 分)。

知识测评

一、选择题

1. 未熔合现象按其所在部位可分为　　（　　）

①根部未融合　②层间未融合　③坡口未融合　④表面未融合

A. ①②③　　B. ①②④　　C. ②③④　　D. ①③④

2. 减少焊接变形的方法有　　（　　）

①反变形法　②对称焊接　③合理安排焊接顺序　④制订合适的焊接参数

⑤采用夹具固定

A. ①②③④　　B. ①②③⑤　　C. ②③④⑤　　D. ①②③④⑤

3. 下列能够减少或预防焊接裂纹产生的可行性措施有　　（　　）

①使用含碳、锰等合金元素多的板材

②改良结构设计，注意焊接顺序，焊接后进行热处理

③选用适宜的焊材，并注意保持其干燥和表面洁净

④采用大电流焊接厚板材时，应尽快使母材冷却

⑤焊接前应对母材进行预热，焊后使其缓慢冷却

⑥制订合适的焊接参数并严格执行

A. ①②③④　　B. ①②③⑤　　C. ②③⑤⑥　　D. ②③④⑤

二、解答题

1. 如图 6-4 所示，根据设计图样对焊件进行焊接顺序、轨迹点设置、焊接参数的选择，编制焊接工艺，达到提升质量、提高效率和降低成本的目的。其中底板 1、侧板 2、两侧立板 3、半圆弧板 4、上盖板 5、上盖板 6，筋板材质 7 均为 Q235B，板厚为 10 mm，管子 8 材质为 20 钢，壁厚为 4 m。

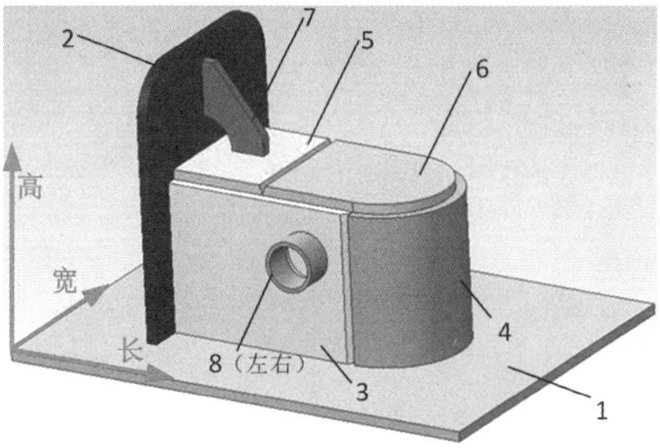

图 6-4　试件示意图

2. 厚板异形容器如图 6-5 所示，根据设计图样进行焊接工艺、焊接方法、焊接结构的

设计。

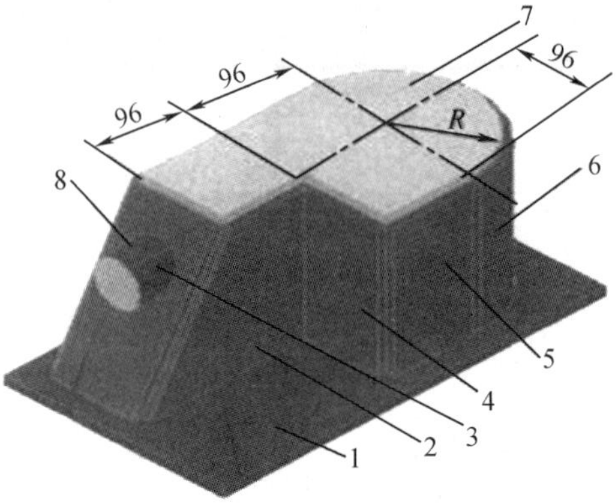

图 6-5　厚板异形容器

图 6-5 中数字标注的工件尺寸要求如下。

1—底板:380 mm(长)×280 mm(宽)×12 mm(厚),一块。

2—侧板:96 mm(上宽)×211 mm(下宽)×200 mm(高)×10 mm(厚),二块。

3—侧板:230 mm(长)×96 mm(宽)×10 mm(厚),一块。

4—侧板:200 mm(长)×96 mm(宽)×10 mm(厚),一块。

6—侧板:200 mm(长)×96 mm(宽)×10 mm(厚),二块。

6—侧板:603 mm(内弧长)×200 mm(高)×10 mm(厚),一块(用 ϕ219 mm×10 mm 的管子切分)。

7—盖板:一块。

8—管:ϕ60 mm(外径)×5 mm(厚)×60 mm(长),一根(定位于距上板平面 95 mm 位置处)。

教材 APP

知识测验答案

参考文献

[1] 中国机械工程学会焊接学会. 焊接手册:第1,2卷[M]. 3版(修订本). 北京:机械工业出版社,2016.

[2] 兰虎,张璞乐,孔祥霞. 焊接机器人编程及应用[M]. 2版. 北京:机械工业出版社,2022.

[3] 中华人民共和国国家质量监督检验检疫总局,中国国家标准化管理委员会. GB/T12643—2013 机器人与机器人装备词汇[S]. 北京:中国标准出版社,2013.

[4] 杜志忠,刘伟. 机器人焊接编程与应用[M]. 北京:机械工业出版社,2019.

[5] 中华人民共和国国家质量监督检验检疫总局,中国国家标准化管理委员会. GB/T20867—2007 工业机器人 安全实施规范[S]. 北京:中国标准出版社,2007.

[6] 戴建树. 机器人焊接工艺[M]. 北京:机械工业出版社,2019.

[7] 国家市场监督管理总局,中国国家标准化管理委员会. GB/T16977-2019 机器人与机器人装备 坐标系和运动命名原则[S]. 北京:中国标准出版社,2019.

[8] 刘伟,魏秀权. 机器人焊接高级编程[M]. 北京:机械工业出版社,2019.

[9] 胡新德,刘晓辉. 焊接机器人操作与编程[M]. 北京:机械工业出版社,2021.

[10] 国家技术监督局. GB/T3375-1994 焊接术语[S]. 北京:中国标准出版社,1994.

[11] 兰虎,鄂世举. 工业机器人技术及应用[M]. 2版. 北京:机械工业出版社,2020.

[12] 杨跃. 典型焊接接头电弧焊实作[M]. 北京:机械工业出版社,2009.